本书由上海美术学院高水平建设专项经费资助出版

Evolution of Urban Space & Environmental Design-From Aesthetic City to Custom City

城市空间与环境设计演进

——从美学城市走向定制城市

程雪松 著

中国建筑工业出版社

图书在版编目（CIP）数据

城市空间与环境设计演进——从美学城市走向定制城市 / 程雪松著.
北京：中国建筑工业出版社，2017.10
ISBN 978-7-112-21290-3

Ⅰ.①城… Ⅱ.①程… Ⅲ.①城市空间 — 环境设计 Ⅳ.①TU984.11

中国版本图书馆CIP数据核字（2017）第243189号

本书从历史与审美、展览与体验、互联与定制等视角对城市和环境进行研究，全书内容包括城市设计研究；上海城市空间；博物馆与展览；环境设计教学；城市与梦想等。全书旨在揭示城市空间和环境设计的演进从设计师为主体的审美逻辑走向使用者为主体的定制逻辑。本书可供广大建筑师、城市规划师、风景园林师、环境设计师等学习参考。

责任编辑：吴宇江 李珈莹
责任校对：王 烨

城市空间与环境设计演进
——从美学城市走向定制城市
程雪松 著
*
中国建筑工业出版社出版、发行（北京海淀三里河路9号）
各地新华书店、建筑书店经销
北京京点图文设计有限公司制版
廊坊市海涛印刷有限公司印刷
*
开本：889×1194毫米 1/20 印张：13 字数：296千字
2018年3月第一版 2018年3月第一次印刷
定价：50.00 元
ISBN 978-7-112-21290-3
（30928）

序
Preface

当今世界上城市的人口比例已经超过了50%，而且全球农村人口城市化的进程还在不断加速，预计未来30年后，全球城市化水平将会达到约70%，人类与城市的共处关系将会越来越为人们所关切。“城市是人们生命旅程中的一处落脚点，也是这个丰富多彩和意味无穷的人间的存在。”（kevin Lynch，城市的印象）未来，人们将加深认识到一种协调的物质环境具有的潜在价值，并会不断地根据自身需要对生存环境进行改造。不但包括对建筑和城市这类人们寄生其中的静态空间结构的保护和更新，也包括对于城市中动的因素——即人和人的社会活动和文化的发展和演变。人们也会更清楚地认识到全面深入研究人类生存环境的必要性和迫切性。这个研究领域涉及面广而且综合性强，不仅需要各类相关专业人士和市政当局的重视与参与，而且更需要广大公众的关注和贡献。

本书以“城市空间与环境设计演进”为题收集了青年学者程雪松近十余年来围绕现代城市问题所撰写的文章20余篇，浏览全书可以看出这实际上是他个人学术历程的一次中途小结，内容既含有他在同济大学攻读研究生期间所接受的建筑学和城市设计的教学基础和博士论文研究的部分课题成果，又有作为一位美术学院设计学教师长期从事设计艺术学和公共艺术的课程教学经验的总结，还有以一位实践者积极参与中国当代社会变迁和工程项目的切身体验和感受。他的文章涉猎广博，以多维的视角切入，通过发散的思维和流畅的文字给读者提出了许多值得深省的问题和探讨的方向，而且自始至终贯穿着作者的一个思想，即城市与环境设计的观念可以渗透到人类城市生活的各个方面和各个层次，不受物理尺度和空间性质的羁绊，因此这也可以用来解释为何本书所论及的内容如此广泛多样，既有理论和哲学层面的思考，又有跨学科专业领域的各种类型设计项目的实践体会，还有他个人上下求索的心路历程，使之适合于专业人士和公众阅读。写到于此，不禁记起美国的伊利尔·沙里宁（Eliel Saarinen）在他的名著《城市，它的发展、衰败与未来》（The City Its Growth its Decay Its Future）中所坦言，“出书的目的是希望能在启发公众方面贡献一份力量，因为在城镇建设方面已经出版了不少关于专业性问题和实用技术的书籍，而供一般读者用的材料几乎还是一片空白”。虽然这是他在70多年前所说，但依然是我们今天的现状。由此看来程雪松的这本书同样地能在启发公众关注生存环境存在的问题，参与建设美好城市和乡镇作出一定的贡献。

我还相信有兴趣的读者不但会从程雪松的字里行间中获得有益的知识和信息，而且也会被他的热忱和执着所打动。

项秉仁（同济大学建筑与城市规划学院教授 中国第一位建筑学博士）

2017 年 6 月 于苏河湾寓所

目 录

Contents

一、城市设计研究
Research on Urban Design

2017年3月，住房和城乡建设部发布城市设计管理办法，指出“城市设计是落实城市规划、指导建筑设计、塑造城市特色风貌的有效手段，贯穿于城市规划建设管理全过程。通过城市设计，从整体平面和立体空间上统筹城市建筑布局、协调城市景观风貌，体现地域特征、民族特色和时代风貌。”从SOM于1999年为深圳福田CBD核心区编制城市设计导则以来，城市设计理念和实践进入中国近20年，城市设计管理终于进入合法、依规、有序的发展阶段。本章选择了五篇围绕城市设计研究和实践的文章，涉及立体城市、城市滨水区、新城建设、海绵城市、城市更新、历史文化风貌区、智慧城市、定制城市等内容，以中国和西方跨文化的视角、历史和当代跨时空的追溯，探讨城市设计的多种可能性，强调城市设计作为一种开放的理论和实践体系，作为上位规划和建成环境的有效衔接，作为反映人的社会性和人的生物性的复杂建构，理应在不断的互动建构和自我认同中前进。

1.1 切片城市

在我的世界里，就得听我的。

——塔西姆 · 辛（Tarsem Singh）《入侵脑细胞》

1. 概念的提出

好莱坞电影《入侵脑细胞》中有这样一个场景：女主角在男童的诱惑下进入一个房间，一匹毛色发红的马立在房间中央。随着墙上时钟的运动，蜷缩在角落里的男童神色变得慌张。当指针运行完一周时，一声巨响，玻璃切片从天而降，马被分割成若干段。切片的马被进一步拉伸，透过玻璃的间隙，导演让我们清晰地看到马体上的每一个断面，各种组织和器官的活动纤毫毕现①。

这个场景提供我们一个理解城市的契机：如果把马看成一个城市，那么切割马体的行为意味着对城市的某种解读方式。原本自然完整的城市活体被制作成城市切片，细胞、组织、器官的运动和排布，被定格在特定的时空，每一个切面都显示出城市深处的面目。切片马被拉伸的过程则是另一种暗示：与其在城市外观察城市，不如进入异化的城市内部，和城市一起呼吸，共同生长。这里，城市密度的改变为进入城市创造可能性——既不用破坏原本致密坚固的城市片断结构，又能自然生长成为切片城市中的一分子。可以说，“切片城市”这一概念的诞生和密度紧紧关联。

2. 概念的意义

事实上，每一次城市运动，都伴随着城市密度的改变。笔者 2002 年下半年参加了上海市新南华里东块开发项目的设计。这个项目不仅涉及当今大都市旧城区人居环境改造的热点问题，更要求设计者对密度问题进行建筑学思考。在这里，一公顷的占地面积上，低层高密度的棚户区被代之以 5.5 容积率的高层高密度，同时，原来单一的居住功能区域也被零售商铺、商住式办公、写字楼等新的功能取代。城市改造取而代之为一种激进的、大刀阔斧式的空间运作，人类对现代生活的热烈渴望和需求以前所未有的方式扫荡着多年来社会契约约束下缓慢形成的城市空间。然而这种粗放式切割、移植和哺育城市的行为背后是无法回避的商业利益驱动的野心，政府机构作为游戏规则制订者和游戏参与者的双重身份，以及新的社会、经济、文化条件催生的平民呼声。这种背景给设计带来相当的难度，也成为新南华里东块开发项目经过多轮咨询规划设计方案始终难以获得实现的原因。

都市本身并不缺乏自信，相反地，都市正以前所未有的速度和力量向前发展。真正缺乏自信的是解决问题的方法，看不到城市磅礴的生命力，就无法获得打开城市奥秘之门的钥匙。密度城市给我们呈现城市的一个侧影，它的潜台词是多层次高密度的权力斗争。建筑师是空间运作的代言人，更是社会责任的承担者。本质地看，建筑师专业性的空间设计过程正是以一种新的权力身份介入城市发展的过程。这种过程的效果更为可视化。问题是，建筑师的视角既要保证建筑科学的逻辑性和严肃性，又无法拒绝城市本身结构整体性所包含的丰富和多义。

既然无法拒绝，不妨以切片研究的方法将它保持。“创建城市整体性的任务只能作为一个过程来处理，它不能单独靠设计来解决。”[1] 切片研究的特点在于，以不失个性的理性观点投入城市建设的整体性中。始终把设计看成动态城市进化中的一个相对固定的点，它应当同时体现当代生活的多义性，并保持设计的纯粹和完整。切片城市来源于当代城市生活，直指未来城市理想，所以说，这一概念，或者是一种思维方式，将站在历史的节点上，维系着过去和未来的城市发展。具体到新南华里东块这桩个案，关于切片城市的思考和操作从两个方面展开：首先是在不破坏原有城市脉络的前提下改变局部地段城市密度，对原有城市地段进行切片化处理，并在其中插入新的建筑要素；其次是对新纳入的城市生活进行归类，使其条理清晰，构造秩序化的功能切片。获得了以上经过处理的原材料，再将二者重新整合，加入适当细节，赢得新的城市空间。

通过以上处理不难看出，“切片城市”这一思维方法的出发点有两个：一是充分尊重原有城市形态的物质结构，二是全面考虑新的城市生活模式。这样的出发点体现了创造城市整体性的原则。如果以德国思想家马克思 · 韦伯（Max Weber）的“价值理性”来衡量，那么这一出发点有着毋庸置疑的合理性和纯正动机，它应当给城市带来一个健康的未来。问题在于我们无法穷举城市生活的全部，也不能将其简化，因为“多样化正是城市密度的核心秘密。”[2] 所以，如何在有限的开发面积上，在新的切片的结构上，尽量多地提供产生区别和变化的可能性，以拓展新的城市体验方式，以挖掘更为多样的具备品质的密度，这将成为我们思考的焦点。

3. 操作的过程

让我们回到城市中来。事实上，上海这座城市从渔村发展成一个国际大都市，经历了炮火的洗礼、殖民主义的城市侵略，以及改革开放后社会主义拓荒式的跨越性城市开发，它的城市发展史本身就是一部多层文化切片重叠、分化、变异和虚构的历史。在对基地的调查和了解中我们得知，新南华里东块周边地区在历史上被称作“大自鸣钟”，它得名于长寿路西康路交汇处的大自鸣钟，这个名称本身就可以读出过去上海人对新事物和新式生活方式的渴望。随着苏州河沿线的进一步治理，今天的“大自鸣钟”更是成为上海市普陀区乃至整个上海房产开发的热点。有“商住第一街”之称的长寿路一直是开发商的卖点，经过改造和拓宽，长寿路已成为新的“雕塑第一街”。历史的戏剧性在于重复和变化，该地区的戏剧性在于它重复演绎着变化的概念。美国南加州传奇式的都市神话创造了后现代的代表城市洛杉矶，很大程度上就归功于不断书写和渲染的概念文化。概念无法回避炒作的嫌疑，但它承载着关注和诠释，是聚集人气的有效手段，在消费时代具有特别的意义。更重要的是，概念充当着人们理解城市的媒介，进而造成城市和人之间的互动，最终成为城市更新的无形原动力之一。结构主义文艺理论家罗兰 · 巴特（Roland Barthes）指出，文学正是“靠世界重建意义之路而加入了世界”[3]，从这个意义上说，在城市重建的过程中，概念为城市多样化和结构整体性做出了贡献。

在占地面积不到一公顷的基地上构造“切片城市”这一概念的力量在于：它不仅重建了自身，而且改造了城市。以巨构建筑的形态拥抱城市、包容城市，同时改变着城市中的人。它的纯粹轮廓线使它力图区别于周围的建筑，直接与天空大地对话。它并不介意成为“雕塑第一街”上的一座城市雕塑，虽然体量庞大，但是严峻外表下表达一种世俗的生活态度。这是设计的妥协。雷姆 · 库尔哈斯（Rem Koolhass）在谈到“大”时曾经说：“‘建筑包罗一切’将不复存在，可是其中，通过撤退和集中，以及在其他竞争领域向敌对势力妥协，一个更具策略性的地位正被重新获得。”[4] 新南华里东块的设计过程正是寻找这种“更具策略性的地位”的过程。向概念妥协，向城市妥协，向密度妥协，向雕塑妥协，建筑师在妥协中挖掘着属于城市的密度，策动着种种可预期的却无法预见的城市体验，并且寻找到属于自己的权力。

完成了关于城市的分析，我们返回到建筑，掌握这种权力。事实上，建筑师总是在罅隙中获得权力。面对苛刻的基地限制、日照条件、季节风向、结构要求，我们谨慎地处理着每一个切片的厚度、高度和它们的间距，以及与周边地块建筑物之间的关系。在这个方案中，商务楼被安置在基地北侧，由两个切片构造而成，它们的间隙，安插进核心筒体和空中庭院，这是交通发生最为频繁的地带，可以通过切片断面观察其内部的经济活动，它还为商务楼和外界的沟通发挥重要作用。出于采光和季风的考虑，住宅和小型家庭办公被放在基地南面，由高密度的公寓和附属部分组成。房型进深被适当加大，以便更多住户的窗台可以照射到充足的阳光。在二者之间，插入一个公共性的切片，主要由若干空中花园和餐厅、会议厅、娱乐设施等辅助功能组成，它在视线上有效地阻隔了商务楼和住宅楼之间的穿透，在功能上成为一个立体的城市公园，是切片城市内部最为活跃的风景。高层建筑最伟大之处就是把平面发生的活动垂直旋转了 90°，使得原本单位面积上容纳的生活数量在竖向级数增长。剥开钢筋混凝土的外衣，高层建筑本质上是把各种生活体验进行竖向叠加，带来的是更多更自由的交流的可能性、生活方式变迁的可能性以及事件发生的可能性，使人真正拥有城市生活。这个公园切片实际上是由水平延伸的绿地竖向旋转而成，它回避了水平扩张的有限性，转而在三度空间寻找更为广阔的无限性。它的断面是探索城市生活无限丰富和精彩的标本，也是发现城市奥秘的取景器。当人的目光穿行在这几个竖直切片中时，体验到的是不同的都市场景片段。每个人都会根据自己的记忆、习惯和分析将这些片段关联起来，从而获得各人不同的都市电影。在建筑的底部三层，一个充斥商业功能的水平切片赋予建筑稳定并充满世俗气息的基座。在冲破面积和利润的重重枷锁之后，它追求的是面宽不等的个性化租赁经营模式和便捷的水平垂直交通，力求展现体验经济时代的商业特征。在它的顶部，是被抬升了三层的城市广场。面对基地面积的极端限制，这个抬升的空中社区成为高空活动人群的第二地平面，森林、草原、瀑布、河流等非都市地理景观被一一展现。作为一个水平切片的断面，它帮助人们找到笛卡儿坐标系的固有空间特征，重返大地之梦的原乡。妥协并不意味着投降，妥协是策略性的撤退，是为了寻找出路。解决问题的方法并无正确与错误之差，但是有激进与保守之别，创意与平庸之分。在寻找美好的城市未来长路上，妥协不失为一种有效的解决方法。切片城市的特点之一就是可以包容各种妥协，同时不失去其本来面目。

4. 关于城市设计的思考

在思考穿越了设计的过程之后，我们力图重新理解城市。由于附着了太多太复杂的事实，城市再难如列维 · 施特劳斯（Levi Strauss）研究的亚马孙部落那样澄澈透明。或者，城市依然澄明，只是我们的思想无法拨开迷障。我用一面墙展现天空和大地的水平特征，在墙上开洞制造窥伺的欢悦，用一片屋顶关联光明和黑暗的记忆，立一根柱叙述力量、稳定的体验，然后，我在切片中打量这座城市。我发现城市如同那个电影中被切割的马体，在夹缝中流血和喘息。在速度和容积率的竞赛中生长的城市，一向志得意满，神采飞扬。却没有人问，这样一个自信的都市，有没有什么能使它害怕呢？它的弱点在哪里呢？这个问题让我想起一个童话：一个勇敢无畏的人想知道发抖的滋味，为了这个目的他去和幽灵喝酒，和魔鬼打牌，最后当这些鬼怪都黔驴技穷在他面前拜倒时，他还是不知道什么是发抖。故事给了我们这样一个结局，他的妻子在寒夜里用冷水浇他，他终于懂得了发抖的滋味。这个带有顽劣气质的童话一度使我着迷，它让我相信，每个人都会有弱点，但是有弱点的人仍然会很强大。关键看他如何看待自己的疮疤。城市也会有疮疤。“9.11”给纽约留下了世界城市史上最大的一个疮疤。“零地带”的重建是真正考验这个城市自信力和想象力的重要项目，是从零开始，还是永远归零？作为建筑师，可以想象里伯斯金（Daniel Libeskind）面对作为业主的 800 万纽约市民的不安和激动。他深谙纽约的都市历史和心理，用一系列盘旋上升的塔楼围绕着作为灾难纪念馆的双塔旧址，无论建筑群中的空间效果是否会像里伯斯金描绘的那样有如船只驶近纽约港环绕自由女神像的感受，至少他让这个城市了解疮疤的存在，并且以商业美利坚的狂热精神缝合这道疤，表达了重建世界中心的野心。像那个智慧的妻子一样，他在让纽约清醒的同时意识到自己的强大。毫无疑问，城市不应回避自己的弱点，建筑师更加不应充当城市癫狂和挥霍的帮凶，只有冷静地站在城市的伤口上做设计，才有可能真正了解这个城市，才有可能让城市也认识自己。当电影女主角穿过马体切片之后，她并不知道什么样的危险在等待着她。当设计穿过城市切片以后，我们同样无法预知城市的未来。是像技术大师吕克 · 贝松（Luc Besson）在电影《第五元素》里为我们描绘过的未来城市图景，还是像老舍曾经咏叹的北平：“既复杂而又有个边际，使我能触摸着——那长着红酸枣的老城墙！面向着积水潭，背后是城墙，坐在石上看水中的小蝌蚪或苇叶上的嫩蜻蜓，我可以快乐地坐一天，心中完全安适，无所求也无可怕，像小儿安睡在摇篮里。”[5] 我想起导师项秉仁先生说过的一句话：“城市设计并不是要设计城市，而是兢兢业业地设计每一个城市元素，理解它们和整个城市的关系，和过去未来的关系。”项秉仁老师的话一如他的设计风格一样简洁平实，却道出了一个资深城市设计者多年的设计理念。的确，设计的过程永远只是城市发展过程中一个微小的点，设计师的责任在于找到它在整个时空中的坐标，并使它完满圆润，晶莹动人。城市设计总要告一段落，新的城市大幕还未拉开。但我相信，生活的标本将永远生动，真实走过的记忆值得珍藏，从城市中来，回到城市中，城市的每一个断面都将是最为精彩的设计舞台。

本文图片由程雪松提供

注释

① 出自塔西姆 · 辛导演的 2000 年 8 月 17 日上映的英国电影《入侵脑细胞》(The Cell)。

参考文献

[1] C · 亚历山大，H · 奈斯，A · 安尼诺，I · 金 . 城市设计新理论 [J]. 陈治业，童丽萍译 . 北京：知识产权出版社，2002.

[2] 马清运，卜冰 . 都市巨构——宁波中心商业广场 [J]. 时代建筑，2002（5）：74-81.

[3] 伍蠡甫，胡经之 . 西方文艺理论名著选编（上、中、下）[M]. 北京：北京大学出版社，1985.

[4] Rem Koolhass，Bruce Mao. S，M，L，XL[M]. Rotterdam：010 Publishers，1995.

[5] 老舍 . 想北平 [M]. 北京：京华出版社，2005.

1. 剖面分析（程雪松绘制）
2. 形态生成（程雪松、董屹绘制）
3. 草图效果（董屹绘制）
4. 模型
5. 街角透视

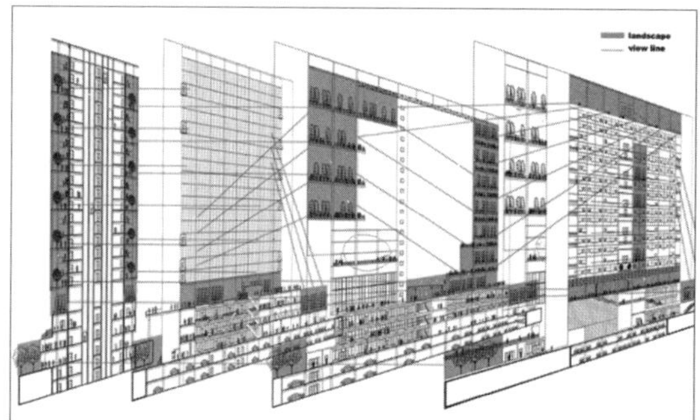

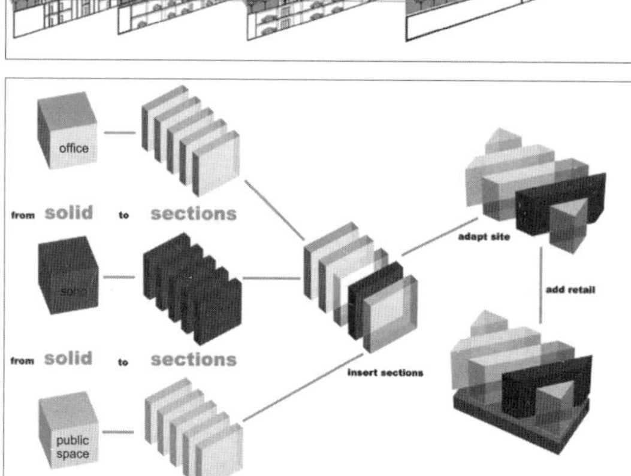

1.2 让城市拥抱河流
——塞纳河与马尔纳河交汇区域城市设计

导引着他穿过一街又一街，经过一张又一张的海报，终把他自己埋进，一个黑暗、匿名、无关紧要的立方体空间里，在那儿有着情感的节庆，亦即所谓的一部影片就要上演……

——罗兰 · 巴特（Roland Barthes）《离开电影院》

1. 背景研究

大巴黎以集中式的带状或区域状分布，它们涵盖了从内部的人文区域——也就是巴黎的核心地带——到环绕新城发展的外部区域——像 Cergy Pontoise，它位于巴黎西北，相当于中国城市中的一个“区”。它不在奥斯曼的巴黎规划范围内，但是属于巴黎地区（Region de Parisiene）。轨道交通将 Cergy Pontoise 和巴黎联系在一起。每天早晚 RER（巴黎的轨道交通之一）的车厢和站台里拥堵着在城区和郊区之间、在工作和生活之间摆渡的人们。巴黎和巴黎郊区的关系类似于内城和卫星城的关系，卫星城可以自给自足，可以独立存在，公共交通是它们和巴黎的联系，距离只有两小时以内车程。但是，它们不是巴黎。

塞纳河（Le Seine）与马尔纳河（Le Marne）交汇处就属于这样的区域。2003 年，笔者参与了“巴黎的新大门——塞纳河与马尔纳河交汇区域城市设计”国际咨询竞赛。竞赛以团队为单位，6 个人一组，分别来自不同的国家，有着不同的文化背景，从事着不同的专业研究（以建筑学为主）。项目的组织者和策划人有着政府的背景，项目推进需要借助的多方面力量（比如交通部门、文化机构、学术团体）都是通过政府的力量来召集和组织。当然，竞赛的最后成果也将是基地范围内各相关行政区域政府的咨询和参考文件。

我们研究的区域包括巴黎内城和新兴发展的城镇之间地带的一部分。它不仅仅是巴黎内城的延伸，更是一个和内城紧密联系的相对独立区域。塞纳河上游（the Seine Amont）是由许多不同的都市化地带、工业区和居住区组成，比如 Ivry 和 Vitry 这样的区域，除了轨道交通和公交车这些有形的交通联系，事实上，它们相互之间联系很少。这个区域像是一个通道，人们到巴黎区必经这里，铁路公路以及航运的线路和站点在这片区域密度都很高。然而，实际的情况是，很少有人注意这里。

塞纳河——研究的主题在流经城市过程中经历了一系列形式的变化，这种变化创造了今天的塞纳河。它蜿蜒流淌，荡漾在波心的热情和冷漠，分明地叙述着巴黎的城市变迁。流经城市中心时它就像有着绚丽的桥、宽阔的人行道和编织着城市绿化的非机动车入口的万众瞩目的焦点一样，美丽、典雅。正点出发的游船项目和晚上埃菲尔高塔的灯光秀都渲染着城市的神奇。博物馆、教堂等建筑在这里朝向水面和绿化，观光者和居民可以漫步河边，也可以选择坐着小船在河面上游弋。

流经塞纳河上游，也就是巴黎的近郊时，城市仿佛把背面朝向河流，破旧的厂房、高大的烟囱、零落的住宅区依水而建。景观像是裁缝的边角料，支离地点缀在河边。有些地方塞纳河好像成了障碍，一个无法逾越的边界，人们很难穿过。很少有桥，无法和市中心比。有桥的地方，桥下也成了黑暗的角落，没有活动，没有商业，没有人。同样缺乏的是对人的视觉和心灵构成某种呼唤和冲击的建筑，人们无法在这个广阔的区域里找到自己的坐标。除了 Chinagora（靠近中国城的一个酒店）和 Port a l'Anglais（塞纳河上游一座重要的桥，附近有泄洪的水闸）。厂房上的烟囱构成了无奈的地标。就是这样，一个缺乏参照的地方，难以形成记忆。塞纳河上游在断裂中和缺乏特征性的状况下挣扎奔突。发生同样状况的还有 Chinagora，也就是“粤海大酒店”，占据着塞纳河与马尔纳河交汇处的有利地理位置，和欧洲最大的中国城相距不远，建筑形式以天安门为蓝本，像是一个有着重檐歇山顶和五凤楼的大型粗劣的舞台背景。这样一个功能、意义和位置都毋庸置疑需要被界定、被参照的点在大多数巴黎人心中是一个记忆的盲点。只有少数人知道那里有不算地道的中国菜，有半中国化的卡拉 ok。

各种各样的行为活动发生在一个相对较小的区域里（商业、工业、文化和居住）。这些活动不是被限制在行政管理的界限中，而是被限制在塞纳河谷的景观里。似乎这里的居民除了他们身边和巴黎，哪儿也不去（这种情况类似于过去居住在上海远郊的居民，然而由于基础设施的蓬勃建设，上海的情况已经发生改变）。这使得大巴黎的居民在城市中处于非常尴尬的地位：他们是居住在巴黎的旅游者。公路、铁路和自然的景观元素都成为限制，而不是动力。这些交通的边界甚至成为“河流”，它们把景观割裂成通向巴黎的长长的切片。明确的区域已经形成。每个区域都已经或正在形成某种独特性，并容纳着一定的功能和活动。而这种独特性会滋长区域之间的壁垒。它是功能细分和都市成熟化发展的结果，却并不是我们希望看到的都市的未来。我们迫切感到，应当极力避免活动之间的鸿沟。人们应该有从一个区去往另一个区的可能和欲望，各种活动应当像网络一样分布在整个区域里。

分离产生了当前不同的区域，这些活动发生的区域由于缺乏关联性和连续性产生了今天的问题。这些地带似乎不允许任何可记忆的体验发生。

2. 两个关键问题

分离是永远存在的，第一个关键问题在于是什么造成分离，以及分离间距的大小。电影胶片上的一幅幅片段画面能在视觉中成为连续的影像，原因是每秒包容不小于 24 张的数量。一个数字化的观点是：我们虽然无法逐点扫描城市，但是只要能在基地中创造具备品质的、有密度的点，就有可能重新定义城市。我们称这些点为质点。质点的质量和数量成为理解和诠释城市的关键。

质点营造的城市应运而生。质点事实上是一个区域，它的范围大到足够容纳商业、工业、教育、医疗、艺术等活动。它的复合性通过这些活动的复合性和关联性表达出来。同时，它也独具个性，一种或两种活动占据主导地位，使得它自身区别于其他，也让我们能够以“点”的标准来认识和研究它。屈米（Bernard Tschumi）在拉维莱特（La Vilette）的最大成就也就是用个性化的“点”定义了一片荒地，从而使得一片难以认知的区域有了清晰的印记。当然，质点城市的出发点不是为了注册一件事物，也不是要让个人化的烙印和商标遍布在巴黎东南部的青山绿水之间。质点的选取是促成了一套参照系，给区域中的其他点提供认知的参考，作为城市设计的诱因和先导。从这个意义上说，质点城市的发展是一个动态的过程，它符合城市设计“在动态中考察和设计”的标准，维系着城市的历史和未来。

另一个关键问题，也是城市最终的生命力所在，是城市水系对城市形态形成和演变的影响。影响导向力主要源于城市水系的功能。在古代，城市水系能提供稳定的水源和肥沃的土地，促使城市的形成。后来随着水上交通工具的发展，河流成为城市物质运输的重要通道，其航运功能进一步推动城市形态的发育。在近代工业化阶段，城市水系功能再次被加强，成为城市水源地、动力源、交通通道及污染的净化场所，从多方面保证城市形态的稳定和完善。到了现代，随着城市发展从量的扩张向内涵提高过渡，城市居民对更高生活质量的追求，城市水系的生态环境、景观旅游等功能日益强化，并推动着城市形态的有机优化进程。这意味着相当数量的质点的选取需要考虑水的加入。事实上，水是这一区域的真正主题，给我们视觉以及心灵重要影响的地方都有水参与的痕迹，比如 Portal’ anglais 附近每年都会举办以水为主题的节庆活动和科普知识宣传活动。

3. 从质点寻找突破

通过考察我们发现，塞纳河上游已经具备了作为巴黎的有机组成部分应当具备的原材料。它已经建立起一套由包括铁路、公路在内的交通系统和文化机构、工业空间和成熟的社区组成的单位。

考察之后是理性的归纳。在对各种活动的归纳中，我们把整个区域分割成一系列相对含蓄却完全功能化的部分。我们逐渐确立了目标,把这些部分整合成一个显著的区域,特别是要创造一个新的中心，把新的活动和利益注入这个地区。它应当是一个独一无二的质点。

这个中心，毫无疑问需要由 Chinagora 来担当。作为一个区域，Chinagora 作为塞纳河与马尔纳河的交会点需要被重新定位，然而，作为巴黎的入口，它并没有发挥效力。根据调查，Chinagora 最初被建造时，曾经相当热闹。来自中国广东的粤海集团投资者在这样一个重要的地方力图移植一种文化，一种来自古老东方文明的文化。这也让人想起香港经营者在阿姆斯特丹中心建起的龙船餐厅 Sea Palace。商业企划的动机来自于深信巴黎人对东方文化的热爱。最初 Chinagora 有一部分展览的功能，每年农历新年都有大量的中国文化和贸易展览在这里举行。 但是现在，展览馆被改造成一个超市，人们之所以记得它是因为这里有广东运来的调味品和泰国的大米。酒店的内庭院曾经因为它的东方园林式的景观闻名遐迩，可是现在，就算愿意来这里住宿的中国人都在减少。它的厚重的建筑基座和两河交汇点景观毫无关联。这种变迁让我们重新审视文化和消费之间的关系。文化向商业的妥协未必是一种倒退，问题是设计者需要把握文化的走向。商业文化繁荣在中国人聚居的地方，就像世界各地的唐人街，其经济都是异常活跃的，到处都充斥着符号性的建筑，这一点也启示我们重新定位我们的基地。展览馆被超市所取代的潜台词是流行的商业文化可能将在这片区域中占据重要地位。

Chinagora 作为基地中最重要的一个质点，它的意义需要被人们了解。词根 agora 这个词来源于拉丁语，意思是“聚会、交流的场所”。城市设计的实质是为了挖掘场所的内在潜力，作为建筑学和景观设计学的专业工作者，我们感觉到，这样一个语言学上的收获很可能会成为我们设计的突破点。

这块地并没成为巴黎的入口——毫无疑问它是两条河的交汇处，可它并不是每个人经过或者进入巴黎的大门。人们乘坐地铁或者汽车在这片区域里往返，却感受不到这片区域自身的活力。马尔纳河意义重大，在整个巴黎范围内，它是塞纳河最大的支流。然而它并没有受到巴黎的青睐，只有一些酒吧零落地散布在河的沿岸。

事实上，作为巴黎的新大门（相对于 La Defence 大门而言），不应当是一个象征物，而应当是一个象征性的区域。塞纳河上游流域就是大门，这一点需要被反映在我们对项目的处理当中。质点城市在方法上回避了平铺直叙对整个基地进行操作的过程，转而探讨对重点地段进行重点开发的可能性。Chinagora 是我们寻找的第一个质点，历史积淀和功能选择的多义性使它脱颖而出，成为整个城市设计的风向标和第一代言人。

4. 用河流整合地域

于是，我们通过技术手段让 Chinagora 被架起一层高，同时保留它作为东方建筑符号的可识别性、商业化甚至娱乐性特征。我们不打算销毁它，因为文化杂糅的巴黎完全能够容纳一个不那么严肃的紫禁城意象。需要解放的是空间本身，架起的结果是塞纳河与马尔纳河可以两两相望，空间被打通，景观可以渗透，聚会交流成为可能。河流成为这一地段的强势语言，景观沿着河流流动成为打开新大门秘密的钥匙。

由于人类活动的入侵，景观要素在塞纳河的剖面看上去居于次要地位。它们以割裂的、片段的面貌呈现。各种交通方式在为人们带来便利的同时,也在切割着城市。我们的目标在于重新定义这个地带，使它真正成为河流自身的景观要素。通过对河谷的描摹，可以获得重新整合这个地域的策略。

沿河分布的小镇有同样的情况。缺乏联系，平淡乏味。可以肯定的是，无论是否有人居住，河流都会存在。它以不同方式存在，但它终究会存在。水实际上是居住的起源，是生活的必需。我们依靠水以汲取营养、获得健康、从事交易、进行交通运输。水是城市之根，也是城市存在的理由。所以，我们的策略是重新开始依靠河流——这种状况是无法避免的、无可厚非的，又必须是无处不在的——水是城市的一个不变的常数。它需要被尊重。它既不能被无逻辑地轻易操作，又不能被忽视，它需要一种互动的平衡。这种平衡是我们在本项目中热切期望获得的。河流再一次被依赖，目的不是贸易和交通，而是为了找回整个地区的活力。

从分析割裂景观的元素和它被割裂的机制着手，我们发现，活动需要被整合，功能需要被重组。单一的功能不会为城市带来持久的活力。白天门庭若市夜晚门可罗雀的德方斯（La Defence）就是教训之一，它的简单的商务办公功能使得这一地段在昼夜呈现截然不同的特质。政府和市民都不希望这个新大门和德方斯大门有所雷同。城市需要的是持续的信心和勇气，不能是短暂的冲动或一时的鲁莽。分区的问题可以通过在一个区域内综合各种活动来解决。这样,城市的热情就不会被单一的活动所消耗，会变得丰富多彩。我们曾经在巴黎郊外看到一些生机勃勃的艺术家之村，由工厂改建而成，楼下是工作室，楼上是住宅。据了解，一度被时尚杂志炒得沸沸扬扬的上海苏州河边的旧工厂改建项目，其实是它们的东方拷贝。另外，割裂景观的路线（如铁路和公路）像河流一样占据支配权，并且使用频繁。我们希望创造一系列关于基地的意象，从而通过简单的穿越就能获得基地的本质。

在河流的延伸路线上我们确定了五个区域，其中任意一个的选取都是为了通过它与特定的活动相联系，并且充分考虑了它们在运输路线上的扩张能力。这些中心区域可以被强调，通过注入这些地方新的理念能够进一步创造出新的中心。它们就是第一组质点。我们打算创造一个留下记忆的地方，通过到达和离开可以获得某种体验，为此需要：

· 整体感。为塞纳河上游创造一种新的整体意象，把碎片“系”在一起以形成有意义的场所。利用现成轴线把有意义的中心相连，形成一个逻辑性的质点网络，形成新的系统，新的基础覆盖原有的，或者与旧的共生。旧场所被注入生机。

· 河流的意义。河流是巴黎的大门，它给人们留下关于巴黎的第一印象。

在一个国际大都市的层面上需要声明，这是巴黎的一个河流区域，在地方性的层面上，我们需要使河流接近这个区域，让河流的氛围和感觉弥漫整个区域，使它向居民、工人和休闲的路人开放。河岸的入口可以通过多种方式使用，可以推介一个单向的系统，为安置更多有意义的步行道路提供空间。这些步道可以轮流向有飘浮码头的水平面延伸。它们是河流的寄生物，是景观蚕食河流的结果。这是河流和景观共生的概念，河流与景观再一次互相依赖。

通过对地表的利用，河岸的氛围可以深深地延伸到整个区域，通过街道家具、绿化和逐步被唤起的城市空间来实现。以水为主题的多种景观形式被使用和强调，静态的溪涧和动态的喷泉从不同角度来诠释水的品质。桥梁、码头、堤坝等与水有关的构筑物丰富着河流的岸线。

同时，这个区域已经给生态学提供了机会和倾向性（专业从事生态研究和环境技术研究的学院、水处理工厂、废弃物处理端）。高科技的产业可以在已有的工业设施上重新酝酿和孵化，也让古老的塞纳河焕发着青春。

· 新型工业。鼓励工业和它的演化从重型向洁净和生态型发展，希望借此打破重工业地带、文化地带、住宅区和商业区之间无法渗透的边界。在工厂旁边同时居住、工作、购物和观光的概念不再相互排斥。我们也许会把目光向工厂聚焦，这些巨大的造型可以被照亮和强调，成为整个地域改变的视觉上的代表。

· 新型居住。在可再生建筑里提倡“绿色”居住，使整个区域成为“绿色”居住的旗舰地段，屋顶花园和试管农业可以在摩天楼的水平上发生发展，并通过空中交通紧密相连。

· 文化资产。方案中提出现代艺术中心这样的文化吸引力被扩展到周边的区域中，文化的体验会被延长。以宣示牌和投射器为形式的广告可以成为我们延伸这些体验的工具。文化和商业的结合也会被进一步加强。迪士尼（Disneyland）并没有破坏巴黎的风情，相反的，它让这个城市有了新的焦点，闲适和娱乐的城市精神得到升华。连建在巴黎市中心的蓬皮杜（Le Pompidu），都越来越难听到诟病和讥讽，相反的，它成为巴黎城市精神的代表。当人们说到“只有巴黎人能造出蓬皮杜”时，有的只是钦敬和艳羡。以“超市”定义基地的文化虽然激进，却容易被大众接受。这里没有历史和文脉，只有渴望改变的呼声。当文化被当作超市中的大量性商品来买卖时，就真正成为了大众文化。

在每个确定的中心里，我们专注于把活动综合在现有的结构里，于是人们便不会感到被限制在各自的区域里。

5. 相关技术问题

塞纳河的泛滥的确是很大的风险，无论是谁似乎都不想漠视它，这从塞纳河边现有的简单构筑物上可以看出来。虽然许多构筑物都不符合规范，还是有大批量在这片区域存在。设计一个完美的排水系统来为可能的经济要求做准备，超过了项目预期的范围。但我们还是为抵御和疏导洪水的系统发展了一些概念性的想法，在需要的时候，可以投入使用。

· 设计了一个延伸的水池，把居住和商业放在二层。

· 设置可能的结构以防御万一到来的洪水。

· 设置渐进的结构具有更大的排水容量和修补系统。

· 提倡采用多孔渗水的坚硬表面。

设计的目的不是为了创造一个新的城市，而是为了注入活力，并且提供基地上欠缺的东西。我们的追求不仅仅是采用一种手法性很强的方法，获得更多视觉上的新奇和愉悦感，更多的是为了带来创造和城市更新。

我们力图使用现成的材料让城市自己生长。通过将活动综合整理，我们建议培育城市，让城市的种子生长如同巴黎地区一样兴旺发达，并成为拥有其独立个性的一个部分。通过对新的中心的聚焦、新的轴线的创造以及基地主题的运作，加强基地既有中心之间的联系，从而提供一个新的意象，一个对所有人而言容易识别的意象。

6. 城市设计师的培养

著名城市设计学者凯文 · 林奇（Kevin Lynch）曾经强调，在城市设计教育中，应当突出三个基础性技巧。首先，要有一种人与人、人与地方场所、场所活动以及社会文化机构互动的敏锐而带有同情的眼光。其次，要对理论、技术及城市设计的价值有深刻的理解和认识。再次，一个城市设计者要具备完美的沟通技巧,同时有表达与学习的热忱。从今天的情况看,西方的城市设计者在以上三个层次，尤其是同情眼光和沟通技巧方面远远走在我们前面。相对于个性化彰显的建筑学教育，城市设计的人才培养核心应当更为关注理性的回归与人文的关怀。

在参与巴黎新大门城市设计的过程中，我们关注质点城市这一概念本身的同时，也始终把概念和建筑师的关系放在我们考量的一个重要平台上。我们希望，参与城市设计的建筑师，通过概念的思考和相关操作，拥有与场所、社会互动的见解和眼光，获得凯文 · 林奇主张的基础性技巧。

· 与社会政治互动

城市建设的决策和实施是一项综合复杂的、同时牵动许多社会集团利益和要求的工作，对此城市设计者常常会感到力不从心、无法掌握。城市设计的运作过程，不只是设计方案的构思立意和设计成果的编制过程，更是一个由设计成果转换成包括公共政策等多种实施工具、对城市环境的逐步形成进行控制和指导的动态过程。

本项目自始至终是在与政府的互动当中进行的。首先，它是在政府部门的策划下产生的。巴黎德方斯的建造和初步繁荣，进一步加强了巴黎西北地区与巴黎的联系，也很大程度上实现了郊区都市化的理想。巴黎东南部的行政区域，历来是华人和有色人种聚集的地方，发展存在很多问题，迫切需要获得自身经济和文化上的跨越（这一情况在今天演进到文化对抗的逆全球化背景下看来更显急迫），新大门项目就此成为一个契机。其次，它的进展和深化始终得到来自政府的信息反馈和方向指导。笔者在参与竞赛的过程中，每周都会有政府官员参与的论证会，会后每个竞赛小组都会获得论证会评委对本组方案的书面意见和建议。

在与政府交流的过程中，我们感到，与其被动地接受来自他们的指导，不如通过强有力的概念及其表达凸显自身，当然我们需要了解他们关心的事，以及操作上的可行性。巴黎的政府官员大多有比较务实的特点，个性化色彩和坚持信念的作风也是他们与东方公务员的区别之一。笔者清晰地记得一位女议员慷慨陈词、舌战其他委员，坚持自己的判断不愿从众的动人场面。在探讨和分析中，我们认为，方案的可行性需要在政府的支持下才能获得。质点城市的概念摒弃了许多方案固有的个人化倾向，以比较新颖的形式综合了大多数参与者的观点。并且，它的拓展和深入始终建立在比较动态的脉络上，从而更具可操作性。这样的出发点也成为方案最终得以胜出的重要原因。

· 与场所互动

场所的实质是空间与社会文化、历史事件、人的活动及地域特征等的融合，每一个场所都有其独特性，这种独特性既包括空间的各种物质属性，也包括较难体察感应的文化联系和人类在漫长时间跨度内因与场所互动而特有的某种环境氛围。城市设计活动需要与场所互动，它要求设计者不仅仅停留在空间——形体的分析和研究上，更要强化城市设计与现存场所条件之间的对应关系，并将社会文化价值、生态价值和人们驾驭城市环境的体验与物质空间分析中的视觉艺术，以及耦合性和虚实空间比例等原则进行设计上的诠释和演绎。

在巴黎这样的城市进行城市设计，更加强调设计师与场所互动的能动性。塞纳河澎湃激荡，孕育着巴黎——法国北方这颗耀眼的明珠。在文化艺术建筑等各个领域，巴黎无疑是欧洲乃至全世界最夺目的首都之一。在市中心，各种博物馆、教堂和艺术馆环绕分布在河流两岸，它们是明珠上熠熠生辉的小珍珠，共同构成都市优雅的风景。而在基地周围，除了靠近两河交汇处的巴黎国家图书馆，以纯粹的建筑形象刺破城市的天际线，带着一股阳刚之气让这片平淡的河岸精神振作之外，几乎看不到值得欣赏停留的点。我们希望通过质点的确立和蔓延，复制和拼贴巴黎市中心的文脉结构到新的区域，而新的区域在历史脉络上可以与巴黎对话，同时又具有自身风格和品质。它并不是巴黎的附属品，它是一片崭新的天地。

7. 穿越设计

在思考穿越了设计的过程之后，我们力图重新理解城市。由于附着了太多太复杂的事实，城市再难澄澈透明。王安忆在《时空流转现代》的结尾这样描述我们的城市："站在一个高处，往下看我们的城市、乡镇、田野，就像处在狂野的风暴中：凌乱，而且破碎，所有的点、线、面、块，都在骤然地进行解体和调整。这大约就是我们的现代生活在空间里呈现的形状。而在生活的局部，依然是日常的情景，但因背景变了，就有了戏剧。"[1] 现代生活的激荡和碰撞，城市空间的重组和变化，甚至人与城市空间的关系的转变，在字里行间呈现，也引发我们对当代城市设计的思考。无论如何，每一次城市设计都只是城市变迁过程中的一个片段，总会告一段落，新的城市大幕还未拉开。但是，生活的标本将永远生动，真实走过的记忆值得珍藏，从城市中来，回到城市中，城市的每一个质点都将是最为精彩的设计舞台。

本文图片由程雪松提供

参考文献

[1] 王安忆 . 时空流转现代 . 现代生活 . 云南人民出版社，2002.

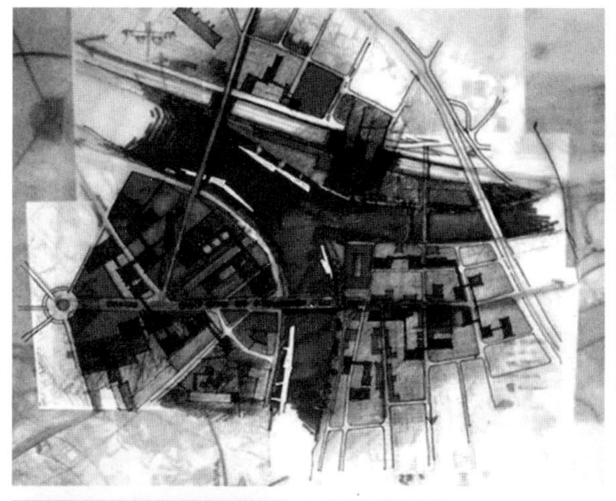

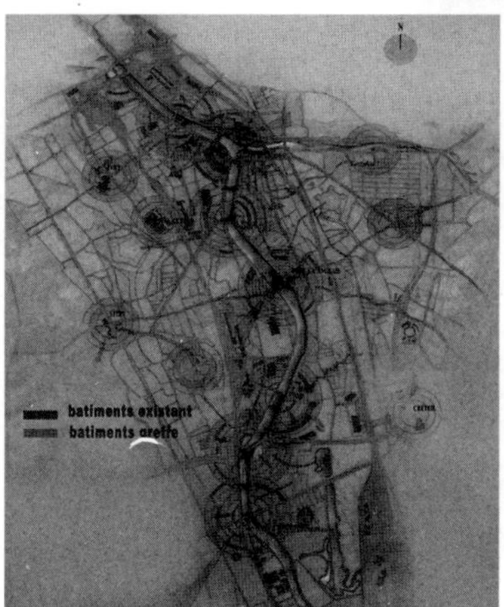

1	2	
3	4	5

1. 塞纳河马尔纳河交汇区域平面（程雪松绘制）
2. 新活动的植入
3. 活动的质点分布
4. 质点城市总平面（程雪松绘制）
5. 鸟瞰效果

1.3 高速城市化进程中的新城区环境塑造初探
——以芜湖市三山区新城行政中心为例

现代主义的建筑和规划创造了一个现代化的田园诗图景；
一个在空间和社会上分割的世界；
人们在这儿，车流在哪儿；
隔开两者的是草地和混凝土，在那里光环能够开始在人们的头上重新闪耀。

——马歇尔·伯曼（Marshall Berman）《一切坚固的东西都烟消云散了——现代性体验》

1. 引子

21 世纪以来，我国城市空间的刷新速度在世界上首屈一指，农业人口向城镇、近郊迁移的规模也无可比拟。无数介于城市中心区和偏僻郊区之间的模糊城市空间在城市化率大于每年 1% 的速度下不断产生。每年有 1000 多万农业人口完成向非农业人口的转变。新城市空间产生于草原耕地的清新文脉中，飞跃着迈向貌似国际化的未来。物质空间形态改变的背后，是农业人口对新生活方式的向往，是新的环境形态与固有的社会心理、文化习俗砰然断裂的迷惘。

城市化的大趋势无法阻挡，快速城市化过程中出现的环境问题需要政府、开发商、空间使用者、规划和建筑学者们共同来解决。城市和建筑的聚集和扩张，是追求紧凑布局下的适当疏散，还是疏离前提下的必要集中，则是我们今天需要确立的标杆和准绳。尤其是在类似城市新区和新农村的建设当中，如何把握好城乡、城郊和谐发展的节奏，兼顾各个层面的协调发展，创造具有现代化水准而又不遗失地方文脉的新城市空间，是今天的设计师们需要认真思考的问题。

2. 规划

芜湖市位于安徽省东南部，毗邻马鞍山、铜陵，交通便利。它濒临长江，过去是非常典型的沿江发展起来的带形城市。它位于马（鞍山）、芜（湖）、铜（陵）皖江经济带的核心位置，大江在此折行向北。芜湖市汽车制造业、水泥、医药加工工业发展迅猛，同时由于得天独厚的地理位置和自然资源优势，商贾云集，贸易和旅游业发达，产业结构比较均衡，消费型城市的特征明显，与合肥共同组成安徽区域经济发展的双核城市。

三山区位于芜湖市区西南部，依托原有市辖繁昌县的三山、峨桥两镇发展起来，是芜湖市沿长江拓展的一个新区。2005 年经国务院批准，三山新区成立，5 年规划人口 25 万（2005 年人口约 10 万），是中国迅速城市化的产物。根据城市总体规划，三山区位于市中心门户型城区与次中心级城市——繁阳镇的连接轴上，它的规划目标是"绿色三山，生态三山"。它依托长江丰沛的水资源，努力打造芜湖新兴的造船工业基地和华东区发电枢纽，它依托原来郊县富饶的森林和景观资源，兴建城市的旅游度假区、观光农业和生态居住区，它的建设，弥补了原来芜湖市作为省级经济中心城市产业结构上的薄弱环节，也极大地带动了周边郊县的快速城镇化，对芜湖周边的新农村、新市政建设具有至关重要的战略意义。

三山区政务新城位于芜湖市中心区西南大约 15km，北面隔芜铜公路（现名峨山路）与长江蓄水库——龙窝湖相望，西面和南面距离现在的三山镇、峨桥镇中心大约都是 8km，同时毗邻西边的三华山。从位置上看，三山新城适合人口迁移、与中心区联动发展的优势并不明显，它在地理上是比较典型的近郊概念。从基础条件上看，三山区依托原繁昌县三山镇、峨桥镇发展起来，经济基础和人口条件并无明显优势，发展亟须周边城区的支持和推动。在交通上，峨山路是连接三山区和芜湖市以及铜陵市的主要交通走廊，由原来省级 205 道路拓宽改造而成，目前已经成为城市干道，道路质量一般。长期以来，芜湖市依赖长江资源发展，呈现带形发展城市空间，南北向交通压力比较大，三山区位于带形的西南端部。因此，三山区要谋自身发展，与中心城区产生互动，首先必须克服交通上的矛盾。

西班牙城市学家马塔（Arturo Soria Y. Mata）1882 年提出"带形城市"的理想，即城市沿着一条高速度、高能量的轴线发展和推进，同时他指出交通干线应作为城市布局的骨骼和脊髓。在实际情况下，中国大部分带形城市的发展由两个方面因素决定：一是自然条件的局限，比如大山大河形成的地理屏障；二是交通的原因，很多城市特别是中小城镇都是沿高速公路发展起来，人口和资源的快速流动带动了沿线经济发展。带形城市发展到一定阶段，早期推动其发展的交通动脉，会成为制约其发展的交通瓶颈。可以预见，三山区的发展将依托于沿江高速与芜铜公路（峨山路）的双轴结构拓展（目前规划建设了长江南路西南延伸成为支持新区的主动脉，而峨山路经过快速化改造成为城际干道）。成为城市新区后峨山路通往三山的路口省道收费站在并区后又存在了很长时间，且交通流量大多为芜铜过境交通；这里通向芜湖市中心区的公交线路较为有限，且班次密集度不高。这样的交通基础条件，严重阻碍城市蔓延所需的物质和能量传输。我们认为新区的崛起依赖交通轴线的建设，在可能情况下采用城市轨道交通（带形城市通常只需长向布置单线往返轨交线路就可以完成节点间快速到达，节约成本）或者城市快速公交系统可以大大加快新区建设和发展速度（可以参考上海连接金山的浦星公路 BRT 做法）。交通节点处的城市空间通过综合布置商业、办公、文化、娱乐、居住等功能以 TOD（Tcansportation Oriented Design）形式，来有效聚集人气，从形态上可以把城市带型空间局部做厚，为下一步宽带型发展进行物质准备。也有效避免纯粹行政化新城建设的种种弊端。新城核心区面积大约 2.5km^2，原先的农业用地已在规划中被迅速置换为行政办公、文化、居住用地以及广场绿地等。浩浩荡荡的城市化过程即将把无数广袤的乡村土地改变为新城市空间。

在三山新城的规划和建筑设计中，我们确立了“节约土地，控制尺度，营造特色，倡导步行，创造立体丰富的城市公共空间”这一核心原则，希望极力避免大马路、大建筑、大广场的生硬设计模式，在可操控的、生态的、造价不高的范围内，创造出承载新城记忆的城市公共空间。十年前的这一构想，今天看来无疑是前瞻的。

龙湖大道和三山大道分别是新城中心的交通主干道，也是最主要的车行公共空间。他们分别以三山区的著名景物命名，搭建起新城中心的道路骨架。龙湖大道南北向，道路红线距离 60m，规划双向 6 车道，是规划中的“生态大道”，北通龙窝湖，南接繁昌县；三山大道东西向，道路红线距离 50m，规划双向 4 车道，西接三华山，东指弋江区。在城市设计的层面，我们意识到，这样的道路宽度从意象上虽然可以寄托政府和市民对于城市发展的某种期待，可是从实际使用上却只能提供小汽车的交通便利，而无法营造宜人的步行空间尺度，真正为普通百姓服务。汽车繁忙的城市道路就像城市中的河流，只能带来两岸的期盼，人行横道节点区域的拥堵，和上桥过隧的空间体验，破坏了城市空间天然的步行可达性。双向 6 车道的道路，在地方上的区县级城区，如果没有红绿灯的有效控制，汽车时速几乎可达 80km/h，能赶上大都市里的高架桥。我们还感觉到分区规划中的地块划分显得过于宏大（大部分地块面积为 8 ~ 16hm^2，街区宽度达到 400m），这样用于行政、商业、居住的大中型地块，必然造成后续工作中建筑尺度过大，用地浪费，街道空间没有亲和力等问题，创造出来的新城肌理是粗糙而暴力的，完全背离宜人的、亲切的、公共空间和功能区域交织的山水城市规划目标。因此，我们利用乔木绿化对道路进行偏柔性的分割，以控制道路空间尺度。又在前期控规确定的道路体系中，加入了进一步细分的次支路系统，大部分为双向二车道（甚至为单向车道或步行街），造成地块比较细密的分割，从而控制住下一阶段的土地使用精度，也为大地块内部的顺畅步行创造出比较好的阡陌肌理。土地资源作为最紧缺的公共资源，在设计之初就需要确立节约土地、控制滥用的意识。根据我们的判断，7 ~ 15m 的道路剖面和比例相当的 2 ~ 4 层建筑高度，应当是最适合市民步行的公共空间尺度。在亚太和欧洲的城市经验中，不宽的街道，适当的车行速度，尺度近人的人行道和建筑骑楼，一定量的临街出入口，是最具活力的城市空间模式。上海的长乐路、新天地，北京的秀水街，东京的涩谷，香港的兰桂坊，巴黎的左岸，都有这种街道的范例。相反地，宽广的马路，大尺度的建筑退界，造成的都市感觉是疏离的、行政化的，也是郊区化的，过去无数新城和开发区建设已经给我们留下了惨痛的教训。传统城市空间中的街、巷、里弄、胡同的温度和生命力，正是在于线性基础上的尺度控制，这是催生互动交流和场所价值的真正温床。我们始终认为，即使在偏远的三四线城市中，新城建设也不应当都以私人小汽车为导向。城市最终是满足人的交通、游憩、工作、居住等功能的，只有为普通人和步行者的城市，才会得到百姓的喜爱。大而无当的城市肌理造成的失败的城市空间体验，必须要在新城设计中尽量避免。

在对较大地块细密分割的基础上，我们选取若干地块中心和道路交叉口，控制了一定面积和数量的地块集中设置公共绿地。事实证明，有相当数量街角花园和公共绿地的地块经济价值会得到显著提升，而且公共绿地的设置也对防止次级地块被过度开发起到一定的控制作用。今天大多城市的规划部门在审批用地方案时，把绿化率和集中绿化率作为重要的参考指标，说明大家已经意识到相当面积集中绿化对地块开发的积极制约作用，对城市环境的积极促进作用。在公共绿地布点完成以后，我们希望把地块内的某些次要道路开辟成步行走廊，联系各个公共绿地，这样控制的意义在于严格保证市民步行的合法性和合理性，而且疏通了视线的通道。汽车工业因为它的高附加值和相关产业带动作用被作为很多城市的支柱产业大力发展，有地方领导甚至提出“要让城市成为驾车者的乐园”[①]。但是我们更应该看到，西方很多发达国家在限制小汽车。美国的绿色建筑评定体系（LEED）把小汽车车位控制在规范允许的最低限度，韩国首尔拆除了高架路，每年 9 月 22 日被定为世界无车日，很多城市（如深圳）开始征收道路拥堵费，北京面对日益增加的堵车成本，很长一段时间实行地铁 2 元一票制，鼓励公共交通（当然收效甚微）。这些都从某种侧面说明世界城市发展的某种趋势。而我们的大部分新城建设都是以机动车交通为先导的，道路的尺度和土地的使用首先考虑小汽车的需要。从城市的本质来说，步行和自行车交通必须受到鼓励。一些国家出台政策严格规定办公建筑物中为骑车的上班族提供更衣室和淋浴房，骑车和步行上班的人可以得到政府的交通津贴，机动车道和自行车道之间设置更为严格的绿化隔离带，慢行条件的改善在共享单车繁荣的当下显得格外具有参考价值。对于中国新城区里刚刚离开耕地投身城市的新市民，在享受现代化机动车交通的同时，我们希望他们对土地和徒步的情感能够被充分尊重。

3. 建筑

在对城区交通体系和用地作了一些梳理以后，我们深入到局部地块的建筑群体运作当中。城市规划和设计的理念最终落实还是体现在具体的建筑和景观层面。行政中心是新区启动的第一栋建筑，也是最重要的行政建筑。它的选址位于新城中央约 $14hm^2$ 的地块中，西靠三华山，东面龙湖大道，南临三山大道。市民广场的选址与它东面紧邻。行政中心和市民广场以南新开河对岸的地块，在规划中被定位为行政金融办公区，主要建筑包括法院、检察院、公安局、工商局、税务局、银行等。公、检、法作为最主要单体建筑沿三山大道排列，与行政中心隔河相望。市民广场以东则规划为主要的文化、娱乐、商业等公共活动区。大部分地块被作为待开发地块保留下来，以保证城区自然生长的需要和土地可持续的使用可能。

作为最重要的公共办公建筑，在任务书中，三山新区政府要求这个新城区行政中心应具备行政办公、市民办事、会务接待、地下停车和人防等功能，希望各部分功能都可以独立运作，互不干扰。这些建筑又应该具有整体性，看上去是一个聚落整体，而不是一组松散的建筑群，这样可以比较好地控制行政流线长度，提高行政办事效能。方案设计之初，我们认为，需要解决的重要问题是行政中心的主立面和主入口问题，其实也就是公共立面和市民广场的位置问题。按照通常的思路（包括前期分区规划的建议），政府建筑多为面南背北，主广场和主入口应朝南面三山大道，由此带来的结果是建筑朝向龙湖大道立面成为侧立面。从建筑与三华山景观以及城区主干道龙湖大道的关系来看，建筑主体应当比较完整地面朝龙湖大道，背靠三华山，以获得好的自然山体背景，东向沿龙湖大道也能够形成坐西朝东的市民公共广场，与景观大道相呼应。在风土调研中我们了解到，三华山是当地重要的山体，曾经以山上三华庙得名。三华庙过去曾是人们登临九华山朝拜的前奏和序曲，有“先上三华，再登九华”之说。与城市中心赭山的“小九华”广济寺遥相呼应，有较好的人文和宗教传统。通过和当地干部群众的交流，我们感到三华山已经从单纯的地理空间意象上升为重要的心理意象，作为新区启动的第一组建筑和广场，它的精神功能大于物质功能，从某种意义上说，单体设计的成败就在于能否较好地处理建筑与山水景观以及城市公共空间的位置关系，以强化整个新城区的山水城市意象。

如果说新城区建设是过剩资本寻求新的利润增长点、实现利润最大化的体现，那么新城最重要的建筑设计往往也能够在解决功能、美学等问题的基本前提下，体现资本的扩张和膨胀属性。建筑在精神层面是阶段性总结过去城市的经济发展，为未来空间描绘蓝图。因此，在设计中，我们不单单把行政中心建筑看成一幢房子，而是把它看成一个纪念、一场仪式、一种对未来的信心和期盼。一个东向的广场有助于在城市设计层面为新城的第一栋建筑寻找到与自然地理脉络的结合点，加强这种仪式感，一个东向完整的建筑主立面在广场的衬托下，也强化了新城脊柱——龙湖大道的视觉和政治意义，同时对于新城来说，还包含吐故纳新、紫气东来之意。以紫禁城为代表的、中国传统上广泛接受的南向广场模式，在这个新城广场特殊地理条件下，被取而代之以一个更具活力的东方广场，它代表的是新区第一缕阳光照到的地方。

在一个行政中心建筑主体确定以后，市民中心和会议中心在布局上自然而然地环绕在主体周围，成为主体建筑与市民广场、周围街道之间的过渡体量和尺度衔接。市民中心以二层裙房的形式分布在行政中心南北两侧，平面呈外凸的弧形展开，拱围着主楼。造型上部收分。它的表皮材料以大玻璃面为主，有列柱撑起顶部的钢结构屋顶。这样的手法处理是为了加强市民中心的轻盈感、亲切感和透明感，低层的空间布局也方便老百姓来办事，因为这个区域的使用主体是广大市民，建筑处理的目标与行政服务的目标应当是对应的。会议中心作为建筑平面弧形轮廓上的一个端部节点被放大放置在主楼的西侧象限点中央位置，遥望三华山。作为行政会议、可容500人开会的办公场所，会议中心需要便捷的交通、快速的疏散、开阔的场地和比较宁静的环境氛围。显然，这里偏居西部一隅，位置是最合适的。为了避免会议中心巨大敦实的体量堵塞视野，我们把它架高到两层，从而把地面层空间解放出来。这样，走进行政中心底层门厅的人和在休息厅里喝茶的人直接就可以看到远处的三华山。我们试图体现的是城市设计另一个关键词——疏朗，同时，三华山地理图腾也再一次在新城市空间中从视线中被唤起。

中国新城行政核心区的大多建筑设计，在平面布局上往往是对称和仪式性的，也更多地体现出行政主体的价值观，庄重、对称、向心感。党委、人大、政协、政府的严格次序空间排布，也是很多政府建筑用来标识身份的重要参考，往往确定了这些建筑的造型基调。四套班子在空间上的关联，与其说体现功能的内在逻辑性，不如说是人事规则和权力游戏的空间演化。过去，这些足以唤起观看者的荣誉感和使用者的崇高感，但是在今天的市民社会中，在民主和草根呼声日益强烈的时代，仅仅用简单的气派十足的平面构成语言和流于形式的造型方法并不能获得大家都期待的更为简约质朴、平和动人的城市公共空间，职能部门所需要的教堂一般的庄严感和私密性正在被新的建筑观取代。曾经我们脑海中习惯浮现的大广场、高柱廊、罗马柱和山花雕饰如今渐渐淡出人们的视野，尺度被分割了，历史纹样被消解了，我们今天更需要属于这个时代的环境形象和“非权力空间”。从经济变革来看，中国正在经历由投资型社会向消费型社会过渡的关键时期，消费的主体是人，确切地说是老百姓，过去依靠投资拉动 GDP 的增长方式今天被认为是片面的和不可持续的，只有真正确立起依靠消费主体评判和欣赏的环境价值观,定制化的城市空间才更能持久和具有生命力。这里,在基本对称的平面布局基础上，我们尽量控制建筑主体的简洁性和纯粹性。新江南水乡的建筑语言以不同方式加以诠释：轻盈的面构成风格；黑白灰的立面色调；清晰的体量特征；细部构件的精致化。它们形成这种语言的轻松表达。服务型办公空间的形象得到确立现代化和地方性的建筑风格重新被构建起来。

除了政府大楼，位于新开河与三山大道南侧的检察院和法院大楼也采取了合建的形式，分别朝两个方向开口，与公安局并列拱卫在政府大楼一侧，成为一府两院的组成部分，从而体现中国司法精神。通常公安局、检察院、法院三个司法机构在级别和地位上是平等的,在刑事公诉案件中,三者是分工合作、互相监督的关系。所以，通常在行政司法建筑组群中，政府建筑处于序列的核心地位，公检法列于核心一侧。

在公检法建筑群设计中需要着重解决一系列矛盾：

· 体量和立面问题。由于各自职能的不同，三类建筑体现出来的造型关系和空间关系并不相同。法院建筑通常体量最大，大量的审判法庭和公共区域常占到法院面积的一半以上；公安局要考虑刑侦和部分公共服务职能，需要出警迅速，有独立通道；检察院作为专业的公诉监督办公机关，面积通常都不大。这就产生了第一个矛盾，体量相差较大的建筑当并行放置时，需要体现出相对近似的建筑高度和立面关系，甚至大门的位置和高度都要基本相当，这是和建筑面积和功能的真实性有差异的。但是作为制度习俗，这非常重要。

· 专业和公共问题。现代司法强调法律面前人人平等，强调司法的服务功能和法律的公共性特征。可是司法和检察机关工作都具有较强的专业性。司法审判、司法执行、司法解释都必须严格按照宪法、法典和相关法律条文为依据，检察机关的公诉和监督工作也需要进行大量的研究、准备和证据搜集工作。第二个矛盾就是司法建筑的专业工作区和公共开放区需要相对隔离，以保证司法工作的严肃性和独立性。

· 外部统一、内部分离问题。考虑到节约土地，地方政府从过去法检分建消耗土地资源过多到今天倾向于合建，甚至公检法合建，天津滨海新区还出现了公检法和国家安全局合建的司法服务中心。这就表明，现代城市发展的需求和理念已经有很大改变。资源短缺的压力已经超越了部门局部利益，在统一政党领导下，公检法的分工合作的重要性也胜于各自的独立性和部门壁垒。然而，对建筑设计的要求就是要在一栋完整的建筑内部解决功能的相对独立性，外观却要体现统一协调，这一矛盾是外观与实际功能的矛盾，是第三个矛盾。

· 法院内部流线问题。第四个矛盾是法院内部的矛盾，法官的动线、刑事羁押的流线和公众的流线应当严格地隔离，以体现法官的庄严神圣、严格限制刑事犯罪嫌疑人的活动、避免对社会他人造成危害、方便普通市民现场观摩庭审过程。这三条流线共同交汇在法庭区域。从分区而言，法院的办公区、审判区和羁押区需要隔离，其他还有诸如律师流线、媒体流线也需要一定的分离，当然可以通过时间控制来实现。所以，这是流线可以交汇而不能交叉的矛盾。这类似于医院建筑里的医生、病人和污物三条流线的有效分离（主要是手术区域）。

· 开口问题和结构层高问题。还有一些并不那么尖锐的矛盾，比如司法建筑由于功能和流线的要求需要很多出入口，可是城市规划通常不希望一条路上多个开口，有时候就要把主要出入口在几条路上做，这也是一个矛盾。如果两个主入口必须开在一个立面上，就要解决好入口的尺度比例协调关系，既要体现各自的重要性和独立性，又不可能做成对称的面。法院和检察院的办公部分对采光通风的要求相对较高，而法院审判区两边有走廊，无所谓采光通风，所以通常办公区南北向放置，审判区东西向放置，而在功能上法院审判区是对外的，办公区可以对内，检察院整个办公区都不可能对内，所以往往法院和检察院两个功能上比较接近的办公区域无法并列统一处理，反而是层高、进深差异较大的审判区和检察院常常在一起并置，这在造型和结构上都是要解决的矛盾。

· 大法庭的问题。大法庭是司法审判的象征，常常会在建筑外部主立面上表现出来。大法庭又是多条流线交汇的区域，交通人流量大、空间处理复杂。大法庭空间净高要求较高，结构处理与其他办公部分不同，通常需要单独考虑。大法庭的消防疏散要求也比较高。所以，法院建筑中大法庭是一个特别重要的空间，也是很多问题矛盾的焦点，相对而言，如果能够与其他部分分开来处理，会容易一些。一旦由于场地的局限或者特殊的造型要求要结合主体建筑统一处理，会给结构、流线、消防都带来很多问题。

所以，作为一类特殊的行政办公建筑，司法建筑的成败关键就是解决以上多个矛盾和一个大法庭的问题。这些问题有些是技术问题，有些是文化和制度问题，不同的问题在不同的条件和情况下重要性也会有所差异。有时问题十分尖锐，非常难克服，需要花很多时间去思考，做很多方案的比较，权衡、考量，再做出判断。

4. 景观

对于一个脱胎于农村的新城区来说，它的主要人口构成是由农民转变而来的城市居民、为数众多的建设者和外来务工人员。这些人很少传统的血缘和地缘关系维系，主要靠劳动关系产生交流，流动性强，对新城区缺乏归属感。新城区物质空间环境建设的另一个重要任务就是帮助新市民建立起新的场所精神，为他们重塑公共生活形态。这种生活形态不应当是假想的城市人的生活，也不能是冷漠、消极的边缘郊区状态，而是立足于原有地域血脉，积极主动追逐新城市理想，同时不乏自然、质朴本色的新鲜生活状态。因此，我们在规划和设计中并不刻意追求所谓的设计感，而是把关注的目光投向新区市民生活本身。这些人平时生活比较简单，经历着由体力劳动者向脑力劳动者转变的过程，爱好聚居生活，精神文化活动较少。我们把设计的着力点放在公共空间的营造上，因为公共空间可以产生公共活动，演绎城市故事，加强新城市居民对场所的认同感，提高他们对新城市环境的依赖性，促进他们作为新市民的自信力。他们的精神气质反过来也会影响公共活动的内容，催生出新的、更具活力的空间可能性。这才是值得憧憬的美好的城市化未来。

通过努力，我们逐渐和政府、市民达成共识，空间和环境的装饰风格并不是评价的主要标准，关键在于新塑造的情境能否容纳特定的行为，并且创造新的活动乃至生活方式。于是我们把行政中心东面的 $10hm^2$ 市民广场尺度作了进一步分割，严格控制硬地面积，中心硬地广场各方向宽度不超过 80m，以应对通常大人流的活动尺度。周围环绕绿地草坡，通过草坡局部的微微抬起，调整三度的地形关系，局部地形呈现相对多样化的姿态，也避免一马平川的单调感。环绕建筑物正面设计水环境，赋予建筑一个极为轻盈纯净的承托面，有效地丰富了广场的质感。微微抬起的草坡和 20m 宽的水面，在地景上自然分割了行政区域和市民活动区域，手法力求清新流畅，简洁自然。建筑物西侧结合消防车道和登高面设计了尺度宜人的小型园林，形成建筑群落环抱的绿化腔体，调节这里的微气候，也符合前朝后寝的传统空间习俗。在广场设计过程中，我们尽量避免过去市政广场枯燥、单调、生硬的工程性做法，努力把它看成是一个城市公共艺术品的空间再现，让点状小品雕塑、线状街道和面状绿地、硬地、水面交织衬托，以体积感和空间感的营造为核心手法，突出体现三山新城中心区的质感和量感。广场的北侧预留了一部分用地，作为接待中心和小型商业走廊功能，控制了行政化土地使用，也促成了景观广场使用的多样性。广场南侧沿新开河道设计滨河步道，和一部分公共停车场，丰富三山大道的沿路景观，方便市民出行。市民广场的中心景观沿轴线自东向西延伸，从东侧入口的标志性雕塑——三华夕照、龙湖印象开始，经过聚会广场、金水桥和升旗广场，穿过行政中心建筑主入口，上升到中央的绿色中庭，立体景观的概念再次得到渲染。这一中央景观轴线的存在和强化也提升了龙湖大道作为物质能量交通主轴的意义，符合新区东向拓展的目标。主体建筑中没有采用上下通高的中庭，而是两层共用一个小中庭，这样既可以得到适宜的相互交流的尺度，也丰富了标准层内部的公共空间变化，更加利于建筑节能。中庭自下而上层层放大，形成的折线形表皮与外部广场以及建筑前方的景观水池建立起了独特的对峙空间，每一个在中庭俯瞰广场和城市新区的人，都会感到景观就在自己的脚下和周围，而不受到其他中庭的干扰，从而产生独特的公共空间效果。与市民广场一样，政务楼内部的公共空间处理关键在于控制其尺度，每个交流中庭的面积大约为 $150m^2$，逐层放大，高 7.8m，在布置有室内绿化的条件下，这是一个最适宜交流和休息的尺度（相对于 $1700m^2$ 的标准层面积）。主楼和裙房以及会议厅自然围合成一个小庭院，成为景观轴线的收头。我们结合消防车道和登高面的设置让小庭院在宁静内向的基础上与西面的风土景观发生联系，从而营造起自省却又不乏流动的东方情境。

5. 尾声

无数经验案例告诉我们，在文脉匮乏的场所，新建作品常常流于形式，成为手法主义和细部堆砌的牺牲品。在业主限制和商业利益的压力下，建筑师和城市设计师往往无法正视自身角色，把握设计本身的艺术个性及其与规划机制、风格样式的关系。三山新城的设计经验启示我们，只有综合考量整体空间环境的过去、现在和未来，深入拓展空间理念的细部才真正能够体现永恒，而新城设计的文脉正存在于公共空间的营造中，唯有仔细探究公共空间存在的现实性，用前瞻的眼光将其实现，并为其创造足够丰富的公共活动内容，才能够确立起业主满意、百姓喜爱的城市环境，才能不断补充中国新城区物质空间的精神内涵。

本文图片由 CITYCHEER 提供，程雪松、江健拍摄

注释

① 上海嘉定汽车城规划初期决策者的想法。

相关参考文献

[1] 缪朴，司玲，司然 . 亚太城市的公共空间：当前的问题与对策 [M]. 北京：中国建筑工业出版社，2007.

[2] 扬 · 盖尔 . 交往与空间 [M]. 何人可译 . 北京：中国建筑工业出版社，2003.

[3] 迈克尔 · 索斯沃斯，伊万 · 本—约瑟夫 . 街道与城镇的形成 [M]. 李凌虹译 . 北京：中国建筑工业出版社，2006.

[4] 王建国 . 城市设计 [M]. 南京：东南大学出版社，1999.

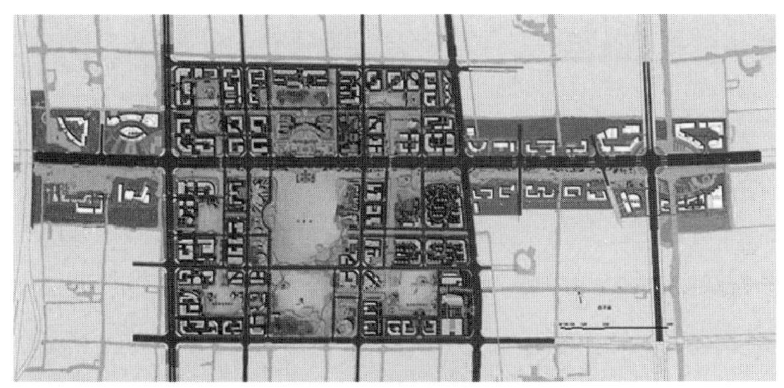

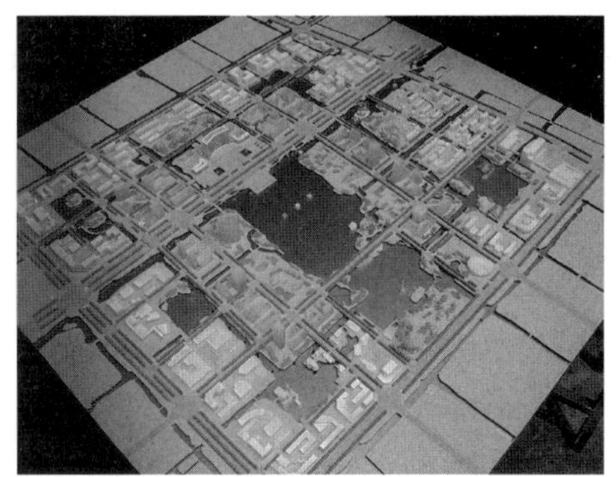

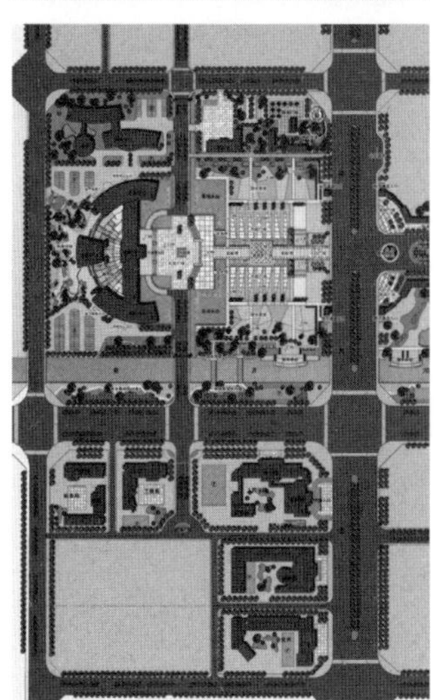

1		2
3	5	
4	6	
	7	

1. 芜湖经济技术开发区东区总平面（胡轶绘制）
2. 芜湖经济技术开发区东区模型鸟瞰
3. “三华夕照”构筑
4. 芜湖三山政务区核心区总平面（程雪松、贡博云绘制）
5. 三山区法检大楼
6./7. 芜湖三山政务区鸟瞰

1.4 城市更新实践中的海绵智慧
——水弹性空间设计及思考

城市就像一块海绵，吸汲着这些不断涌流的记忆的潮水，并且随之膨胀着。……城市不会泄露自己的过去，只会把它像手纹一样藏起来，它被写在街巷的角落、窗格的护栏、楼梯的扶手、避雷的天线和旗杆上，每一道印记都是抓挠、锯锉、刻凿、猛击留下的痕迹。

——伊塔洛 · 卡尔维诺（Italo Calvino）《看不见的城市》

1. 城市更新

为人熟知的“城市更新（urban regeneration）”，其概念由 Peter Roberts 提出，他分析二战以来英国城市发展和城市问题，将城市更新定义为：“用一种综合的、整体性的观念和行为来解决各种各样的城市问题；致力于在经济、社会、物质环境等各个方面对处于变化中的城市地区做出长远的、持续性的改善和提高。”[1]

1858 年 8 月，在荷兰召开的第一次城市更新研讨会上，对城市更新作了有关的说明：生活在城市中的人，对于自己所居住的建筑物、周围的环境或出行、购物、娱乐及其他生活活动有各种不同的期望和不满；对于自己所居住的房屋的修理改造，对于街道、公园、绿地和不良住宅区等环境的改善有要求及早施行，以形成舒适的生活环境和美丽的市容。包括所有这些内容的城市建设活动都是城市更新[2]。

我们认为城市更新是一种对城市中衰败的区域进行护旧建新的过程，通过更新老化的区域，从而改善人居环境。

2. 水弹性空间

由于城市肌体日益衰老、城市细胞不断死亡，在这种情况下，活化城市肌体，在不断增长、瞬息万变的威胁和压力中正常运行，保持城市肌体活力就显得尤为重要。我国在研究国外政策与经验的前提下，出台了适应国情的弹性化措施来解决城市肌体活力欠缺的问题。

2.1 相关概念

· 弹性

· 弹性城市

· 水弹性空间

· 水弹性和水敏性

弹性（resilience）的概念最早起源于1970年代的城市生态学，由美国学者霍林（Holling）提出[3]。弹性具有三个本质特性：自控制、自组织与自适应。后来维尔班克斯（Wilbanks）等定义弹性城市（resilient city）是指城市系统能够准备、响应特定的多重威胁并从中恢复，并将其对公共安全健康和经济的影响降至最低的能力（Wilbanks T.，Sathaye J.，2007）。弹性城市主要包括基于城市系统、基于气候变化和灾害风险管理以及基于城市能源等三大类型[4]。水弹性空间主要表达空间对水环境变化的包容度和适应度，在有水和无水时水弹性空间都能够发挥一定的弹性作用，无水时空间可以用来活动，有水时既蓄水又能进行亲水活动。

水敏感城市联合指导委员会（Joint Steering Committee for Water Sensitive Cities）给出了水敏性城市设计WSUD定义，这个定义较为广义，即WSUD是结合了城市水循环——供水、污水、雨水、地下水管理，城市设计和环境保护的综合性设计。简单地说，WSUD结合了城市雨洪管理和城市设计两部分[5]。

从水敏性和水弹性的差异来看，“水敏性城市”的概念更注重通过城市规划设计、城市的水文管理措施与城市水物理工程技术来进行雨水收集净化，强调一种对水文变化情况的被动反应，对场地本身主动组织的活动和人与地块的关系考虑较少；而水弹性空间更为主动和灵活，在雨时仍考虑进行与水有关的活动，把人水共舞作为设计目标，与城市生活的紧密结合正是当下城市更新真正需要的意涵。

2.2 水弹性空间与城市更新的关系

主要包括

· 城市更新需要解决城市内涝问题，通过在原有的城市社区中增加和改善可排涝的水弹性空间；

· 城市更新需要引入新的与水有关的活动，考虑承载活动的水弹性空间；

· 城市更新不仅仅是物质的更新、功能的更新，更重要的是人与自然和谐相处的能力与关系，其中人与水的和谐相处，就是人与自然和谐相处的一种表现。

2.3 国外的研究和实践

欧洲、亚洲、大洋洲一些发达国家经过长期研究与大量探索，在城市雨水资源利用、保持水土和地下水蓄积方面获得了可资借鉴的成果和经验 [6]。

· 欧洲——以英国、德国为例

常年温和多雨的英国建立了“可持续性城市排水系统”（SUDS：Sustainable Urban Drainage System），通过减小雨水径流、增设弹性雨水装置和分级处理收集雨水来缓解城市排水系统的压力。政府鼓励居民在家中和社区安装雨水收集系统，屋顶收集的雨水通过导水管经过分层过滤系统汇入地下存储罐。英国还全方位在大型市政设施和商业建筑中利用雨水 [7]，其中伦敦奥林匹克公园就是范例 [8]。

德国的水弹性设计得益于其现代化的排水设施，不仅能够高效排水排污，还能起到平衡城市生态系统的功能（雨污分流）。德国针对不同区域采用不同透水砖，兼具城市绿化、吸附粉尘与降噪功能，保证 80% 铺装可透水。建设中的“绿色屋顶”达到一定密度将能续存 60% 的雨水。德国的雨水收集器体系也很发达，暴雨时，慕尼黑的 13 个总容量达 70.6 万 m^3 的地下储水设施可贮存缓冲大量雨水，减轻地下管网的负担。

· 亚洲——以日本和新加坡为例

亚洲国家中的新加坡和日本在水弹性处理方面积累了很多经验。新加坡虽然城市降雨量每年持续上升，却很少出现城市内涝状况，关键在于科学设计并合理分布雨水收集和城市排水系统，在建筑地下和地面规划并设计城市排水系统，每一栋建筑、人行道、马路周围都分布有排水渠与城市排水设施，能够快速地排出雨水。另外必要的超大型基础设施也不可少，滨海堤坝有 9 个冠形闸门，7 个巨型排水泵可以同时启动，排水速度极快，整个过程只需要 9 秒钟 [9]。

日本是水资源紧缺的国家，早在 1992 年日本就将雨水渗沟、渗塘、透水地面以及家用集水设施作为城市规划的重要组成部分。日本重视雨水调蓄设施的多功能利用，包括降低绿地、公园、操场、花坛等地面高程；在停车场、广场铺设透水铺装；在运动场下修建雨水库并建设雨水调蓄池。值得一提的是日本公园数量众多，绿地覆盖率为66%，成为重要的天然调蓄容器。

· 大洋洲——以澳大利亚为例

南半球的澳大利亚降雨量少，国土中将近三分之二的区域为干旱或半干旱地带，同时人口的聚集和增长也使得城市水资源愈发紧张[10]，在这种情况下澳大利亚将雨水管控与城市建筑景观相结合提出"水敏城市设计"（WSUD：Water Sensitive Urban Design），兼具功能性、景观性和生态性，对城市中的道路、建筑与公共开放空间等进行水敏性组织与设计。道路水敏性设计主要包括植被浅沟、生物滞留系统以及透水铺装；建筑布局则应强调尽可能多地留出公共开放空间。公共开放空间是水敏性城市设计的关键点，适宜布局蓄水、储水与净水设施，又是人类休憩和生物栖息的主要场所[11]。

3. 荷兰的经验

荷兰是世界上海拔最低的国家之一，其中阿姆斯特丹地势低于海平面1.5m，特殊的地理环境促使荷兰在防洪排涝建设上做出了许多努力，并产生了许多有创意的想法。下文结合笔者在荷兰的考察，围绕《国务院办公厅关于推进海绵城市建设的指导意见》中提出的新老城区海绵城市建设、海绵型建筑和相关基础设施建设、公园绿地建设和自然生态修复等三方面内容，以荷兰的水弹性空间实践为例进行阐释。

3.1　新老城区规划

与新城相比，老城的海绵化改造更难推进，这种情况在荷兰也一样。毕竟老城区改造牵涉原住民的生活质量和权益问题。阿姆斯特丹得益于人工挖掘的密布运河河道，同时在原先布局集中的开发地块上，经过海绵化的改造为场地留出开放空间并增加了对区域更有价值的水面与活动，进一步减少城市被淹的风险。大部分住宅区只有中心一块大水域，下雨时远离水面的区域容易积水。通过弹性的海绵规划将大水域分散成小水泡，并用水系连接，减少了地表径流距离并降低了径流污染，雨水就近排，各地块分别解决自己的水问题，不给公共市政系统增加压力，一定程度上缓解了城市内涝状况。

· 老城区——德海伦（De Hallen）/ 阿姆斯特丹（Amsterdam）

德海伦老厂房的更新在场地旁留出了绿地，绿地本身就是一块弹性的蓄水海绵，让雨水可以在这个低洼的场地进行排放。绿地上方有动态的水活动，绿地下方有蓄水模块进行雨水收集。这一新的社区文化商业中心由电车维修站改造而来，对场地“护旧建新”，在城市更新的同时保留了工业肌理和城市记忆，具有传统的外观和怀旧感的结构。

· 新城区——阿尔梅勒新城（Almere）/ 阿尔梅勒（Almere）

作为 2022 年世园会举办城市，阿尔梅勒是通过填海造城形成的典型圩田城市，和荷兰大部分城市一样有着常见的密集运河、圩田水位和河道网络。在更新阿尔梅勒时沿袭了荷兰城市的建设传统和低地文化。在住宅区附近规划了较多的绿地，让雨水就近排入周边绿地。在商业区、住宅和公共建筑的屋面采用大量的屋顶绿化起到集水的作用，多余的屋面雨水通过雨水管排入明沟。地面尽可能采用透水铺装材料，减小了建筑不透水表面给生态环境带来的影响。

3.2 海绵型建筑和基础设施建设

城市高速发展和建设破坏了大自然的循环体系。城市地表被大面积不透水的材料与建筑所覆盖，本应渗入地下或存蓄入土壤的雨水不得不进入市政管网，产生诸如地下水位下降、植物生长困难、不透水地面难与空气进行热量和水分的交换产生“热岛现象”、径流污染、路面积水和城市内涝等一系列问题。

在建筑和基础设施建设中，采用以蓄代渗的做法。通过增加蓄水铺装的纵深，加大孔隙率，以提高地面铺装的临时蓄水容量。在开放空间中的大面积草地中预埋蓄水模块，为绿地蓄水扩容。对道路平面及剖面进行改造，结合安全区增加绿化洼地面积，缓解地表径流，提升路面的蓄水量，并引入竖向设计有效引导排水坡向，在低洼处与道路两边设置植被浅沟。注重设计细节，使雨水更高效的流入蓄水空间。另外在屋顶承载力可行的条件下设置蓄水池，仅供储蓄雨水，将屋顶绿化、透水铺装与蓄水空间相结合，营造景观丰富的屋顶花园，并设置集水容器收集雨水直接用于场地内植被的灌溉。

· 海绵型建筑——水广场（Water square Benthemplein）/ 鹿特丹（Rotterdam）

这是一个水弹性空间更新的项目，利用周边的美术学校建筑围合场地，并在中央修建了水广场，一是让建筑的水能排到广场内，二是减少场地周边的地表径流，能够就近排水。广场通常情况下保持干燥状态能为年轻人提供运动、游玩和休憩的空间，在强降雨时则兼具临时储蓄雨水的功能。

场地中三个形态不一的水广场都具有集水功能，其中两个较浅的广场能迅速收集周边的雨水，另外一个较深的广场只在连续强降雨时才会进行雨水收集，做到弹性收集雨水。落叶季节排水沟杂物的及时清理是需要关注的问题。水广场重新定义了公共空间，并为周边居民提供一个生态绿色、弹性与充满活力的绿色空间[12]。

· 基础设施——高架公园（Holland A8ernA Park）/ 赞丹（Zaandam）

20 世纪 70 年代早期，荷兰赞丹新建了一条 A8 高速快速路，高架路下桥墩约有 7m 高。高架下原本活力衰退、被浪费的“负空间”，通过引入新的城市活动，改变了原本黑暗、容易堆积垃圾的桥下区域，并修复了城市肌理，被高架分割开的小镇两边通过活动重新紧密地连在一起。值得一提的是水上活动的引入，如游泳、戏水、航模等，下雨时雨水从周边汇入既能蓄水又能进行活动。城市更新不仅仅是物质上的城市更新，更是引入新的水活动、体现人与环境和谐共处的观念更新和文化更新。

3.3 公园绿地

传统的城市公园和绿地广场存在着缺少活动、地面沉降、径流污染、地下水匮乏、直接排入市政管网的水对管网压力大、并且城市内涝日益严重等一系列问题。针对这些问题，通过建造生态公园将原有地形中的洼地改造为湿塘，引导周边地块的雨水收集，通过高程设计将临近洼地相互连通，形成可灵活调蓄的储水空间，柔化驳岸设计，增加湿地弹性蓄水空间，利用“水广场”在硬质广场中创造丰富的高程变化，创造丰富多彩的活动。利用周边建筑进行临时蓄水。开放式水渠成为景观化的临时蓄排空间。

通过这些海绵化的智慧设计改善居住环境，推动城市更新，对城市形态与肌理产生积极的影响。公园绿地等城市开放空间是人户外活动的重要场地，通过这一系列的海绵措施不仅提供更多水弹性空间，更让城市能够可持续的发展。

· 公园——西煤气厂公园（Westergasfabriek Park）/ 阿姆斯特丹（Amsterdam）

西煤气厂文化公园设计是一个综合性城市更新的项目。土地曾经被燃气厂严重污染，通过精确的计算挖方、填方量，并用未污染的新土去替换被污染的土壤，让场地重获生机。另外水脉将分裂的空间连接起来，满足了商业、休闲、文化等多种功能，具有双重使用价值。

公园的西南部，利用场地原有的蓄水池建造了雨水花园，湿地植物丰美，富有禅意。公园的西北部与农田结合，形成了开阔的自然区域。北部是一条 V 形的长水渠，它与公园西北部的湿地花园一起，构成了公园的流水系统。水从长水渠流入湿地，完成了循环过程。设计修复并改善了场地内部循环，雨水经过湿地净化，最终进入河流。原来的煤气包被改造成了一个绿色生态的“剧场”，是年轻人狂欢的地方。[13]

西煤气厂改造通过一系列净化、改造、生态修复，将受污染的废弃厂房更新成一块富有弹性的自循环区域，城市更新的同时也保留了城市记忆。

· 绿地——波多霍夫社区公园（Poptahof Park）/ 代尔夫特（Delft）

作为联合国水环境研究院和代尔夫特理工大学所在地，代尔夫特是世界水处理的典范城市。波多霍夫社区绿地内建立了一个健康与弹性的水系统。部分水系统与绿地广场相结合，兼具景观性。不透水路面被更新成透水路面。区域内引入大量活动设施、主题区域、水实验室、水上游乐场和集市广场，为场地带来活力与人气。不仅如此，场地中的活动设施兼具过滤净化储存雨水的作用。居民家中也被安装了家用蓄水设备。

最终，在代尔夫特能做到收集 8% 的地表水（最初仅 3%），并且安全水位上升 40cm。将曾经乏味、荒芜的草地更新成一个可以真正适合生活、休憩与游玩的绿色弹性区域。水元素为代尔夫特提供一个多功能、现代化、可实施并且宜人的绿色弹性空间。

4. 国内的实践

4.1 城市规划——新华码头地块城市设计

我们在 2013 年黄浦江南岸新华码头地块的城市设计国际竞赛优胜方案中，延续了上位规划，强化了一系列滨水空间设计原则：作为分散海绵体的楔形街头绿地和开放视廊；滨水开放空间的东西衔接和南北连通；滨水仓库洋房历史建筑原真性保护性改造；建筑庭院式布局和多切面立面设计；高桩码头空间、滨江开放绿地和城市商住街区的无缝连接；地下服务空间的合理布局等。整个设计的核心在于围绕游艇母港的建设，以游艇产业带动周边地块综合开发，强调滨水区域和城市街区的南北对接、滨江步行系统和带状绿化的东西连续、地上、地面和地下空间的立体多层次开发，以及文化风貌的整体协调、历史建筑的有机更新、城市活力的重新塑造。

设计提出了 6 个策略：

· 延伸和连续的滨水绿地空间：南北延伸的绿地空间将更多绿色带给市民，更多的街区拥有的绿色经济价值也得到提升。东西连续的滨水绿地空间让市民更便捷地欣赏黄浦江美景，连续人流同时带来更多的活力。

· 创造丰富多彩的市民休闲空间：为市民营造多样活动休闲空间的同时，让场地更具活力并带动商业活力。

· 完善的市政配套：完善的市政设施满足市民的需求，同时增加区域经济价值。

· 混合多样的土地使用：混合多样的土地使用，方便市民工作和生活的同时为区域带来更多活力。

· 滨水绿地的自我造血：能够自我造血的公共绿地实现经济价值的同时增加滨水绿地的活力。

· 历史遗存的保护与利用：历史遗存的保护和利用让场地具备独特魅力，增加开发价值。

过程中我们还提出过内港方案，不仅可以在世界级的黄浦江畔提供更优质的游艇泊位，而且对于丰富滨水岸线、促进雨水就近汇入、改善泥沙沉积都有好处，可惜由于造价的考虑这一提案没有得到实施。

4.2 建筑和基础设施——大场文化 / 体育 / 科技中心城市与建筑设计

宝山区的大场文化 / 体育 / 科技中心基地情况复杂、环境较差，高架、铁路和水体等限制条件包裹起“茧”，影响了地块的有效使用，通过“有破有立”的规划布局，化繁为简、化零为整，重塑基地环境形象。大场案例是典型的基础设施海绵化项目，充分利用高架下原本废弃无用的空间，给场地内注入水的元素和活动，将原本碎片化的市政用地重组为完整的活动用地。

场地内多采用海绵化的弹性设计，体育中心旁设计了运动蓄水广场，多采用蓄水铺装，储存的雨水通过净化给体育中心内的泳池提供部分水资源；在文化中心与体育中心连接处架设亲水平台，形成一个自然的水上舞台，丰富了场地周围的驳岸形态；场地内保留了原厂址已有的碉堡掩体，改造为下沉式的碉堡花园，既可蓄积雨水，又可见证城市记忆。

4.3 公园绿地——苏河湾绿地城市更新设计

作为城市中心区最后一个大公园，设计提出以桥连接过去、现在、未来作为设计的主题与出发点，将主题融入绿地的空间形态、交通组织、景观节点、街道家具、公用艺术品等方面。绿地承担着文化传播、生态展示、门户形象和商业休闲等重要的设计功能。桥串联起被道路割裂的用地、联通地上地下、增加分散绿地的可达性和利用率。

场地南侧结合泵站设施在浙江北路两侧规划了两个雨水花园。雨季时，雨水流入西侧雨水花园，经过过滤、下渗、净化、调节等程序沿地势高差逐级跌落，最终流入地下蓄水池储存。在保证一定储水量的同时，多余的净化水排入南侧苏州河。东侧雨水花园则承接来自新泰仓库屋顶的雨水汇入，同时，场地北部入口处的地表径流，以及西部旱溪的溢水均流入滞留池。东侧雨水花园的功能主要为涵养水源，一方面在枯水期补给本场地的水源，另一方面与西侧雨水花园的蓄水池相连，形成完整的雨水生态系统。

除了雨水花园外,场地内多用到植被浅沟技术,设计了蓄水池、水广场、调蓄池、生态树池、桥面绿化、屋顶绿化、垂直绿化、建筑雨水收集器等，景观水体则分为旱喷、涌泉、跌水，充分利用雨水的自我循环创造景观和灌溉，减轻市政用水压力。

5. 结语

基于西方城市更新的理念与经验，我们的城市更新应该从城市物质环境的改善向城市整体环境的提升上努力，城市更新应是一种审慎、智慧与和谐的发展过程。过程中需采取一系列睿智与多元的更新途径，海绵化的水弹性空间本质上是改善城市整体环境的一种智慧方式，不仅仅聚焦于水的改造和处理，更为场地带来更有价值的互动。

简 · 雅各布斯（Jacobs）说:“城市是由无数个不同的部分组成的，各个部分也表现出无穷的多样化，大城市的多样化也是与生俱来的。”[14] 多种多样的更新活动，对活力衰退的城市区域进行调适和再活化，从而解决城市问题，促进地区经济、社会、生态环境的可持续发展。

本文提及的有关荷兰案例代表了荷兰城市改造与更新的典型，荷兰经历了旧城改造与物质更新、新城复兴以及城市“棕地”复兴等三个发展阶段。这些城市更新中的应对措施，对我国现阶段城市更新有很大的启示意义。[15] 当下中国 62% 的城市内涝频发，在大雨、暴雨时城市“看海”现象对生活、工作造成了很大的影响。这时海绵化的设备和措施能很“柔”地改善和处理这些问题,但是也应当看到，海绵化的处理并不能代替水利基础设施的建设，在雨水较多的城市开发密集区，仍然需要足够、高质量的防洪排涝设施，以应对极端性的突发天气状况。“海绵城市”建设更应当倡导一种观念，一种柔性开发、弹性适应、韧性发展、刚性自律的观念，给城市留空间，给未来留空间。

本文图片由 NITA 和 CITYCHEER 提供
蔡亦超合作撰写

参考文献

[1] ROBERTS P. The evolution，definition and purpose of urban regeneration[M]. London：SAGE Publications，2000.

[2] 理查德 · 海沃德 . 城市设计与城市更新 [M]. 王新军译 . 北京：中国建筑工业出版社，2009.

[3] Holling C S.Resilience and stability of ecological systems[J].Annual Review of Ecology and Systematics，1973（4）：1-23.

[4] 李彤玥，牛品一，顾朝林 . 弹性城市研究框架综述 [J]. 城市规划学刊，2014（5）：23-31.

[5] Wong T H F.An Overview of Water Sensitive Urban Design Practices in Australia[J].Water Practice & Technology，2006（1）：1-8.

[6] 张毅川，王江萍 . 国外雨水资源利用研究对我国“海绵城市”研究的启示 [J]. 资源开发与市场，2015，（10）1220-1223+1272.

[7] 蒋华栋 . 国外建设“海绵城市”面面观（上）[N]. 经济日报，2015-08-05（012）.

[8] 孙漪南，李方正，李雄 . 可持续景观中生态与文化的表达——以英国伦敦奥林匹克公园为例 [J]. 建筑与文化，2015，（09）：163-164.

[9] 蒋华栋 . 国外建设“海绵城市”面面观（下）[N]. 经济日报，2015-08-05（012）.

[10] 杨蕴玉 . 澳大利亚的节水措施及其启示 [J]. 干旱地区农业研究，2005，（04）：234-236.

[11] 张玉鹏 . 国外雨水管理理念与实践 [J]. 国际城市规划，2015，（S1）：89-93.

[12] De Meulder B，Shannon K.Water and the city：the ‘great stink’ and clean urbanism[J]. 2008，5（1）：1–14.

[13] 林箐 . 西煤气厂文化公园 [J]. 风景园林，2006（4）：104-107.

[14] 简 · 雅各布斯 . 美国大城市的死与生 [M]. 金衡山译 . 南京：译林出版社，2005.

[15] 程晓曦 . 荷兰城市改造与复兴的三个阶段与多种策略 [J]. 国际城市规划，2011，26（4）：74-78.

	2	3
1	4	5
	6	7

1. 苏河湾公园概念规划总平面（程雪松、单烨、计璟绘制）
2. 苏河湾公园空间概念分析（计璟绘制）
3. 苏河之花表皮设计（计璟绘制）
4. 苏河湾公园鸟瞰效果
5. 苏河之花夜景
6. 天后宫戏台效果
7. 码头美术馆效果

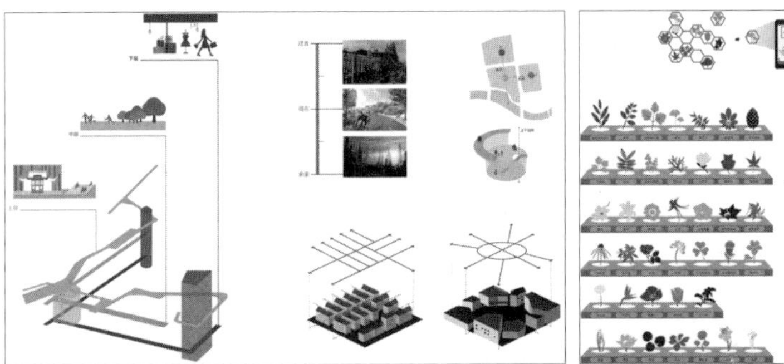

1	4
2	5
3	6

1. 金寨二龙岗生态公园总平面（单烨绘制）
2. 二龙岗东北方向鸟瞰
3. 二龙岗白鹭湾鸟瞰
4. 芜湖西洋湖公园设计理念“融合凝彩”（胡轶绘制）
5. 芜湖西洋湖公园四季水岸模型
6. 芜湖西洋湖公园鸟瞰效果

1.5　从工业遗产到互联城市
——以原芜湖市造船厂改造更新设计为例

工业 4.0 的基础特征在于互联与高度融合，互联包括设备与设备、设备与人、人与人、服务与服务的万物互联趋势，高度融合包括纵向、横向的“二维”战略；它们的目标都是使设备数据、活动数据、环境数据、服务数据、公司数据、市场数据和上下游产业链数据等能够在统一的平台环境中流通，这些数据将原本孤立的系统相互连接，使设备之间可以通信和交流，也使生产过程变得透明。

——李杰（Jay Lee）《工业大数据》

1. 城市 / 乡村 / 网络

改革开放后的 40 年，是城市崛起、乡村衰败的 40 年。中国每年超过千万人口从乡村涌入城市，城市承载着文明、富裕的梦想，以“城市，让生活更美好”为主题的 2010 年上海世博会达到这个梦想演绎的巅峰。同时，乡村却走向凋敝，人口减少、产业衰落、文化断裂等现象并未因“美丽乡村”①的建设而有明显改观。笔者在浙南农村调研乡建时，一位县农办主任在交流中扼腕叹息：“住在山区老屋的农民没有享受到改革开放的成果，连抽水马桶也没有，有的还在用油灯。”外出务工者不愿回乡，在家务农者无乡可归。所谓“乡愁”并未成为去国怀乡者心口的“朱砂痣”,反而沦为墙角的“蚊子血”②。在改革开放以来的城乡对峙中，乡村已经全面溃败。

后世博以来，尽管关于智慧城市、山水城市、海绵城市等概念的争论甚嚣尘上，城市还是难掩颓势。去年两则消息可见一斑。澎湃新闻报道：“继太平洋百货 2017 年 7 月宣布将在 20 年租约到期之际——即明年关店后，近期太平洋百货的邻居中环广场也宣告清理商铺，着手调整。……从马当路到淡水路一段的淮海路上，多家沿街商铺也处于关门歇业状态。”[1] 源于一个多世纪前法租界霞飞路、上海市民引以为城市名片和文化骄傲的“高雅淮海路”正面临“钱场”难支、“人场”不继的窘境，亟待大面积业态调整。另《参考消息》援引法国《世界报》报道：在东莞的移动手机屏生产商瑞必达公司里，“过去，每台机器需要一名员工。而自从安装了特别先进的机器人以来，一名技术工人如今可监管 18 台机器。……用人是 3 年前的 1/10。”[2] 在劳动力成本高企、人力资源日益短缺的后计划生育时代，世界工厂东莞也在改变传统的经济模式，经历艰难转型。在网络虚拟空间和城市物理空间的碰撞交锋中，城市面临困境。

2. 互联城市

美国麻省理工学院威廉 · 米切尔（William J. Mitchell）教授在《我 ++——电子自我和互联城市》一书中谈到随着网络空间的崛起、个人身体和心灵的电子化延展，城市物理空间在巨大的挑战中产生深刻的变异 [3]；南京大学席广亮、甄峰等人的研究指出，互联网时代智慧居住、智慧办公、智慧消费和智慧产业空间都呈现不同的流动性特征，而城市规划则应当通过基础设施整合、要素与城市空间协调、混合用地功能空间建设、存量空间规划的互联网化、智慧城市规划管理等策略，应对这种流动性带来的变化 [4]；清华大学周榕在《向互联网学习城市——“成都远洋太古里”设计底层逻辑探析》一文中讨论了城市面临互联网挤压的现实，若想“扳回一城”，唯有向互联网学习造城 [5]。从都市低头族和互联网一代身上不难看出城市的没落和网络的兴起。在中国，当城市空间面对电子竞技、虚拟现实、场景漫游、网上购物、远程教育等“E”托邦（E-topia）③要素时，显得落后而被动，缺乏吸引力。连直通感官的身体感知终端都被大量可穿戴设备占据。面对虚拟世界的倾轧，未来城市该往何处去?

笔者认为，只要身体体验和心灵认知存在，实体空间可与虚拟空间共同繁荣。城网关系应是竞合关系，线上、线下空间应是耦合关系，实体环境与虚拟世界应是融合关系，互相补充和促进，而非单纯的对立和抵抗。

荷兰学者范 · 德 · 米尔(Van Der Meer)等人定义了城市数字飞轮(Digital Flywheel)及其三要素：基础设施（Infrastructure)、内容（Content)、接入（Access),以此关联城市建设和信息及通信技术（ICT）发展 [6]。受其启发，笔者在 2016 年完成的原芜湖造船厂改造“长江智慧港”项目（简称“老船厂项目”）城市更新设计中，试图探索建立宏观——构建基础网络（Constructing NETWORK）、中观——连接内容通道（Connecting CHANNEL）、微观——情感交互接入（Activating ACCESS）三层体系，来梳理信息时代互联城市设计的路径，并期望这一线上线下“NCA”双线飞轮设计模式可以对当下的互联城镇建设产生积极作用。

2.1　城市和互联网竞合——建网（城网竞合）

城市环境本质上是在与人互动的过程中塑造人的个性与人格，同时自身也被不断改造。互联网以其互动、连接、网络特征加剧了这一过程。曼纽尔·卡斯特（Manuel Castells）认为网络形态“能够良好适应日趋复杂的互动，以及源自这种互动的创造性力量的不可预料的发展。”[7]城市中的路网、水网、电网和电信、电视网等基础设施网络，从中枢到终端形成密布城市的传感网络，把服务效能和用户体验通过编码从终端传到中枢。过去以电话报修、问卷调查等形式为主的服务反馈被今天互联网和云平台改变，复合型、网络状、可视化的交互反馈迫使城市提供更优质的服务和体验。过去规划师和建筑师较多关注投资者的利益诉求而忽视使用者的体验，远离城市而设计城市，造成城市割裂了审美主体，甚至畸变为技术假体；有了互联网的支持，城市设计者身兼数据的生产者、评估者和使用者角色，能真正参与地、交互地深入城市而设计城市，体验的信息编码被抓取用于改善和修正城市网络，最终实现城市环境和网络数据共通共融。城市和互联网实为竞合关系。

那么，互联网空间仅仅是城市空间的虚拟版本，还是本身就具备独立的特征内涵？既然建构虚拟网络可以完善现实网络，那么虚拟网络是跟从现实网络形态亦步亦趋，还是并行甚至引领现实网络的形态发展呢？带着这样的问题，我们展开了设计探索。

· 城市网格：抽象思考和具象表达

荷兰建筑事务所MVRDV曾经为老船厂项目绘制了一张概念化的网格状平面图。图解后基地中的独特要素浮现，非独特要素则隐退。这一概念化平面价值在于：（1）不只关注重要的节点，而是重视节点之间的连接；不只关注看得见的地形，而是瞩目看不见的网格；（2）网格尺度参考世界滨水城市的中心城路网和当地城市肌理尺寸，最终选择约280m×210m的车行街区和70m×90m的慢行邻里，把人车交通尺度感与地块开发经济性协同考虑；（3）图解网格通过过去产业路网及当下城市路网叠合，芜杂的场地要素被抽象成简洁的理性框架，“扁平”和“陡峭”的空间集聚态势变得一目了然，利于后续研究。类似的网格法手段在2022年荷兰阿尔梅勒（Almere）世园会规划方案④研究中亦可见端倪，兼具思考的抽象性和表达的具象性，“促成了一套参照系，给区域中的其他点提供认知的参考，作为城市设计的诱因和先导。”[8]

但是网格与场地工业肌理的冲突仍较为明显，需作进一步修正。通过田野调查和网络调研获得的原长江“大梗”⑤线性空间把上述网格体系分为两部分，成7度夹角，大梗空间成为“图眼”，两套网格分别平行于城市主路网和长江岸线，与两侧肌理自然连接，总平面结构从扞格走向圆融。

由此可见，网格图解有足够的抽象性，关联互联网思维，便于单元化和模块化操作，也利于快速链接和弹性适应；但是需结合具体情况，在现实的框架里进行调整，形成在地的解决方案。这种图形机制为社交化、移动化和本地化的SOLOMO⑥规划奠定了基础。就如同符号化的文字连接了意识世界和现实世界一样，图纸空间的网格编码也黏合了网络空间和城市空间。

· 虚拟网络：时间地图

物理时间具有一维性和不可逆性，是宇宙事物的基本属性。工业社会的“时钟时间”是一种时间标记，具有稳定性和可预测性，是恒常宇宙和易变当下的连接；而在信息社会中，技术革新改变了我们的时间感受，空间快速流动消解着“历时性”，催生着“即时性”和“共时性”。“技术将时间压缩成一个微小随机的刹那，因而将社会去连续性，历史去历史化。”[9] 时间地图是以时间为线索，把在地的空间环境、在场的事件信息以及在线的文字图像进行整合，创造互动的虚拟社交平台。它的意义不止于：（1）连接空间与事件，创造场所感：作为一种以时间为主题的文本网络和事件内容发掘，时间地图以时间维度衡量、测度区位因子，带来了特定空间内事件关联的可能，强化了互联城市时空压缩的特征，事件的叠加强化了地点的场所感；（2）连接人与时空，创造归属感：通过把基于时间的信息大数据进行可视化、空间化、可操作化的呈现，时间地图把时间数据（生日、纪念日、节日、庆典日等历史节点）连接和互动，从而为当下使用者创造归属感，成为不确定中的确定，如同“历史上的今天”；（3）连接记忆和未来，预判规划：时间地图演绎“让过去告知未来”，通过历史信息叠合，对规划前景进行预判。卡尔维诺（Italo Calvino）在《看不见的城市》中描写的“同一个广场，现在是公共汽车站的地方从前站着一只母鸡，现在是拱桥的地方从前是演奏音乐的凉台，现在是火药厂的地方从前站着两位打着白阳伞的小姐”[10]，历史事件挖掘、启迪和支撑着内容规划。比如上海浦江东岸整理出的“美孚洋油”⑦历史就直接影响了东岸灯塔规划。

在以时间作为优先要素的历史街区或遗产园区中，重要空间通过时间来标记，形成类似于地理节点簇群的演化谱系网络，让人感受自己与时空的连接性。使用者在特定节点上传历史场景，形成围观和点评，上演“时光秀”；也可以直播即时场景，引起参与和交互，成为“时间眼”⑧。图像把身体感知顺时空延展，改变了人与人交往的深度。在老船厂项目规划中，工业发展轴、开埠风景线、自然风光带三条主轴线分别对应工业社会的“时钟时间（clock time）”、信息社会的“无时间性时间（timeless time）”和生态社会的“冰川时间（glacial time）”[11]，分别塑造时间的过程性、瞬时性和恒常性。工业发展轴上展现工业发展的历程（机械化、装配化、智能化、定制化）；开埠风景线上展现若干长江口岸城市在不同开埠年代的建筑遗产片段；在自然风光带上，锈迹斑斑的工业遗构和自然蔓延的水绿空间则着力打造锈绿交织的恒常体验与代际和谐。这些“时间”主题网络强化了人在现实环境空间的场所感和归属感，创造实时在线的城市时空。

2.2 线上和线下耦合——连线（双线耦合）

电脑连线是为了通过远距计算来分摊计算时间（空间换时间），在差异性节点之间建立连接，产生要素和信息的流动，催生新的机会和体验，正是城市互联的题中之意。连线既包括建立有形无形的渠道，也涵盖沟通传递的内容。线下有形的自然廊道、活力街巷，线上无形的产业、历史文脉，都投射为带状的心理空间。它们存在的意义是：(1）联系原本断裂的节点，使节点间要素流动成为可能。比如共享单车的广泛使用激活了城市慢行系统，使“最后一公里”不再崎岖；(2）疏通淤塞的节点，使要素和信息流动通畅。比如黄浦江沿线开放空间的贯通，打通了很多原本封闭的仓库码头、产业地块，让市民自由行走、骑行于江岸；(3）串联系列节点，使原本孤立的节点协同发挥更大效应。比如苏河湾公园的步行桥把苏河湾地区的历史文化节点进行串联，形成苏河沿线完整有序的风貌空间，如同珍珠编织成项链。

在城市设计中，发挥线上线下空间耦合的作用，让虚拟空间可视化，可见的物质环境感召人的心理认知，对于改变日益技术化、工具化的城市空间现状具有实践意义。

· 线上文脉：开埠风景线

互联网时代的文化具有在地性、在场性和在线性。山川田林等自然要素创造了在地文化，培育了独特的生活方式和文化语言；“场域”概念源于社会学者布迪厄（Pierre Bourdieu）的场域理论，是对单纯地理概念的拓展和超越，强调具有符号性和内在张力的社会学网络空间，如殖民地时期的城市人文空间就是一种心理投射；在线更强调虚拟空间价值，让文化不受场地束缚，发挥更大影响力。城市设计中，场地文脉应当被放置在广阔的区域和历史文化网络中去思考，也需要更开放、积极地看待其发展和走向，避免孤立和保守。如此文化才能活化，同步时代脉搏，贴近人心。

位于文化敏感地带的风貌区，在城市更新中如何对空间上分散、时间上断裂的遗址和景点做出积极响应？是否可以把无形的历史文脉转化为有形的风景走廊，为城市创造怀旧和观光场所，同时整合更多的区域旅游资源？老船厂项目给出了解答。

芜湖旧城中心区仅存零散的西洋建筑遗迹，成为1876年以来城市开埠文化的见证。这些遗址片段分布在长江沿线，如天主教堂、原英国领事馆、原芜湖海关、原英国轮渡公司旧址、王稼祥就读的原圣雅阁中学、教会医院病房楼等。笔者在调研中发现现状地形图中有一条生硬的斜向蜿蜒道路，沿线是低矮简陋的坡顶平房。据船厂退休职工确认这是历史上夯土形成的长江大梗，恰好联结起基地南、北两侧的西洋建筑遗产，形成一条比较完整的开埠文化风景线。这一发现串联起开埠文化故事，自然分隔了老船厂的核心风貌区和新建拓展区。相关文化节点通过这条历史廊道接续为连贯的带形文脉和场域存在，时空融合、城埠一体的江城历史文化风貌因而重现。

设计并未拘泥于老船厂的静态时空，在风景线上又按序列设计了长江沿线典型口岸城市的标志性开埠建筑片段，如1842年《南京条约》后的上海外滩海关大楼、1858年《天津条约》后的南京下关候船码头、1861年《天津条约》后的汉口汉江关、1876年《烟台条约》后的芜湖老海关、1890年《新订烟台条约续增专条》后的重庆法国水师兵营、1902年《续议通商行船条约》后的安庆天主教堂等建筑局部。这些片段景观化地融入空间，且可通过扫码方式与游客互动，拓宽认知视野。长江沿线历史场景植入场所拓展为场域，被人遗忘的长江大梗转化为城市近代历史和长江文化的特色教育基地。当居民和游客在这里徜徉时，无形的心理感知、文化体验与有形的物质空间关联耦合。

· 线下通道：滨水开放空间

工业化、城市化时期，江河水岸的基础设施建设和物流飞速发展，却带来了负面的城市空间，由于受噪音和扬尘污染，环境条件恶劣；由于步行不易到达，以至于状况恶化，成为城市的伤疤。计划经济时代老船厂虽是城市工业的骄傲，但因为造军船，厂区二道门以内的滨江区域严密封锁。地面上交织着物流轨道，地下穿插着油气管道，如今脱离了制造业的支撑，成为茅草覆盖的工业阡陌。客观看待曾经带给我们速度和效率、让我们征服自然的基础设施，对“技术性的碎片化”说不，处理好灰色基础设施、绿色基础设施和银色基础设施[9]之间的关系，让设计回归“人”与“自然”，应是当代城市设计师的使命。江岸是城市振兴、拥江入城的开放空间，也是灰绿融合、水岸一体的生态空间。老船厂滨江岸线约600m，连接南北滨江公园，未来整体贯通水岸带状绿地。岸边有3万吨级巨大船台、1500吨变坡滑道和80吨龙门吊，有军船下水的五道轨和军船船台，有水泥驳船码头和铸铁装卸塔吊，还有粗粝裸露、抵抗洪峰的水泥防洪墙。这些基础设施和造船遗迹展现了独特的江岸风貌。老船厂的开发需要让滨江水岸向城市敞开怀抱，完善和丰富滨江生态廊道的内涵，让江岸从水文空间转化为人文空间和互文空间[12]。

设计通过梳理滨水空间的活动需求、场地标高、船台空间和防洪墙要求，最终在江岸锁定了三条线性通道，一条是可供车行的防汛通道，与防汛墙结合；一条是朝向长江的亲水平台，在非汛期成为市民观赏潮汐的开放空间；另一条是慢行的绿道，与内部场地亲水活动以及船台空间相结合。通道之间的高差用自然绿坡衔接。这些线性空间连接了北侧的弋矶山和南侧的狮子山丘陵地，与规划区内的井字形路网相连接，以长江作为背景和基底，重新勾连起城市的山水因缘。

2.3 认知和体验融合——接入（体认融合）

康德认为我们对世界的体认可以通过感官体验和理性认知而获得。当虚拟世界大举占领我们的接收通道和思维空间时，既要留住感官体验，又要触动心灵认知，城市方能真正吸引人。web 0.0时代，人只有通过实体场所接入城市；web 1.0时代，通过门户网站接入城市；web 2.0时代，则通过移动终端接入，自媒体成为人随时连接城市的重要接口。单向静止的供给源被移动交互的供给—使用端口所取代，这就是“用户生成内容”（User Generated Content）的本质。自拍、晒图、排行、位置信息等自媒体表达成为认知和体验融合交互的重要窗口。同时，接入的自由度和有效性也在改变公共参与的积极性，使得倡导式规划和沟通式规划在新时代成为可能。

触点（feeler）是接入的载体，也是网络的底部。分散化的节点，而非中心化的焦点，重建了现代城市网络的空间结构。圈层化、放射状的城市地图，正在被散点式、多中心的互联结构所代替。用几根轴线和几个焦点主导规划的时代已经远离，规划师的工作重心正在下移，一个街区，一条巷道，或者一块绿地；保留一台塔吊，改造一座厂房，还是平移一段结构，这些内容都是斟酌和博弈的注脚，也是定制和互联的触点。

· 定制接入：互动规划

定制（customized）概念来自于产品领域，如成衣定制、汽车定制、家居定制等，是大数据技术支持下的个性化制造方式。空间的可选择性和选择的多样性作为城市高密度聚居的重要价值之一，把选择心理和身体延展相关联，是定制的基础。过去城市设计以精英标准来提供空间产品，忽略了使用者环节，城市体验缺乏参与感和获得感。今天的大数据技术能迅速匹配空间和使用者需求，让选择（心）和产品（物）匹配，选出最佳定制方案，创造良好的客户体验。比如阿姆斯特丹（Amsterdam）近年来时尚兴盛的“德海伦（De Hallen）”社区，经过政府、开发者、使用者、原住民、设计师等群体多年反复多方案比选沟通，才完成定制设计和建设实施，旧的电车修理厂被改造成集图书馆、电影院、餐饮、创意市集、手作工坊、艺术酒店、停车、居住等多种功能混合杂糅的多元文化社区。从此意义上说，城市设计师的角色演变为倾听者、沟通者和倡导者。城市规划学科正在应运社会发展，沿建筑学→地理学→社会学的发展轨迹前进。

定制化意味着族群化。现代主义普及文明，后现代主义则致力于创造出界限和差异。地域主义、小众价值、社群化、汉唐风、蒸汽朋克这些词语反映出被划分和限定的、建立在时空和族群基础上的设计趋势。再难有普适性的设计语言打动所有人，设计在追求量身定制的风格语言，为客户创造存在感和认同感。

定制化也意味着快消（快速消费）化。城市环境在反复定制过程中不断被否定和修正，成为灵活性与展览化的存在。互联网时代的规划追求方正均质的小地块，办公、商业、研发空间青睐简洁高效的形态，不再追求所谓的标志性。空间定制并非异想天开的臆测，而是一系列选项编码排行的结果，是可选择性需求菜单的生成。

老船厂项目中，复杂的基地被网格化分成 12 块方格用地，每块地有 1 ~ 2 栋工业建筑进行保留改造作为配套使用，成为地块坐标。不同类型地块根据产业功能需求定制，分地块指标图则作为下一步定制开发的基础。项目推进过程中，目标明确的使用需求为城市设计方案完善和落地，为使用者和业态的最终到场提供条件。比如用地西北侧三甲医院南侧次入口急救中心项目的先行落地，促成了该节点交通路网的定制。此节点的思考基于两方面：1. 不希望引入过多医院车流进入基地，增加场地内交通压力；2. 不希望新的开发进一步增加医院出入口附近交通的复杂性。因此对医院附近道路进行局部扩容，但是坚决控制其他非邻接道路路幅和线型，同时道路中央设隔离带，避免随意调头的驾驶行为；在医院入口附近增加信号灯管控和停车楼支持，以疏导和缓解医院本身存在的交通问题。这也体现出城市设计原则面对具体问题时的弹性和韧性。

· 身体接入：协同坐标

我们今天无须身体的触摸、蹬踏、观察、聆听、品尝、嗅闻来感知世界，只需通过“扫一扫”就可以与世界连接。身体和心智分裂的结果带来标志性建筑的危机：既远离身体，难以唤起人的切身感受和尺度经验；又牵连视觉，容易成为图形化和符号化的想象。过去的新、奇、特设计，今天陷入困境。到底是扫码式地掠过城市，还是沉浸式地接入城市，需要设计者做出选择。

随着时代变迁，建筑的地标性应当来自于便捷的可达性、多元的公共性、鲜明的可识别性和可感知的坐标性。人们期待其形象能充分融入全球化的浪潮，其语言又能标识自身，塑造地方性的认同。今天林林总总的城市设计项目中“地标”都是无法回避的要素，因为它不仅支撑起城市的天际线、江河滨的水际线，而且结构起执政者和市民的心理期待，身体测度城市的文化想象。比如伦敦泰晤士河上的“光之桥”，上海黄浦江畔的“灯之塔”。这些桥和塔已经完全不是孤立的地标，而是协同（coordination）的坐标（coordinate）。每公里一座灯塔是建构世界级水岸标尺的刻度，让水滨与城市的物理距离可度量，心理距离可感知。

老船厂项目中，由于机场航道线的影响，用地核心的建筑不能突破 110m 限高，因此无法获得超高层的极致体验。江边灯塔是航标，老船厂项目中的标志性建筑是坐标，对标的是所有江岸城市的“巴别塔（Babel Tower）”。双塔造型消解了纪念碑建筑的孤立性，彰显空间节点沟通特征。相距 88m 的双子建筑主体造型简洁方正，标准层合理实用，宛若矗立扬子江畔、荷载往事的抽象塔吊，而镂空处则突出“门”的意象——“门”不仅是日常身体感知的度量元素，更是国人心目中意味深长的文化意象——意味着区域入口、物理界限和业绩荣耀，昭示着皖江东流北折（李白诗云“天门中断楚江开、碧水东流至此回”）的地理标识，工业场地的集体回忆和实现梦想的心理预期。徽派马头墙轮廓作为负形的“皖江之门”，塑造具有特色的徽派文化圈、皖江朋友圈，力求点亮创业者对长江、徽文化和自身发展的心中绮梦，创造认同。联结两栋塔楼的钢结构廊桥，依托极致化的身体感受和结构技术，形成奇观式的城市语境。

地块中分散保留的工业厂房改造以服务性业态为核心，围绕“在房子上面造房子（宿舍改造大数据交易中心）”、“在房子下面造房子（军品车间改造文创展示中心）”、“在房子里面造房子（船体加工车间改造园区会展中心）”、“在房子旁边造房子（设备动力车间改造手作工坊）”、“在房子外面造房子（喷涂车间改造运动中心）”等协同创新模式，植入手作艺术、运动健身、餐饮、园艺等体验性业态，形成

“回溯过去的一个个时空坐标点”[⑩]。新建部分以实用性和经济性为先导，强调轻、薄、绿色和表皮可变的外观特征。兼顾保护与传承，转化和创新。

3. 面向未来的互联城市

综上，与互联网扁平化、非中心化、自组织化特征相适应，互联城市也不同于过去中心明确、功能分界、层级清晰的规划模式，而是聚焦于互联、定制、时间、分享、数据、身体、体验、协同、公共等时代转型过程中的基本价值，呈现迥异于传统城乡空间的样态。互联城市关注历史和传承，通过对物质和非物质遗产的活化操作，使其展现当代价值；互联城市更加关注未来和创新，以互联网思维对空间和环境进行消解和重构，重新定义新的城市设计语言。

根据普拉切特（Pratchett）的分析，信息通信技术（ICT）会在地区公共管理机构中扮演三个角色：公众参与的促进者、公共决策制定的辅助者及直接公共服务的提供者[13]，上文探讨的“NCA”路径的三个层次分别对应这三种角色。通过城市网格和时间网络的建构使城市向公民全面开放，公众能够更自由地参与城市生活，获取时空信息；通过线上线下多条渠道的连接，城市经络被打通，信息舆情和其他要素以通道为载体无阻滞流动，促进了有针对性决策的制定；通过身体体验和虚拟认知在城市触点中的随时接入，定制化的公共服务更容易被定向提供。“NCA”互相依托，共同促进，成为城市“硬环境”和管理“软科学”融合互动的纽带。这一组织模式还被先后推广应用于浙江杭州梦想小镇、山东菏泽家具小镇、江苏悦来教育装备小镇等特色小镇项目的城市设计中，也有令人振奋的收获。它不仅契合政府发展特色产业、社会管理网格化的诉求，而且符合信息、资本、要素等快速流动的特点，更加贴合原住民、创业者和旅游者对自然环境、历史文脉活化的愿景。但是面临的挑战是：在中国特色的信息社会建构中，需要克服政策走向从管控转向顺应、管理思维从禁止转向疏导的固有惯性障碍。城市形态相应也会从封闭走向开放、从一元走向多元。

随着我国新一轮房地产调控大幕的拉开，“特色小镇”、“美丽乡村”建设如火如荼，城市化进入增量严控、存量盘活的城市更新时代，城市值得反思的问题很多。告别了房地产的强心针后，城市繁荣的动力何在？城镇化怎样以“人”为中心升级转型？面对着互联网的倾轧，还有哪些城市体验无法取代？城市何以破旧立新？“淮海路”和“东莞”们的破茧成蝶，何时可以到来？可以肯定的是，面向未来的城市,城市设计者不能只局限于实体物理空间的优化和提升,更需要结合“互联网 +”实现与虚拟空间、心理空间的深度整合，不断拓展城网竞合、双线耦合、体认融合的理念和实践，让城市与人互联，成为真正意义上的互联城市。而成百上千个互联城市整合而成的城市体系，将呈现与互联网空间相呼应的拓扑映射结构，并将极大地推动国家产业和文化复兴。这也体现出当下城镇更新实践的深层意义。

本文图片由 NITA 和 CITYCHEER 提供

注释

① 最初在 20 世纪二三十年代的乡村建设运动，以晏阳初、梁漱溟、卢作孚等人为代表在全国范围内开展的乡村建设运动; 2005 年 10 月，党的十六届五中全会提出建设社会主义新农村的重大历史任务，提出了“生产发展、生活宽裕、乡风文明、村容整洁、管理民主”的美丽乡村具体要求; 2008 年，浙江省安吉县正式提出“中国美丽乡村”计划，出台《建设“中国美丽乡村”行动纲要》; 2014 年,《国家新型城镇化规划 (2014—2020 年)》明确提出要大力改善农村人居环境、建设美丽乡村。笔者按。

② “朱砂痣”、“蚊子血”都是张爱玲小说《红玫瑰与白玫瑰》中对回忆的比喻。笔者按。

③ MIT 建筑教授威廉 · 米切尔 (WILLAM J. Mitchell) 写作的科幻小说，主要描写我们生活的空间如何被信息空间改变成倾斜、绿色、智慧、柔软的 E 托邦。笔者按。

④ 2022 年荷兰世界园艺博览会(International Horticultural Exhibition 2022)在荷兰阿尔梅勒(Almere)举行，MVRDV 的方案被选中实施。方案概念简单直观，如同一张布满网格的画纸，较好地解决了展园布置、展线人流和后续开发等诸多问题。笔者按。

⑤ 梗: 芜湖当地俚语，意为自然形成的堤坝。笔者按。

⑥ SoLoMo 是 2011 年 2 月由著名风投公司合伙人约翰 · 杜 (John Doerr) 首先提出的概念，他把最热的三个关键词“社交的”、“本地的”、“移动的”整合到一起。笔者按。

⑦ 来源于上海大学李超教授团队的“都市艺术资本研究”。笔者按。

⑧ “时间图”APP 中的交互应用，由芜湖时间图网络科技有限公司开发。笔者按。

⑨ 绿色基础设施 (Green Infrastructure) 是指一个相互联系的绿色空间网络，由各种开敞空间和自然区域组成，包括绿道、湿地、雨水花园、森林、乡土植被等; 灰色基础设施 (Grey Infrastructure) 也就是传

统意义上的市政基础设施，以单一功能的市政工程为主导，由道路、桥梁、铁路、管道以及其他确保工业化经济正常运作所必需的公共设施所组成的网络；银色基础设施（Silver Infrastructure）是指支持网络信息空间运作的相关数据中心、电信、电话、互联网系统等。笔者按。

⑩ 来源于常青院士在 2017“建成遗产：一种城乡演进的文化驱动力”国际学术研讨会开幕式上的答谢词。笔者按。

参考文献

[1] 李默 . 沪淮海路酝酿大变局：多个沿街铺面歇业 中环广场清理商铺 [N]. 澎湃新闻 . 2016-9-11.

[2] 杨华峰 . 外媒看广东产业升级：机器换人 厂房不需开灯 [N]. 参考消息 .2016-09-05.

[3] 威廉 · J · 米切尔 . 我 ++：电子自我和互联城市 [M]. 刘小虎，等译 . 北京：中国建筑工业出版社，2006.

[4] 席广亮，甄峰 . 互联网影响下的空间流动性及规划应对策略 [J]. 规划师，2016，32（4）：11-16.

[5] 周榕 . 向互联网学习城市——“成都远洋太古里”设计底层逻辑探析 [J]. 建筑学报，2016（5）：30-35.

[6] 龙瀛，高炳绪 . “互联网 +”时代城市街道空间面临的挑战与研究机遇 [J]. 规划师，2016，32（4）：23-30.

[7] 曼纽尔 · 卡斯特 . 网络社会的崛起 [M]. 夏铸九，王志弘，等译 . 北京：社会科学文献出版社，2003.

[8] 程雪松 . 让城市拥抱河流 [J]. 建筑学报，2004（09）：15-17.

[9] 曼纽尔 · 卡斯特 . 千年终结 [M]. 夏铸九，等译 . 北京：社会科学文献出版社，2006.

[10] 伊塔洛 · 卡尔维诺 . 看不见的城市 [M]. 张密译 . 南京：译林出版社，2012.

[11] 曼纽尔 · 卡斯特 . 认同的力量 [M]. 夏铸九，黄丽玲，等译 . 北京：社会科学文献出版社，2006.

[12] 程雪松，单烨 . 从自然滩地到城市开放空间——黄浦江、苏州河滨水景观空间发展概要 [J]. 中国园林，2016（08）：108-111.

[13] Pratchett L.New Technologies and the Modernization of Local Government：an Analysis of Biases and Constraints[J]. Public Administration，1999（4）：731-751.

1	3
2	4

5	7
6	8

1.“长江智慧港”城市设计总平面（程雪松、王帅、蔡亦超、胡轶绘制）
2. 工业展示轴效果
3. 功能模块（王冰、周纯媛绘制）
4. 开埠文化风景线效果
5. 建筑定制菜单（MVRDV 提供）
6.“长江智慧港”鸟瞰图
7. 厂房互联（程雪松、周纯媛绘制）
8. 开埠文化风景线分析（程雪松、周纯媛绘制）

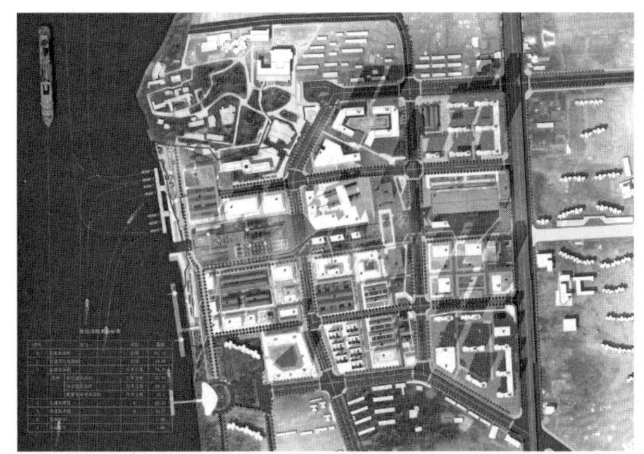

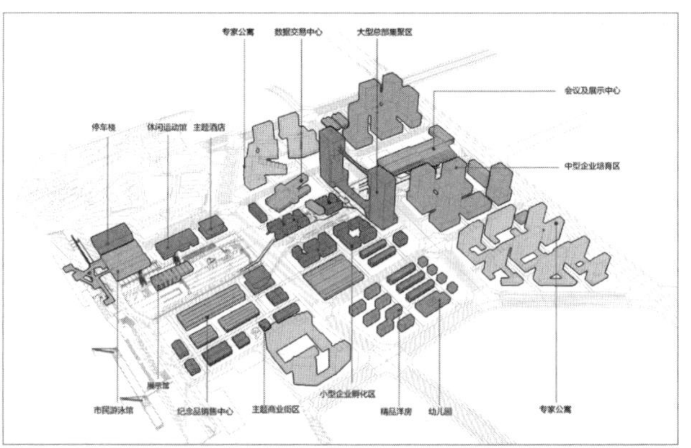

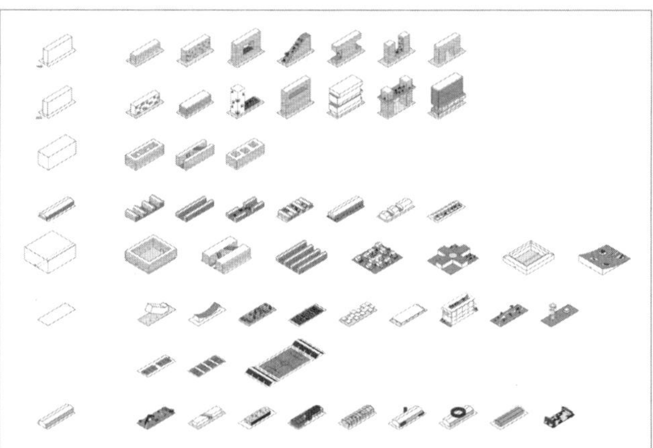

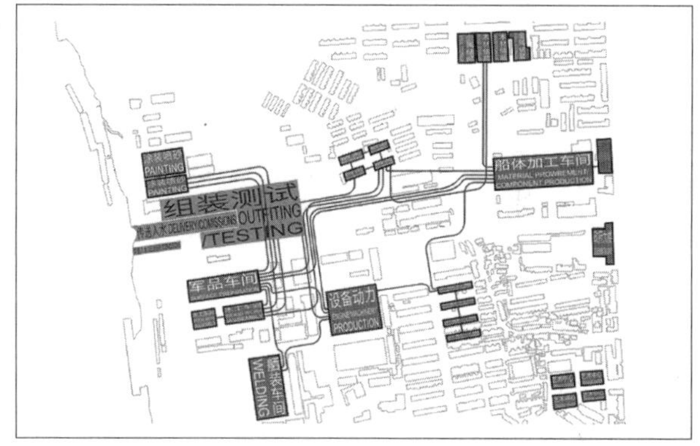
PAINTING
PAINTING
组装测试
OUTFITTING
/TESTING
船体加工车间
COMPONENT PRODUCTION
设备动力
PRODUCTION
WELDING

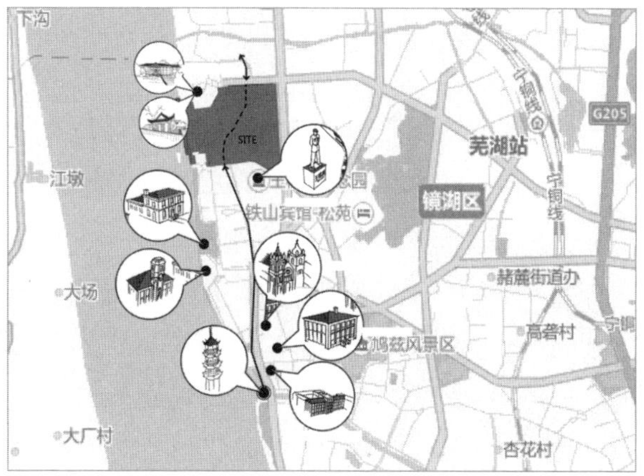
下沟
SITE
江墩
铁山宾馆·松苑
芜湖站
镜湖区
G205
大场
赭麓街道办
高砦村
鸠兹风景区
大厂村
杏花村

二、上海城市空间

Urban Space of Shanghai

1843年的上海被迫开埠、1929年的大上海计划、1990年的浦东开发、2010年的世博会举办都塑造着上海这个独一无二的城市，人文学者熊月之以“闳约深美”概括城市气质，许纪霖以“融合布尔乔亚和波西米亚的多歧性格”总结城市文化。无论是地理位置上的通江达海，还是人文性格上的理性包容，都投射出或磅礴经典，或精致细腻的现代城市阡陌空间。本章选择了5篇研究和塑造上海城市空间的文章，既有对黄浦江苏州河滨水开放空间的历史发展梳理，也有对浸润着务实和民生的社区公共空间的营造，还有对海派艺术与室内功能空间相融合的探索。在对空间营造语言的讨论中，“江海情、平常心、参与性”是设计的要义与核心，这一点在小而美的项目中能得到更好的呈现，也诠释着互联网洪流裹挟下的标准化城市空间力求寻找的另一种环境认同。

2.1　从自然滩地到城市开放空间
——黄浦江、苏州河滨水景观空间发展概要

这种在接近自然过程中发生的对自然的亵渎，使那些追求隐居或重新体验原始环境的乐趣失去了其最有价值的部分。随着人类文明的增长，所有这些精神需求就变得越来越重要，而这些需求不再受到人类与自然天生敌对的困扰，这是对机械般的精确、强制性的集体纪律以及无所不在的积聚的现代生活的一种不可或缺的自我调整。

——刘易斯 · 芒福德（Lewis Mumford）《城市文化》

1. 引言

黄浦江与苏州河（简称浦江苏河）是穿越上海中心城区的两条最重要水系。黄浦江是长江入海前最后一条支流，明朝户部尚书夏原吉采纳民间专家叶宗行方略，将大黄浦向北疏浚入海，消除了苏、松地区水患，形成了黄金水道[1]。江浦合流被认为确立了吴淞口“长江第一门户”的重要地位，也为上海港日后的沦陷和崛起创造了条件。苏州河是黄浦江最大的支流[2]，曾是古江南地区与上海商业贸易重要的水上通道，至今仍承载着城市航运、排涝的功能[3]。

黄浦江、苏州河与上海的历史文化、自然生态密不可分。“外滩展示了上海曾经作为远东最繁华都市的一面”，“而苏州河及其滨水地带则记录了更长的城市历史和城市生活中更平民化与多元化的一面。”[4] 此前对一江一河的研究大多为相关节点的社会发展史分析，或者是静态的规划方案及项目评介，如罗苏文的外滩历史研究，张璟的黄浦江水上旅游系统规划和开发，苏功洲等的黄浦江苏州河综合规划，金云峰等的苏州河滨水景观研究等，较少针对滨水空间设计案例与社会发展关系进行设计史层面的整体梳理。本文对近现代浦江苏河滨水景观空间史料和案例进行归纳，揭示其变迁的总体态势和规律，以期促进对滨水景观空间在时空坐标下本体价值的全面认知。

2. 以地文空间为起点的早期演变（1949年前）

开埠后浦江苏河滨水景观空间从湿地滩涂起步。滩地上的花园让普通市民开始接触、了解西方的公共生活形态，同时这些早期“公共空间”也成为殖民文化输出的载体。水岸不仅是商业活动和文化交流的主要发生地，独具开放性的水岸空间也自然成为各阶层市民参与和享受现代城市公共生活的场所。

地文（Landscript）原指由于地球内、外力长期综合作用，而在地表或浅地表存留下来的土地自然样貌。韩国建筑师承孝相将其阐释为人工营造以“诗意的语言谦逊地附着在土地之上”，展现土地“固有的纹理”[5]。开埠初期浦江苏河沿岸人活动范围局限，除少数功能性的构筑物和硬质场地以外，以自然的地文空间形态为主。

外滩就起源于苏州河（吴淞江）汇入黄浦江冲积起来的一块滩地。19世纪初外滩只有一条纤夫足迹汇成的“纤道”[6]，即为后来黄浦滩路的雏形。20世纪以前，殖民者在这里装路灯、铺人行道和草皮、种行道树、设置座椅，把这里变成现代街道，书写上海风景。

随着外侨达成共识：禁止在新月形的外滩江岸设立私家码头，从而留下建设绿地公共空间的可能。1860年一艘沙船在浦江苏河汇合处沉没，泥沙随之淤积。1868年，沙船“奠基”的河口南岸浅滩上堆填出了一块约2hm^{2}场地，建起第一个现代公园——Public Park，译为“公家花园”或“公共花园”。初期这里建有小温室、门房、长椅、花坛和几排悬铃木，后来逐步增添了西洋风格的音乐亭、喷泉等构筑和欧洲花卉，以及英国殖民者马嘉理（Augustus Raymond Margary）纪念碑、镇压太平军的英国常胜军纪念碑，呈现明显的空间殖民主义色彩。公园长时期仅面向外国人开放，禁令直到1928年才得以解除。

城市腹地的外滩被迫开埠，位于上海门户的吴淞则是自主开埠。作为成陆的前沿和海陆过渡的自然地带，明朝在此修筑了中国海运史上第一座官建航标，清朝在此设立了夹江对峙的东西炮台。1928年，吴淞从江苏划入新成立的上海特别市。

开埠前苏州河沿线就形成了老闸市、新闸市、曹家渡等市集，开埠后与内地联系更加频繁。1890年，作为对华人社会的妥协和公家花园的补充，工部局在苏州河边的涨滩上建造了面积仅为公家花园1/5的“华人公园”[7]。到20世纪上半叶，浦江苏河沿线的景观空间呈现出显著的民族主义色彩，随着救亡图存情绪的日益高涨，成为具有强烈空间政治性和文化对抗性的空间。

3. 水文空间（1949～1990）

水文（Hydrology）空间以“水”为核心要素作为设计管理出发点。新中国成立后随着河道沟渠被逐步抽干填平，黄浦江与苏州河成为城市中心水系中主要的两条河，三角洲泥沙堆积的城市面临下陷和洪涝风险，河岸不得不砌筑防汛墙。上海防汛墙建设始于 1956 年，大体经历了三个发展阶段。黄浦江防汛墙标高也实现了 4.8m、4.94m 和 5.3m[8] 的三级跳，至今仍在升高过程中。日益硬质渠化的浦江苏河成为城市沟壑，不仅阻隔了交通，而且自然驳岸固有的生态系统也遭到破坏，人与水的关系变得疏离。

新中国成立前后苏州河沿岸仓库、里弄排出的工业和生活污水直接进入河道，造成水质黑臭污染，河道仅能用作“航运、泄洪与排污，已从城市居民日常生活中游离出去。”[9] 这一时期浦江苏河滨水空间只考虑水文水利和水上交通，缺乏对人身心需求的关注。

3.1　新中国成立 17 年（1949～1966）：防洪排涝

20 世纪五六十年代，上海港作为内地的水上交通枢纽，工业和仓储运输业沿主要河道两岸蔓延。闸北、普陀沿苏州河地区建造了一批工厂和工人新村，如苏联专家规划设计的曹杨新村 [10] 等。这一时期滨水区建设少有规划，“居住区与工业区混杂” [11]。

新中国成立后黄浦江滨江保存下来主要开放空间就是黄浦公园，共青森林公园当时还只是一处绿化苗圃。1959 年，外滩首次修建了高 4.8m 砖土结构的防汛设施 [12]，“滩”硬化成了“墙”。1963 年（一说 1962 年 [13]），外滩防汛墙改为混凝土结构并加高至 5.2m[14]。

1957 年由柳绿华主持设计，在吴淞江（苏州河）古河道的西老河河湾建设了新中国第一座山水公园——长风公园，用开挖土方来垫高低洼场地，解决易涝问题，改善种植条件，并且融入南（苏州园林）、北（颐和园）造园手法。新中国成立初期，滨水区处理以“防洪”和“填方”为主。

3.2　“文革时期”（1966～1978）：人文乍现

“文革”时期上海几乎所有的文化娱乐及公共建设都停止了。但汛期江水倒灌，使得黄浦江在 1974 年底又迎来一次大规模的防汛墙建设，标高再次上升 [15]，留下一段 1500m 长的水泥防汛墙。“文革”后期，年轻人自发倚靠在墙边，望着往来船只“集体谈恋爱”，这就是著名的“外滩情人墙”。人与水滨互动的特征显现。

3.3 改革开放（1978 ~ 1990）：轮渡航道

改革开放以前，浦江沿岸客运轮渡发展迅速，从新中国成立初期 4 条客渡线、1 条车渡线增加到 1978 年的 20 条客渡、5 条车渡线 [16]，浦江轮渡堪称当时全国最繁忙的客运交通航线。随着大量码头航运工程公司的出现 [17]，滨水区成为支持航运的服务空间，与市民生活无关。

1982 年，随着原共青苗圃北块改造为共青森林公园，近郊的黄浦江畔出现提供郊野活动的森林公园，森林城市理念进入人们视野。

20 世纪 70 年代初，苏州河水体持续恶化，危及周边居民的生活，上海开始了苏州河污染综合治理。1988 年污水合流工程开工，同年拆迁了黄浦、虹口等四区的沿河码头，布置沿河绿化和兴建支流闸门，以防污水从支流进入苏州河 [18]。水治理工程大体削减了苏州河 80% 的有机污染物，黑臭面貌得到了改善 [19]。

作为城市中的沟堑，这一时期浦江苏河是水上运输和两岸交通的载体，滨水空间也是水运码头和水利防汛的设施空间。人们当时只能被动地应对水质环境和水上交通问题。

4. 人文空间（1990 ~ 2010）

浦东开发开放使上海城市形态从“临江”转变为“拥江”发展。城市基础设施建设和大交通网络形成带来滨水景观空间的可达性和形态变化；浦东新区重点以小陆家嘴等营造世界级滨水空间形象；迅速涌入的大量建设者和创业者也倾向于把吐故纳新的江河环境作为实现身份认同的公共空间。随着城市范围的扩张，城市规划更加关注自然山水和开发区域之间的关联和影响。在高歌猛进的大建设过程中，人们批判反思城市夸张的尺度、怪异的造型，时代呼唤“人文（Humanity）空间”——关注人的尺度，人的情感，以及人创造的文化。防汛墙逐渐从单一线性的驳岸，向多层次的平台转变，更好地承载活动，利于生态修复，增加水岸“弹性”。

21 世纪前 10 年，滨水空间诠释了“城市，让生活更美好”[20] 的主题，聚焦人的体验，推动了人与自然、历史、未来、艺术，以及人与人的对话，迈向人文空间。

4.1 浦东开发（1990 ~ 2001）：两岸联动

直至 1990 年浦东开发开放，“浦江两岸”的概念才进入人们视野，黄浦江滨水区被作为完整的带状空间看待。1993 年上海将防汛高水位标高提至千年一遇 [21]，外滩滨水区配合水利工程进行了全面改造，将防汛墙向江面方向移动 6 ~ 25m 不等，并加高到 6.9m，“沿岸设置 32 座半圆弧形观光平台、64 只庭式宫灯和 8 座花岗岩制成的艺术灯柱” [22]，上海大学章永浩、张海平等设计了陈毅和浦江主题雕塑，同济大学的设计师和上海油雕院的艺术家协同设计了人民英雄纪念塔及其基座浮雕。这一轮改造对滨水景观空间进行了综合性的设计探索，考虑了水滨氛围的营造和公共艺术的介入，外滩真正成为上海的名片。

与外滩隔江相望的陆家嘴滨江大道于 1997 年开始建设，岸线从 404m 向 2400m 延伸 [23]。其景观驳岸改变了防汛墙只是一堵墙的概念，“利用该斜坡式的防汛堤，平行岸线方向依次布置了三个层面的道路” [24]，其中 4m 标高处距离 3.1m 的黄浦江常水位仅 0.9m，是当时离江面最近的亲水平台。

20 世纪末随着人口疏解，城市扩大，“田园城市”思想赋予原来人迹稀少的郊野新的功能和意义。位于吴淞地区的炮台湾湿地森林公园，挖掘长江门户水师炮台的历史，使军事教育成为公园特色，并把原场地钢渣与土壤按一定比例重新混合形成种植土 [25]，解决了黏土不利雨水下渗导致种植困难的问题，较早进行了海绵城市的实践。比邻的临江公园把古代水关和城墙遗址、现代纪念性建筑和江南园林风貌有机融合，营造出浓郁的人文气氛。

苏州河沿岸的环境品质也在不断改善。1997 年，上海启动了有史以来最大的环境治理项目——苏州河环境综合整治工程 [26]。20 世纪末，全市最大的旧城改造——苏州河边的“三湾一弄”被“中远两湾城”取代，转型成为大型中央公园、主题广场、河滨绿色走廊和超大型居住社区。虽然连体大板式高层建筑造成了居住密度过大、滨河景观遮挡、公共岸线私有化等负面问题，但是在引领旧城改造方面仍起到示范作用。

4.2 世博时代（2001 ~ 2010）：开放多元

21 世纪之初黄浦江两岸综合开发正式启动 [27]，开发规划蓝图从吴淞口至徐浦大桥，两侧岸线长约 85km，约 74km^2 被划入控制范围，4 个浦东浦西协调发展重点形象区被确定为北外滩—上海船厂、十六铺—东昌路、杨浦大桥地区和南浦大桥（含世博会）地区，两岸联动的格局显现。这轮规划协调了滨水发展中的公共利益与商业利益，沿江控制出连续的开放空间和步行系统。

上海获得 2010 年世界博览会的举办权后，世博总规划师吴志强在园区黄浦江畔控制出 4 个公园，为城市发展提供了重要的风廊、视廊和绿色斑块。荷兰 NITA 设计的世博公园和江南广场是其中的标志性景观区和容纳高密度客流的展览型绿地。世博公园位于浦东卢浦大桥下，绿化设计采用疏林草地、带状花卉的形式，以“滩”和“扇”的双层意象空间结构，解决了夏季导风、视线通透和交通疏散的问题，强化了江滩的历史记忆,同时以多彩的植物造景再现铸造江滩的自然原力。公园沿江岸分级设置防汛墙，隐蔽在起伏地形中。“在保证人流安全的前提下应让人观赏和感受到黄浦江是一条一日两变的潮汐河”[28]。

后滩湿地公园是上海中心城区唯一以原生湿地为主题的大型公园,体现了对于“野草之美”的思考：“用当代景观设计手法，显现了场地的 4 层历史与文明属性：黄浦江滩的回归，农业文明的回味，工业文明的记忆和后工业生态文明的展望。”[29]

2005 年前后为配合世博会的举办，上海掀起公共环境整治运动。城市设计引导了外滩滨水空间改造，将延安路高架接外滩下匝道（亚洲第一弯）拆除，地面 2/3 的车道被引入地下，解放出 50m 滨江步行空间，实现“还江于民”。改造拆除了吴淞路闸桥、黄浦公园的大门与围墙，增加了金融广场等新的活动节点，又把外白渡桥和外滩天文台进行移位修缮，运用各种手段突出滨水空间的历史人文价值。

在苏州河流经中心城区（中山西路到黄浦江）的 13.3km 范围内,“河口—西藏路是租界公共建筑区；西藏路—长寿路是民族工商业发源区；长寿路—中山西路是沪西工业区和棚户区。”[30] 外滩源是历史上江河交汇区域的第一块租界。自 2001 年始外滩源以“重塑功能、重现风貌”为原则，经历规划研究、方案征集、详规制定 3 轮工作，最终剔除了文汇报业大厦等不协调建筑，修缮了外滩博物馆等保护建筑，恢复了圆明园路等步行空间，新建了一些商业建筑，成为风貌完整、功能复合的区域。

2002 年的《苏州河滨河景观规划》在苏州河沿线布局了 100 余处集中绿地。其中梦清园位于突出的半岛地块，地下是沿岸四座雨水调蓄池之一。设计通过园内人工溪流的曝气复氧、湿地过滤床等水处理方法，使观赏和灌溉后剩余的净化水回流进苏州河，展示了苏州河环境治理的阶段性成果。“这一系列的净化循环，用直观、自然、艺术的方式向市民展示城市水体‘复活’的过程。”[31] 另有袖珍的街旁绿地——九子公园通过雕塑（物）、景观（场）和活动（事）的方式探索了上海传统民俗文化再生的形式，把文脉、水脉和绿脉进行关联活化。

“2002 年初，苏州河沿岸静安、闸北、虹口、黄浦四区绿化样板段全面建成，总共 5km 长。它以绿为主，融合了一些建筑小品、户外健身器材。”[32] 从车行路沿到防汛墙宽度几十厘米到十来米不等，建成形态丰富、尺度细腻的步行区域，如四川路桥两侧紧贴防汛墙，留出观光步道，浙江路桥段亲水岸线出挑防汛墙，光复路近西藏路桥防汛墙后退与街旁绿地融合，陕西北路以西的光复路机动车路面抬高让驾乘者感受苏州河。

世纪之交 20 年是上海城市空间史上最重要的时期，奠定了上海未来空间发展的基本价值和原则，城市格局进一步拉开，城市风貌更加完整。浦江苏河滨水景观空间从防洪堤坝向生态化、艺术化的市民活动场所转变，实现了人文空间的回归。

5. 互文空间（2010 年以后）

后世博以来城市滨水区开发走向集成化和系统化，设计实践也走向分享化和定制化，滨水景观空间关注点从群体抽象的“人”向不同情感文化族群的“人”分化。大数据化使需求和反馈变得灵活主动，从而推动“互文空间”的实现。法国符号学、语言学家朱丽娅（Julia Kristeva）最先提出“互文（Intertext）性”，认为文本之间存在相互参照、彼此牵连的关系。当代设计学借鉴此概念，进一步强化形态的关联，空间的呼应，意义的补充。

“桥”和“船”是典型的互文空间符号，连接此岸与彼岸，当下和远方。2010 年黄浦江上越江通道达 17 处。苏州河上既有回忆中的开埠第一桥——韦尔斯桥和福建路老闸桥，还有历久弥新的外白渡桥和浙江路桥，联系了分散地块，穿越了空间时间，成为沟通交流的舞台。邮轮、游艇业的振兴也是突破水上管理的藩篱、整合多种水上资源、面向海洋文化的重要支撑。目前浦江苏河沿线游艇码头渐多，但仅有高阳路港池一处内港码头，岸线形态单一。未来水岸码头需要与公共活动整合互动，改变单调现状，提升空间品质。

世博后滨水景观空间围绕“连接”和“参照”，以更加丰富的样态弥合碎片化的城市空间，钩沉遗失的历史要素，构建多维多元的互文空间体系。比如，2012 年黄浦江东岸的新华码头区域开发更新设计竞赛中，优胜方案延续强化了上位规划的一系列设计原则 [33]：楔形街头绿地和开放视廊增加了水岸互动；滨水空间东西衔接和南北连通推动了整体联系；仓库洋房原真性改造促进了古今对话；关联和贯通成为滨水景观空间的主题 [34]。

徐汇滨江绿地项目中英国 PDR 等提出“上海 CORNICHE”（戛纳滨海景观大道）理念，以四级梯度空间和楔形绿化整合原有铁轨、火车头、塔吊。整体建设的西岸文化走廊因为北票煤码头改造龙美术馆、飞机厂冲压车间举办空间艺术季等公共艺术项目落地而引人注目。

2015年的苏河湾浙北绿地地上地下空间设计研究，通过和技术管理部门及周边居民反复沟通后，确立了在苏河湾核心区建设近10.5hm^{2}生态空间的原则。方案融入了海绵城市、智慧城市和立体城市的理念，通过地上、地面、地下和时间的多维连接方式把零散的街区空间、分离的功能要素以及断裂的记忆节点重新接续起来[35]，形成完整的风景园林。多层次慢行系统的联通和塑造成为滨水景观空间设计和评价的关键。

2015年时值世界反法西斯胜利70周年，改造后的四行仓库纪念地由“一个广场、一堵墙、一个雕塑、一个展示馆”[36]组成，在苏州河边塑造了一处新的连接历史时空的场所。

后世博时期，人与水岸互动不断深入，浦江苏河滨水景观空间已经突破简单水岸设施或者市民观光空间范畴，成为各种资源、信息、活动汇聚的场所。在滨水空间价值日益凸显的今天，昔日的地理天堑正在成为人和城市进行轻松沟通的柔性公共空间。

6. 结语

“城市水系不仅促使城市的形成，而且充当城市物质运输的重要通道，成为城市水源地、动力源、交通通道及污染的净化场所。现代城市水系的生态环境、景观旅游等功能日益强化，推动着城市形态的有机优化进程。”[37]浦江苏河滨水景观空间的变迁历程表明，“滨水景观优化的核心是实现城市中公共开放空间的扩展与生态系统的恢复”[38]。

从殖民者的专属空间，到抑制个性的集体空间；从改革开放后的效益空间、资源空间，到今天的共享空间、开放空间。这些转变体现了城市的理性回归和人文复兴。百年浦江苏河滨水景观空间发展，从地文空间、水文空间的单一形态，到人文空间、互文空间的多维构成，从点、线到面，从一维到多维，也成为社会发展从封闭走向开放、从单调走向多元的投影。发展阶段受技术、观念、政策事件的影响，其变迁的姿态，却非这些因素简单叠加的结果，有更复杂的空间演化逻辑。放在长江流域国家战略格局中考察，浦江苏河滨水景观空间的梳理和解读更显非常价值。日本建筑师毛纲毅旷曾说：“21世纪是超地球的时代，水滨在这一时刻具有与宇宙相联系的特殊地位。”[39]当下城市滨水区受关注度日益提高，其开发设计正在从少数精英决策，让渡为全面广泛的公众参与，更多的沟通协作和互动创新将为城市创造更加多彩的风景。

本文图片由 NITA 提供
单烨合作撰写

参考文献

[1] 张松 . 城市滨水港区复兴的设计策略探讨：以上海浦江两岸开发为例 [J]. 城市建筑，2010（2）：30-32.

[2] 金云峰，徐振 . 苏州河滨水景观研究 [J]. 城市规划汇刊，2004（2）：76-80；96.

[3] 承孝相 . 地文 [J]. 城市 · 环境 · 设计，2015（Z2）：256-257.

[4] 戚维隆，郗金标，张建华 . 上海外滩滨水区改造景观效果分析探讨 [J]. 经济研究导刊，2011（9）：154-156.

[5] 周向频，陈喆华 . 上海近代租界公园西学东渐下的园林范本 [J]. 城市规划学刊，2007（4）：113-118.

[6] 陈瑞兴，林永安 . 上海市防汛墙加固工程建设概况 [J]. 上海水利，1989（3）：32-35；57.

[7] 刘云 . 上海苏州河滨水区环境更新与开发研究 [J]. 时代建筑，1999（3）：23-29.

[8] 汪定曾 . 上海曹杨新村住宅区的规划设计 [J]. 建筑学报，1956（2）：1-15.

[9] 叶青，刘军伟 . 苏州河滨水区城市改造开发对策 [J]. 上海房地，2008（2）：40-42.

[10] 戚维隆，郗金标，张建华 . 上海外滩滨水区改造景观效果分析探讨 [J]. 经济研究导刊，2011（9）：154-156.

[11] 刘云 . 上海苏州河滨水区环境更新与开发研究 [J]. 时代建筑，1999（3）：23-29.

[12] 上海市地方志办公室 . 第一节 市区防汛墙建设 [EB/OL]. [2003-12-22]. http：//www.shtong.gov.cn/Newsite/node2/node2245/node68538/node68547/node68573/node68641/userobject1ai66269.html.

[13] 上海市地方志办公室 . 第六节 . 上海市轮渡公司 [EB/OL].http：//www.shtong.gov.cn/node2/node2245/node4501/node56018/node56020/userobject1ai43390.html.

[14] 陈宗明 . 上海苏州河的环境综合整治 [J]. 城市发展研究，1998（3）：47-50；40.

[15] 上海市重大工程简介：五、外滩交通综合改造工程 [J]. 上海统计，1995（9）：29.

[16] 上海市地方志办公室 . 第二节 外滩地区 [EB/OL].[2003-09-05].http：//www.shtong.gov.cn/Newsite/node2/node2245/node64620/node64633/node64727/node64733/userobject1ai58558.html.

[17] 上海浦东滨江大道 [J]. 城市道桥与防洪，1998（1）：39-37.

[18] 吴之光 . 上海浦东陆家嘴富都世界段滨江大道设计 [J]. 建筑学报，1997（12）：32-34；36-66.
[19] 朱祥明，庄伟 . 上海世博会绿地景观特色的研究与实践 [J]. 中国园林，2010（5）：6-11.
[20] 林黎，于志远 . 中心城区绿地 · 世博绿地 · 滨水绿地 [J]. 园林，2008（6）：20-21.
[21] 俞孔坚 . 后滩公园 [J]. 风景园林，2010（2）：30-33.
[22] 王林 . 有机生长的城市更新与风貌保护：上海实践与创新思维 [J]. 世界建筑，2016（4）：18-23.
[23] 孙珊，苏功洲 . 苏州河滨河景观规划 [J]. 上海建设科技，2002（6）：3-7.
[24] 赵杨 . 上海苏州河梦清园规划设计 [J]. 中国园林，2006（3）：27-33.
[25] 金云峰，徐振 . 苏州河滨水景观研究 [J]. 城市规划汇刊，2004（2）：76-80；96.
[26] 上海市地方志办公室 . 淞沪抗战主题公园启动建设 四行仓库纪念馆今年建成 [EB/OL]. [2005-01-29].http：//www.shtong.gov.cn/Newsite/node2/node70344/u1ai136532.html.
[27] 程雪松 . 让城市拥抱河流：“巴黎的新大门”：塞纳河与马尔纳河交汇区域城市设计 [J]. 建筑学报，2004（9）：15-17.
[28] 金云峰，徐振 . 苏州河滨水景观研究 [J]. 城市规划汇刊，2004（2）：76-80；96.
[29] 俞孔坚 . 后滩公园 [J]. 风景园林，2010（2）：30-33.
[30] 孙珊，苏功洲 . 苏州河滨河景观规划 [J]. 上海建设科技，2002（6）：3-7.
[31] 赵杨 . 上海苏州河梦清园规划设计 [J]. 中国园林，2006（3）：27-33.
[32] 金云峰，徐振 . 苏州河滨水景观研究 [J]. 城市规划汇刊，2004（2）：76-80+96.
[33]《上海浦东新华码头地块城市设计》文本 . 荷兰 NITA 设计集团供稿 .
[34] 记着：诸葛漪，通讯员：王奇伟 . 徐汇滨江打造西岸文化走廊 [N]. 解放日报，2013-08-16001.
[35]《上海苏河湾绿地规划设计研究（地上部分）》文本 . 荷兰 NITA 设计集团供稿 .
[36] “淞沪抗战主体公园启动建设 四行仓库纪念馆今年建成” . 上海地方志办公室 .http://www.shtong.gov.cn/Newsite/node2/node70344/ulai136532.html
[37] 程雪松 . 让城市拥抱河流——“巴黎的新大门”：塞纳河与马尔纳河交汇区域城市设计 [J]. 建筑学报，2004（9）：15-17.
[38] 金云峰，徐振 . 苏州河滨水景观研究 [J]. 城市规划汇刊，2004（2）：76-80+96.
[39] 刘云 . 上海苏州河滨水区环境更新与开发研究 [J]. 时代建筑，1999（3）：23-29.

1	4
2	5
3	

6

1. 新华码头开放空间概念分析（程雪松，Joost，单烨绘制）
2. 浦江 苏河滨水空间剖面示意（单烨绘制）
3. 新华码头鸟瞰
4. 苏河湾梦桥（胡轶，Harold 绘制）
5. 苏河湾夜景鸟瞰
6. 黄浦江、苏州河沿线开发活动一览（程雪松，李嘉馨绘制）

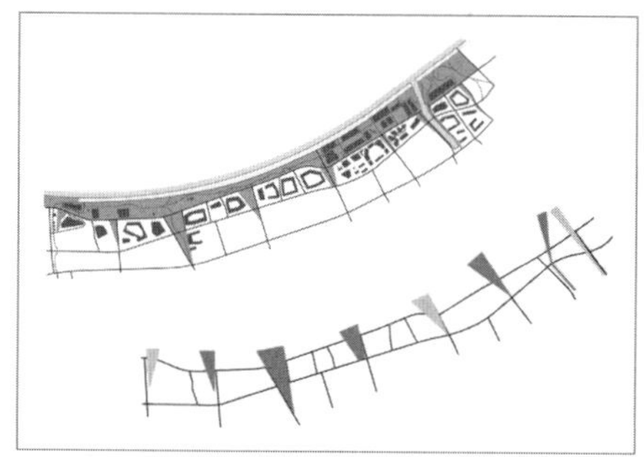

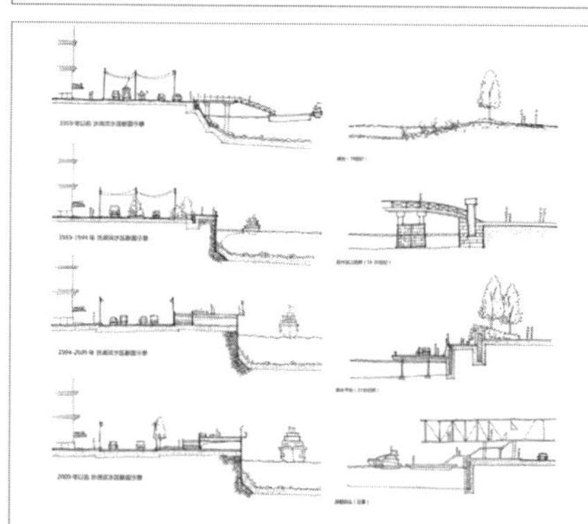

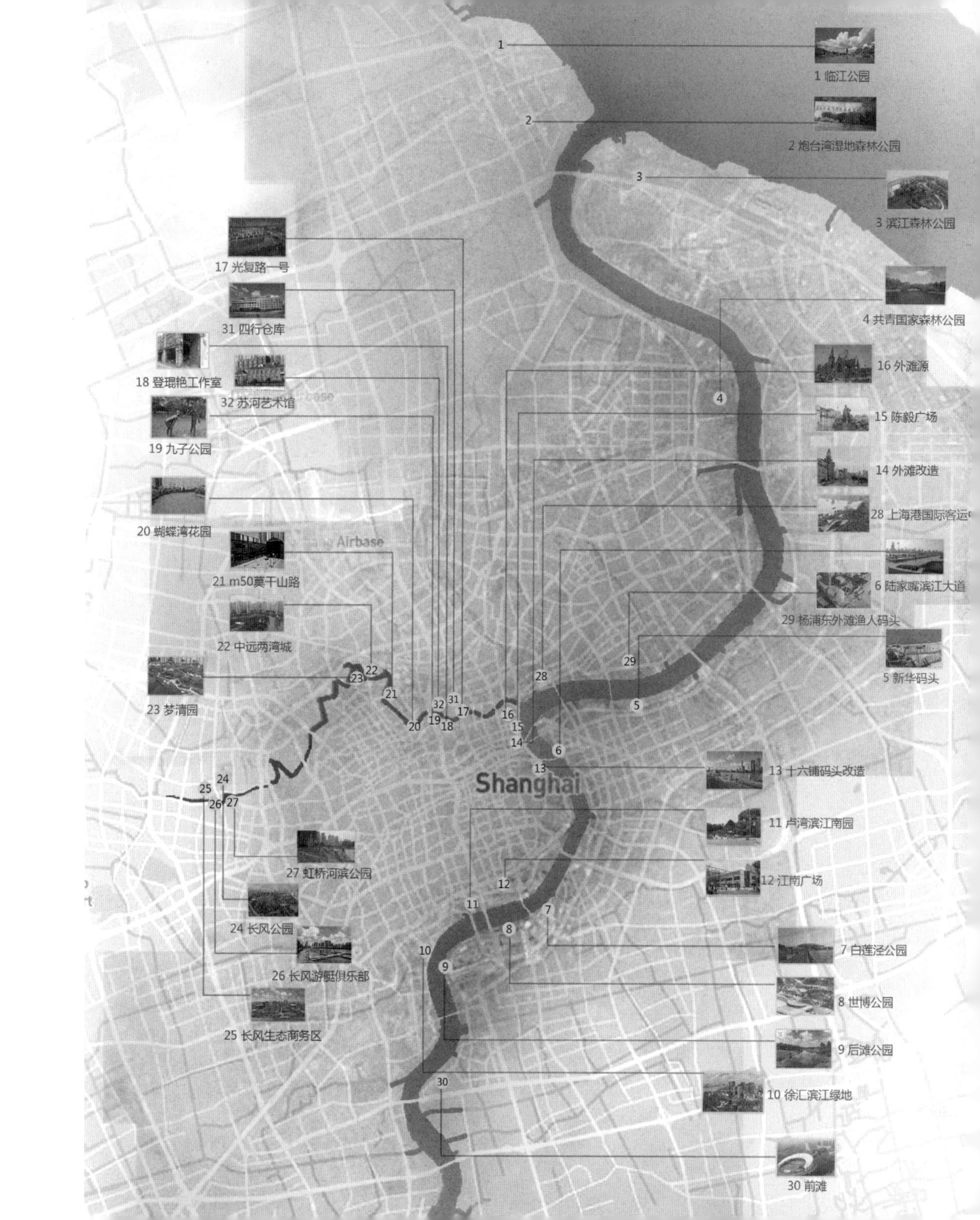
1 临江公园
2 炮台湾湿地森林公园
3 滨江森林公园
4 共青国家森林公园
16 外滩源
15 陈毅广场
14 外滩改造
28 上海港国际客运
6 陆家嘴滨江大道
29 杨浦东外滩渔人码头
5 新华码头
13 十六铺码头改造
11 卢湾滨江南园
12 江南广场
7 白莲泾公园
8 世博公园
9 后滩公园
10 徐汇滨江绿地
30 前滩
17 光复路一号
31 四行仓库
18 登琨艳工作室
32 苏河艺术馆
19 九子公园
20 蝴蝶湾花园
21 m50莫干山路
22 中远两湾城
23 梦清园
27 虹桥河滨公园
24 长风公园
26 长风游艇俱乐部
25 长风生态商务区
Shanghai

2.2 回归建筑本体 成就和谐之美
——上海市徐汇区建设工程质量监督站小型办公楼改造设计思考

当我们像那一样平常，我们的任何行动除了需要者之外，不留下任何东西——那么我们就可以把城市和建筑建造得像风吹过的草地一样变化无穷、宁静、富有野趣和活力。

——C·亚历山大（C. Alexander）《建筑的永恒之道》

若干年前，笔者主持了上海市徐汇区建设工程质量监督站（以下简称质监站）小型办公楼的改造设计。目前，该项目早已竣工。回顾建筑改造的过程，不仅是对建筑本身构造关系、使用状况的调整，也是建筑与周边环境乃至人的行为的关系调整，目的是要获得建筑实体与文化、城市、地域、心理的和谐。为了获得这种和谐，作为设计师，需要从建筑本体出发，综合考虑包括人在内的各种要素，务实地、也是艺术地处理环境问题。

1. 设计背景

质监站位于上海市中心城区徐汇区，田林十四村住宅区内，宜山路南面，邻近市第六人民医院以及漕宝路轻轨站，交通便利。

该项目为改造装修工程，原有建筑为位于田林十四村小区内的小学，3层混合结构，于1987年竣工，和紧邻的东方幼儿园一体化设计。原设计有着浓郁的20世纪80年代中国现代建筑特色，根据小学教室使用的单元性特征错位排列，一条折线走廊连接3个单元。单层层高3.40m，建筑南立面设计成斜面，内阳台，多向度的变化关系使得立面上的阴影复杂而又深沉。这一略显符号式的处理手法，从侧面反映了那个年代建筑师对汹涌而来的西方建筑语法较为简单的理解和运用。

而后来，该建筑物在未进行功能改造的情况下已被当成办公楼使用，加建、违章搭建和改造装修让这座建筑暂时获得了使用上的可能性，建筑本体不得不向使用者妥协，教育空间已经成为办公空间，虽然外部形式还没有获得相应变更，现实中仍存在很多问题。我们在对原建筑进行全面考察以后做出以下评价：

· 原来的教室有 13m 以上的进深，每个房间容纳二三十名小朋友是合理的，但是现用于办公显得过大，深深凹进的南向阳台本身采光量有限，通风条件也不好；

· 原来的走廊曲折，作为教育空间，它保证了教学单元的相对独立性，但现在，它影响了现代办公用房的透明与效率，增加了前来报监备案工程技术人员的行走距离；

· 斜立面深阳台造型的设计初衷是增加初等教育建筑的活泼性，可是放在今天的办公建筑上，显得不伦不类，且斜面下的空间很难利用；

· 原建筑门厅系加建部分，偏于建筑东南隅，离垂直交通远，人群向一层检测分中心用房和二、三层办公用房分流都不方便，使用效率不高，与主体建筑之间可见显著沉降；

· 原建筑缺乏必要的接待、等候、休息等灰空间和模糊空间；

· 原建筑西侧消防楼梯为加建，出入口位于折线型走道端部，现在一层楼梯间被检测分中心占用，楼梯的疏散功能早已名存实亡；

· 质监站内 50 多名工作人员现在仅使用一男一女 2 个卫生间，各 2 个蹲位，不能满足需要；

· 原建筑三层部分有供工程人员及站内职工会议用的大会议室，可容纳约 50 人，不能满足现在举行 80 人的会议要求，另外空间净高低，房间内有柱，视线遮挡；三层南向局部有 2 个标准卧房，也基本闲置；

· 原建筑物以深色柞木地板和墙裙为主要装修材料，平顶为轻钢龙骨灰色吸音石膏板，室内空间整体色调比较暗淡，采光量也明显不足。

2. 改造策略

作为技术管理行政办公用房，改造这一事件本身就反映了职能部门的理性化、效率化和人性化观念的转变。首先，最大程度利用原有结构，可以节约造价；其次，在充分挖掘原建筑使用潜力基础上进行改造装修，可减小对小区居民的干扰；再次，还可以省去很多上报审批环节，提高工程推进效率；最后，改造环境可以保留城市记忆，延续建筑历史。“我们提倡对旧建筑进行改造性再利用以使其重获新生，但我们并不希望完全埋葬其原有的身世，旧建筑的生命痕迹应该在改造后得以适当展示，并与新建部分清晰可辨的共存。”[1] 外滩建筑群的改造，新天地的改造，都是这样的范例。这样的操作模式不可避免会提高设计难度，但是能让我们重新审视建筑本体，关注建筑的结构、功能、操作可行性等基本问题。

物质空间改造的核心是对原有物质空间的基本认同，尊重其造型和空间特点；改造的本质是旧关系的调整，达到新的平衡。在改造过程中，我们始终注意调整几对关系，获得几个方面的和谐。

2.1 空间与使用的和谐：便捷、高效、人性化的功能处理。

质监站下设三大班子，它们是质量检测、安全监督、质量监督。目前空间和使用上的最大矛盾在于交通组织较混乱，“门厅—垂直交通—公共走廊”这一交通核心体系不清晰。我们在设计中以垂直交通为依托，插入贯通每个楼层的绿化容器，配合门厅、走道和屋顶露台，形成人性化的公共活动系统。分层排布三大功能区域，用垂直交通竖向串联，让建筑迅捷高效运转。

底层除了公共入口门厅之外，是建设工程质量检测分中心办公、实验用房，目前功能隶属于质量监督站，运作方式有市场特征。这部分空间需容纳比较大的设备和比较复杂的工艺流程，强调使用的独立性和便捷性。我们把原来的逃生出入口改造成该部分的独立出入口，注意尽量不改变原来区域内部的布置和安排。又对门厅部分重点改造，把门厅空间从建筑东侧西移，居中与垂直交通紧密联系，方便到达各部分功能分区。

二层为质监、报监办公室、相关接待用房及一部分领导办公用房，是质监站主要的职能部门，有较大访客量，公共性较强。我们通过建筑手段把原来的折线型走廊改造成直线型，为主要办公空间创造比较简洁清晰的交通主轴。由此带来的部分办公空间进深增加的问题，通过修整局部横向剪力墙，把办公室调整为大型半开放式办公的方法解决。同时在走廊北侧设计附属接待服务用房。沿走廊大部分封闭办公被打破，原本沉闷的隔墙被代之以轻质敞亮的玻璃隔断。

三层原为北向多功能厅、桌球室、2 个南向标准卧房以及少部分储藏空间，现改造为会议、健身用房和部分领导办公室。其中大会议室容量 80 人左右，可进行远程会议交流、电视电话会议，有一定的声学和光学要求。改造上重点处理这一空间，针对这部分净高相对偏低（不足 3.25m）的困难，将原有屋顶改造成轻质压型钢板屋面，梁上翻，从而获得超过 3.60m 的结构净高，保证会议空间不再压抑。走廊空间局部屋顶拆开做天窗，有效地改变了这部分空间相对低矮沉闷的现状，蓝天白云和自然的风雨都成为投射到建筑里的景观。

四层主楼梯出屋面，设有暖棚，在屋面不考虑覆土的情况下，进行绿化种植。这一想法来自于业主，他们的理想是工作人员可以在工作之余在单位里养花种草，打造都市田园，增加单位的亲和力和归属感。我们还在暖棚前设葡萄架，架旁空间可种植藤类植物。这一处理以低成本体现了人文关怀。

2.2 建筑与环境的和谐：与住宅小区形成环境互动，设计成“园中园”。

质监站位于居住小区内部，特殊的地理位置决定了本办公用房设计、施工的人性化特征，我们把握办公建筑与居住小区之间的微妙联系，设计“园中园”。质监站开放性的管理和服务功能与居住对私密性的要求之间有较大的矛盾，另一方面，服务型政府也需要得到群众的监督，质监站老建筑的长期存在已经和居住区环境形成了某种较稳定联系，成为居民心目中的集体记忆。

质监站东面所连接的东方幼儿园为教育部实验幼儿园，办公楼主体与幼儿园相接处为一个一层的办公室，是由原有质监站门厅改建而成。改造过程中考虑到尽量减少对幼儿园的影响，决定不改变原来一层的建筑高度，并最终确定这部分为办公室功能。

我们不可能苛求通过建筑设计改变原有环境规划上、使用上和交通上的所有问题，但是，无疑可以通过改造设计柔化很多矛盾，使性质不同的事物和谐共生。

2.3 功能与装饰的和谐：外立面改造的目标是创造比较现代的新型办公建筑形象。

南立面是建筑立面的重点改造部位。我们用低辐射的双层玻璃和钢百叶覆盖原有建筑立面，改善原建筑过多的立面曲折关系，形成基本平整统一的当代办公建筑形象，并阻挡太阳辐射。遮阳片的横向线条也强化了建筑的稳定感，丰富了建筑的尺度感。由于存在 69º 的坡度，南立面内部楼面标高向上 1.20m 范围有一块很难使用的三角形空间，我们考虑放置分体空调室外机，以节约和充分利用空间，又避免了中央空调高投入、难维护、不节能的问题，同时不影响立面美观。西立面正对旁边居民住宅楼，设计上用钢架百叶出挑山墙面的处理，打破山墙的厚重感，也把小区周边的绿化景色引入公共走廊。

北立面正对后面的材料实验用房和机房，视觉效果不理想，而且以竖向小窗为主，其中主要竖向交通空间旁边的透明庭院（绿化容器）成为该立面上最大的亮点，钢、玻璃、混凝土等材料和凤尾竹形成的空间和材料效果，整合了原来局促散乱的背立面，让整个办公建筑有了一个呼吸的通道。

2.4 结构改造和使用施工的和谐：维特鲁威（Vitruvius）的实用、坚固、美观始终是一个完整意义上的建筑学作品无法回避的三大要素。

对于改造项目更是如此。在质监站的改造当中，结构改造不仅要面对多次加建造成的结构非逻辑性、非正规操作带来的图纸缺失困窘，还有对原有结构最大化利用的关切，而且要考虑改造施工可能引起的对周边居民，尤其是幼儿园造成的不良影响。经过反复测算和论证，建筑师和结构工程师共同确定了 4 处结构改造重点：

· 建筑最西侧的逃生楼梯。这部分属于 20 世纪 90 年代后的加建部分，是垂直交通点，本身结构独立性比较强。走廊改线的需要也使得这部分的结构再造成为必然。在后来的改造中发现这部分楼梯下方有地下暗河流过，于是新建楼梯采用挑梁结构，附着在建筑主体上，轻触大地。

· 目前正在使用的建筑东侧的一层门厅。这部分也是加建的结果，和主体 3 层建筑由变形缝隔开，经过多年沉降，地面标高已经有约 5cm 的高差。这部分结构改造是借用原来沉降已基本稳定的基础，地上部分拆除重建。仍旧做一层结构，不增加过多荷载，避免对旁边幼儿园的干扰。

· 经过改造的门厅部分。门厅给人进入建筑物以后的第一感受。作为行政事业单位，质监站的门厅空间直接体现办事效能和服务形象。结构上基本去除一些外露的梁柱，保证空间的纯洁性和完整性。必须保留的斜向支撑与入户门分离处理，再加上一个横向钢构的玻璃雨棚强化进入的空间仪式感。

· 三楼的大会议室。把此处的屋顶掀掉重做，采用上翻梁和压型钢板，提供了较为舒适的空间高度，上覆新型保温防水材料屋面。由于这里是顶层，对整体建筑结构的影响较小，所以结构改造比较简单可行。

在施工现场咨询的过程中，我们发现有两处梁的高度与原先的图纸资料不符，于是不得不现场调整设计，进行“改造的改造”，对构造方式和立面重新考虑。这是建筑改造更新经常会碰到的问题。一件真正的建筑作品的问世，是发生在无数动态的限制和探索过程当中的，“完成一个改造工程设计，对老建筑物的了解必须是入细入微的。每一个细部的设计处理都需要捕捉大量的技术信息，施工过程中不符合现行规范规定的要求是不合理的，而完全常规化处理也是行不通的。”[2]

3. 结语

在中国急剧城市化的今天，建筑市场上百花争艳，在缺乏统一标准和认识的建筑语境下，很多设计师追逐着新奇的建筑外表、神化的建筑尺度或是深奥的建筑理念。质监站建筑是个小建筑，无法整合大量的社会资源，承载过多的社会功能，产生巨大的社会影响。但是，我们的城市正是由成千上万大建筑和小建筑共同组成的，而且小建筑的数量更多。只有兢兢业业做好每栋小房子，才能给我们的城市以更合理的价值，更美好的面貌。“建筑，尤其是公共建筑，是社会生活的舞台，建筑师对个体的关注不应超过对整体的关注。单体之间的合作协调，建筑自身成长的连续性和建筑与城市的一致性，始终应是设计的出发点。同时控制运用材料的表现力，重视建筑的物理性能和需求，诚实精确的追求空间的优雅品质，应是设计的目标。”[3] 著名建筑师、也是我的老师项秉仁先生曾经对我说：没有小建筑，只有小建筑师。而且，小建筑，尤其是小的公共建筑，更加接近人的尺度，更容易形成可见、可及、可感的人性环境，也更能够跟使用者形成互动。安藤忠雄设计的司马辽太郎纪念馆、21Design Sight 美术馆、京都府立陶板名画庭，都是这样外表平凡、内在丰富细腻的小建筑，没有人潮拥挤，只有诗意气息，参观者能够清晰感受到建筑与人之间的平等对话与安静交流。它们的存在都没有减小所在都市的格局，反而为这些城市增色添彩。它们就像是墙角的一朵小花，风中的一只蝴蝶，虽然渺小，却自由绽放，自在圆满，自然生发。相比之下，这样质朴、宁静、真诚的小建筑和小环境在以世界城市为建设目标的大上海却芳踪难觅。因为在业绩和利益的驱动下，大多数开发者和建筑师都忙于大规模开发和新建项目，对小型改造项目缺乏关注。当然，我也欣喜地看见，这种情况正在得到改变，越来越多的资本和人才正在流向乡村，流向边陲，流向不被人关注的小微领域，从乡村民宿的兴旺就可见一斑。因此我以为，今天只有对每个小建筑、小环境进行深入研究，才能为未来空间观念的飞跃和城市面貌的重塑做好铺垫，为和谐美好环境的创建做好理念上和技术上的准备。

本文图片由 CITYCHEER 提供

参考文献

[1] 宋铁峰 . 浅议旧建筑改造的价值 [J]. 林业科技情报，2006，38（4）：84-85.

[2] 徐思光 . 适用 · 经济 · 美观——感受安徽省建科院办公楼改造 [J]. 安徽建筑，2006，（05）：49-51.

[3] 鲍莉，贺颖 . 一个建筑的生长——析瑞士雀巢公司总部办公楼的发展 [J]. 建筑学报，2003（12）：67-69.

1		2
3	4	5

1. 各层平面功能分析（程雪松绘制）
2. 内部空间分析（高洁绘制）
3. 改造后西立面
4. 改造后立面
5. 改造后侧立面细部

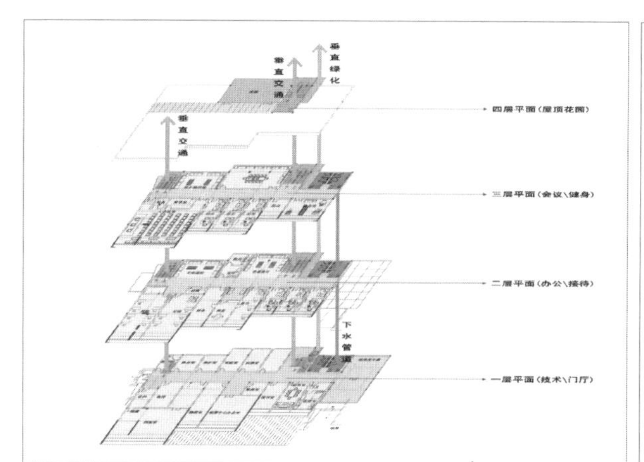

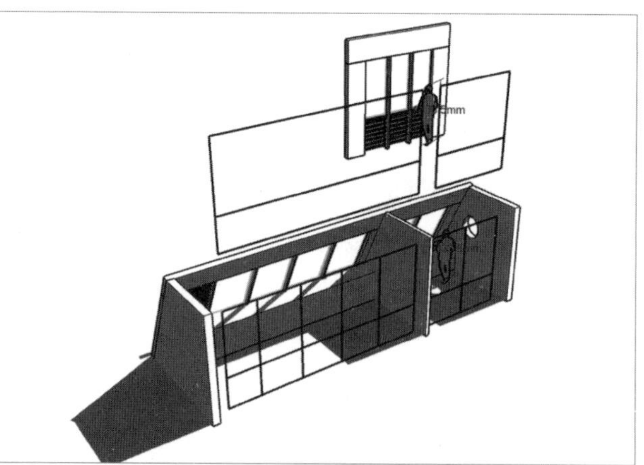

2.3　城市推拿：城市消极空间的更新
——上海市大场文化、体育、科技中心城市设计思考

为了实现舒适、可识别性与控制力、更多的机会、想象力和快乐、真实性和意义、社区和公共生活、城市自立能力等社会价值和城市生活目标，我们以概括性的词语，提出了公共城市环境中的六种物质品质：可居住性；最小密度；多用途；限定空间、而不是占据空间的建筑；更多的而不是更少的建筑；公共街道。

——阿兰·B·雅各布斯（Allan B. Jacobs）《伟大的街道》

1. 提出问题：城市碎片

如果把中国城市化看成一股浪潮，所到之处大量的耕地和农田被简单的基础设施构筑粗暴填塞，留下由于自身构造特殊所形成的无法开发和使用的“气泡”状场地，不妨称之为“基础设施气泡”。“基础设施本身是联系的技术和设施，其服务并组织了人居环境内的公共资源”[①]。而第一波城市化浪潮片面追求速度和效率，缺乏精细化的疏导和整理，制造了无数这样的“基础设施气泡”。在今天城市更新过程中，正视这些充满矛盾的空间，梳理它们的内在逻辑，赋予其积极的功能，创造更多活动的可能，重新将其激活，是亟须当下的更新智慧来研究和解决的问题。

上海市大场镇文化、体育、科技中心项目选址就处于这样一个“基础设施气泡”中。它位于宝山区大场镇中心区，真大路与沪太路交汇处。北有货运铁路南何支线通过，中间有沪太路上立交穿越和走马塘河道切割，还有轨道交通 7 号线和军用电缆下穿，周边有军用机场，海拔绝对限高 28m（相对标高约 23.8m）。环形的真大路与其说是城市道路，不如说是高架匝道的环状延伸，道路显著的标高变化和严格的车流导向控制都使被围合的基地在城市中具有孤岛性质。

真大路围合的区域被走马塘和沪太路立交分成 3 块不规则的三角形用地。地块间无法联通，地块与外部的车行联系也只能通过弧形匝道上下立交解决，基地北侧人行交通要通过地下人行通道过铁路到达。

割裂的异形用地，复杂的交通条件，恶劣的周边环境，片面追求效率的基础设施创造了这样一块被遗忘的城市空间。如何植入新功能，创造新形象，刺破这个“气泡”，让它重新拥抱城市，是设计面临的主要问题。

2. 分析问题：城市流变

都市发展的专业化和多中心化催生了空间的碎片和疏离。传统意义上的中心已经无法承担越来越多样化的都市空间要求。

对于效率和多样性的追求，使人们聚集到城市里来。而这种追求，又进一步激发了效率，促进了城市的自我更新，也推动旧的城市结构瓦解，新的产业、资金、信息、资源等在城市中高速流动和重组。固化的空间体系和物质边界面临着城市流变的挑战，旧产业的空间核心在产业升级时反而沦为边缘，昔日的城市罅隙和郊野荒原往往成为新世界的中心，公共性价值正在被不断挖掘。

分隔体现了流动的结果。高架对场地上空的穿越是小汽车流动的结果，铁路对场地的阻隔是铁路货运流动的结果，地铁、军用电缆、国际电缆等基础设施对场地地下空间的穿越是现代城市人流、物流、信息流高速流动的结果，河流对场地地表的穿越是自然水体廊道持续流动的结果，其驳岸的硬质化和简单渠化特征则体现出传统单一防洪思维的机械性。这些作为基础设施的城市衍生物各自强调自身的主体性和独立性，却割裂了最具价值的土地和空间的连续性与流动性，限制了活动。如何对场地进行后工业化耕耘，为公共活动创造流动和聚集途径，重塑基地的场域氛围，寻找土地应当具备的社会、审美和生态价值，成为本项目设计的着力点。

3. 解决问题：城市推拿

本地块的功能调整和再开发意味着改良城市公共空间品质的决心，活化城市消极空间的可能，也彰显着一轮新的城市空间形态升级的到来。

推拿是我国中医学六法之一，是医生用双手在病人身体上施加不同的力量、技巧和功力刺激某些特定的部位来达到恢复或改善人体的生机、促使病情康复的一种方法。导、引、按、跷的基本方法和按、摩、推、拿、揉、捏、颤、打等基本手法，主要目的在于疏通经络，改善循环，从而促进肌体的康复。

本设计的策略被比喻成“城市推拿”，即通过对场地和场地上隆起的建筑施加外力作用，打通基础设施阻滞的空间，平顺“气泡”栓塞的用地，接续断裂的场地和分散的活动，重新建立起这一区域内部的连接及其与周边城市的关系。“导引按跷”即“导气、引体、手按、足摩”，在本项目中意味着疏导合理化的交通，引发公共性的活动，整合松散型的空间，塑造具有张力感的造型体量。

3.1　导——疏导交通

外部的城市道路真大路原本条件较差，道路红线约 20m，且周边仓储物流业态聚集，大型货运车辆较多，阻碍了人车向地块内的流动。内部各地块相互分散，没有统一有序的共享交通。因此规划中特意在基地内部开辟了一条约 9m 的主要道路，穿越了 3 个分散地块，串联起 3 组空间的结构，并围合了南面的开放空间，同时不受外部城市道路干扰。主入口设在南面次干道上，便于车流进出和塑造形象。这样，地块内部的人流、车流流动变得比较容易，各部分之间的交流成为可能。而建筑体量自然屏蔽了外部的城市干扰，提升了内部开放场地的品质。场地朝向环形真大路的标高平缓处，设置临时车行出入口，与场地环道相连。

东西两个三角地块用地局促，考虑分别设置一定数量的地下停车和少量地面临时车位，中间地块由于紧邻地铁 7 号线受到设计及施工限制无法进行地下空间开挖，在相对宽裕的用地条件下，设置地面开放式集中停车场。高架下原来的仓储空间，考虑将其疏通，可以解决大量机动车和非机动车停车。

原本生硬平直的驳岸上，利用滨水舞台和景观平台的跨越，以及钢结构桥的连接，制造了多个交通节点和视觉焦点，化解了驳岸的简单线性特征。滨水留出 10m 以上的蓝线退界，岸边利用灌木围合蜿蜒的休闲步道，与地块南北两侧的走马塘景观廊道连接，柔化了驳岸的冷漠坚硬特征，改善了滨水空间形象。南侧场地中设置散步道和健身区，提供慢行活动空间。

作为沪太路上立交衍生出来的零碎用地，考虑到未来一旦南何支线停用、沪太路立交拆除或者全面高架化，整个文、体、科场地将与周边城市融为一体，真大路环道将可以进行线形修整，作为次支道路使用。立交下停车场地将成为地面道路，两侧开场地主入口，也有足够的调整和缓冲可能。此时整个场地和建筑将成为铭刻南何支线和沪太路上立交曾经存在的“印记”呈现，如同城市动态变化中留下的“痕迹”。

3.2 引——引发活动

在这样一个人迹罕至的区域中，在惯常的土地开发价值思维引导下，业主设想把大场镇社区所有公共文化、体育活动，包括一部分科研管理用房都集中在这里。我们对这样的活动进行列举，发现包括教育、观演、阅览、娱乐、运动、漫步、球类活动、广场演出、停车、餐饮、展示、研发等大量丰富活动内容。为了在用地面积并不宽裕的这几个地块中，通过建筑和场地设计，在层数基本不突破 5 层、高度控制在 23.8m 以下的前提下，让这一系列活动能够和谐地容纳其中，妥善地分类安排就成为必要。

活动引发事件，创造真正的城市活力。如果说城市是大海，那么这 3 个地块就是海中的岛屿；如果说城市是大树，那么这 3 个地块就是树上的鸟巢。设计的工作是为事件找到合适的栖身之处，同时创造机会让活动可以持续。活动的并置和交融正在成为当代城市公共空间的重要特征，它会带来视线的穿插、体验的延伸、情感的碰撞、对话的深入，从而孕育事件，并最终为市民留下场所记忆。

最终依据地块的数量和特征，活动以体育为中心，被整合为文化教育类、体育运动类和研发办公类三大部分。对开放场地面积要求较高的体育类活动被安排在面积较为宽裕且滨水的中部地块，文化教育活动被安排在距离主入口较近且滨水的西侧地块，研发办公活动被安排在沪太路立交东侧地块，与文体活动相对分离。高架下空间设置停车场功能，两侧各 15m 绿化部分设置健身场地，从而使原本单一的市政绿化被功能性活化。

3.3 按——整合空间

最终场地开放空间被整合为滨水活动空间、中央健身空间和路沿绿化空间等三大类。滨水区在约 200 米长的岸线范围内综合考虑演艺广场和亲水休闲广场。沿河还特意改造了一处战备人防设施，本着修旧如旧的原则保留之后，通过一个半下沉庭院把它发掘出来，成为地块内一处国防军事教育点。场地中央创造的公共健身运动区域虽然被河流和高架分割，但是仍具视线的通透性和交通的可达性，这部分将被塑造成最集中、开放性最强的公共空间。活动在这里可以自由发生，同时这里也成为整个场地面向城市（沪太路主干道）的一处标志性区域，具备形象性和交互性。路沿在建筑退让范围结合绿化和休闲健身设置部分活动场地。基地西南角位于道路转角的特殊位置，在主体建筑高大的灰空间里设计了一个街角主题庭院，希望通过挖掘陶行知在大场办教育的历史故事，凝结为一个尺度近人的小型雕塑场景，烘托出该区域文化教育的主题氛围。

基地南侧在 3 个地块围合的中心位置考虑设置高 21m 的设立，命名为凤翎塔，钢结构和亚克力透明管制成，远看像一枚羽毛，晚上通过灯光控制可以有五彩斑斓的效果。这一标志物是整个基地的精神中心，既暗示了大场老镇“有凤来仪”的传说，也以其轻盈柔软的非建筑感与周边体量分明的建筑群产生对比，强化了这一公共文化活动核心区的场所内涵（可惜由于预算原因这一构筑设想最终没有实现）。

3.4 跷——塑造体量

如果把建筑看成是隆起于场地表面的有厚度、有空间的景观，那么作为一个整体聚落，其建筑语言必然具有较好的统一多样性和较强的视觉传播性。本方案中，为了与基地相适应，建筑造型采用较为丰富的几何形态，如半圆、梯形、三角形、橄榄形以及双曲线形，但是其基本造型母题均为圆弧线和直线。沿着主要道路和河道，建筑以比较严整富有韵律感的连续界面组织起空间；朝向中央主要活动区域，沿着建筑的主入口处，利用直线和弧线错动、穿插、张拉、咬合的关系组织起比较活泼的体量空间。直线体量通过锯齿状的折叠和不规则的局部外凸，弱化界面的生硬感，形成立面母题；弧形体量通过较高亮度的钛锌板错缝包裹，从而营造出一种宛若鳞片感的有机肌理，强化了弧线界面的伸展过渡特征，形成肌理母题。

最终的室内活动被整合在三座主体建筑中，分别是文化中心、体育中心和科技中心。

文化中心位于场地西南侧，主要功能包括小型图书馆、500 座小剧场、社区活动中心和部分科教娱乐用房。其组成各部分功能性较强，不易归并与整合，尤其是图书馆和小剧场具有相当的专业性和独立性要求，因此在考虑建筑造型组合方式的时候采用的是“化整为零、和而不同”的原则。对空间的跨度和高度以及声光专业要求较高的小剧场设计成半圆柱体，位于场地中央；南北两侧立方体是对采光与通风要求较高的图书馆和社区活动中心。南侧沿真大路界面是长达 120m 的通长通高体量构筑，屏蔽了干道上的噪音和扬尘影响，形成了建筑屏障围合出相对静谧的内部空间，

体育中心位于场地中部。建筑采用集中的方式布置，篮球（羽球）馆、游泳馆在垂直方向上进行大空间叠加，桌球、瑜伽、单车、壁球、更衣、卫生等其他功能围绕中央大空间东西两侧布置，这样不仅有效节约了用地，也使得建筑内部形成以大空间为腔体的共享空间，旁边各层走廊上随时可以看到中央大空间进行的游泳、球类活动和比赛，弥补了练习场没有观众席的缺憾，也为体育活动创造了

观演互动的氛围。建筑造型借鉴了蝴蝶的动感和曲线，采用双曲面的造型与立交匝道的曲线以及两侧文化、科技中心的弧形取得呼应，轴对称的体量关系也强化了中央场地空间的主体性。

科技中心位于沪太路以东，和西侧的文化、体育中心连续性较弱。主要功能为科技类办公用房和一个餐饮配套用房，用于整个区域工作人员的就餐，兼可独立对外开放。科技中心最南侧邻近立交弧形匝道部分设计了橄榄形办公区，中央五层通高中庭，周围办公空间环绕。中部是单廊式办公室，北部三棱柱性的餐饮配套用房和办公用房以连廊连接。这样兼顾办公研发产品的多样性和配套设施的完备性。主要车行从东侧真大路进入，穿越连廊从内部进入办公大堂，这样不仅解决了场地南侧标高偏低的问题，也强化了办公空间内向、安静氛围，优化了地块西侧部分的公共空间品质。地块西侧市政绿地改造为公共活动绿地，未来可与体育中心活动场地连接。

4. 讨论问题：城市活化

自然的山川河道（绿色基础设施）和人造的轨道高架（灰色基础设施）不断分割城市，撕扯着城市地貌，改造了城市形态，也给城市带来很多零碎消极的空间。随着城市化的深入，基础设施投资力度加大，特别是公铁水空等交通设施建设提速，方便人们通勤出行的同时，也带来了大量步行体验较差的消极城市空间。立交的下空间、桥梁的起坡处、高架的匝道口、地铁的出站口、人防的出入口、电站泵房的出风口等。这些城市空间分属于不同的强势部门管理，大多缺乏统筹协调，各自为政。常常由于受到高速物流线带来的噪音和扬尘污染，环境条件恶劣；往往由于切断了步行的联系，所以人迹罕至；而且缺乏商业价值，难以开发，以至于环境状况不断恶化，甚至成为一些犯罪事件的发生地和地下交易的平台，成为城市的“伤疤”。

作为有社会责任感的规划师和城市设计师，应当关注这些“伤疤”，拓展设计思路力求活化城市肌体、复兴消极空间。Diller Scofidio+ Renfro 在纽约设计了高线公园，把废弃的高架线激活成为带动城市复兴的公共空间，荷兰园艺设计师 Piet Oudolf 为创造生命感的高架公园提供了强大的植物学支持②；纽约的工程师 Dan Barasch 和建筑师 James Ramsey 准备把废弃的地下电车站改造成地下花园，太阳能公司 Sun Portal 用复杂的镜面、透镜和光纤传导技术为阴暗潮湿的地下空间阳光采光，从而使地下生态环境重建成为可能③；荷兰的 NL Architects 事务所为 A8 高速路下的城市空间进行了改造，把停车、超市、花店、多种体育设施、公交站等活动引入净高7m的高架下方空间，弥合了高速路给城市带来的粗暴切口，把分裂的小镇两边重新连接在一起[④]。这些生动的城市更新案例提供给我们多样化的城市思考维度。当我们像关注肌肤一样关注我们的城市空间，就会寻求各种可能的方式去让受损的部分焕发生机。无论是采用削骨整形的手段，或是装饰化妆的方法，引入合适的功能活动、辅以关键性的更新技术手段是城市肌肤活化的核心。被基础设施切割和堵塞的城市空间，通过新的活动进行疏导，新的关系进行联通。

“城市推拿”作为一种城市活化的手段，既非大刀阔斧的“城市整形”，亦非见效缓慢的“城市针灸”，更强调新的城市功能活动引入，新的城市体量空间的塑造，以及城市循环的改善和城市筋脉的疏通。作为当代城市设计师，笔者以为不能仅仅孤立地关注城市设计的物质结果，更应当深入理解城市动态发展的过程性特征，建立“平面协调、空间立体、风貌整体、文脉延续”[⑤]的多维度设计目标，掌握“导引按跷”的工作方法，使我们赖以生存的城市人居环境空间品质不断优化。

本文图片由 CITYCHEER 提供

注释

① 转引自同济大学张永和教授团队关于“基础设施建筑学”的相关研究提法。

② 参考高线公园官网 http：//www.thehighline.org.

③ 参考低线公园官网 http：//www.thelowline.org.

④ 参考“建筑与设计中的产品、材料和概念”http：//www.architonic.com/aisht/a8erna-nl-architects/5100103.

⑤ 参考 2015 年 12 月中央城市工作会议精神 .《中国城市报》2015 年 12 月 28 日，第 02 版 .

1	2	5	7
3	4	6	

1. 大场文化中心滨水立面
2. 大场文化中心立面细节
3. 概念分析（程雪松，胡轶绘制）
4. 城市推拿（程雪松，计璟绘制）
5. 大场文体科中心模型
6. 科技中心
7. 大场体育中心

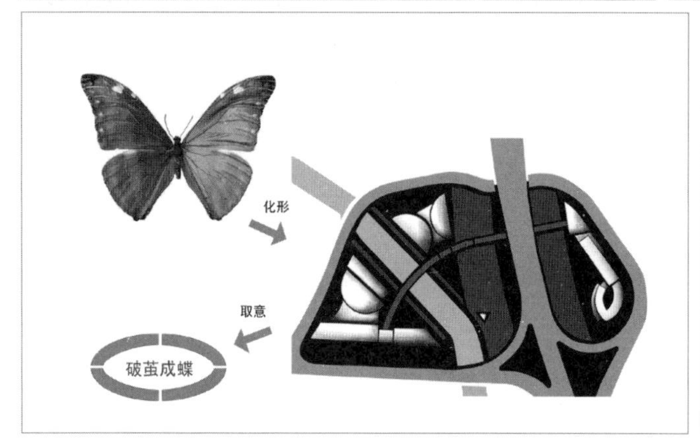

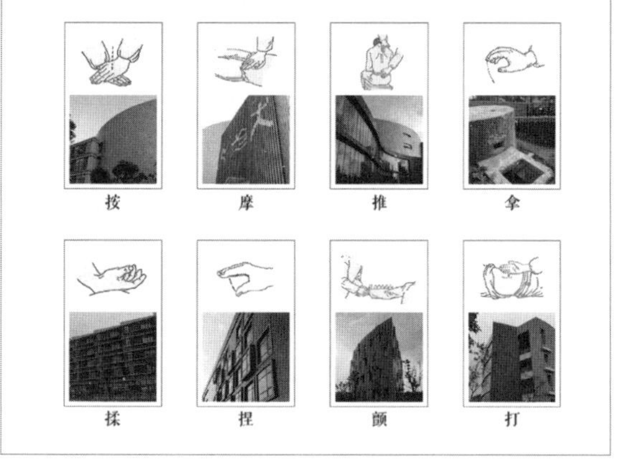

2.4 海上画坊
——阿忠艺坊创作谈

在古典艺术时期，艺术和生活的关系是密切的，但艺术是生活的附属，力图模仿生活。在现代主义艺术时期，艺术和生活则分开了，艺术努力要让自己成为“纯艺术”。到了后现代艺术时期，艺术和生活再次紧密联系起来，但这次立场和前次不同，已经不是艺术追随生活形态，而是生活服从艺术的原则。

——王瑞芸《从杜尚到波洛克》

1. 引子

2008 年春，画家阿忠[①]邀我为他设计工作室——阿忠艺坊，位于虹口区天宝路新港路口的一座写字楼中的两间房。阿忠是我的同事、师长兼好友，我欣然允诺。

作为艺坊的主人，阿忠对我的要求有 3 点：1. 要有大量的空间储存画作和画框；2. 要有地方能够摆放他珍爱的若干老家具；3. 他有几块从农村收来的红木雕花窗，希望一并考虑到装修中去。

作为设计师，我请阿忠从他的画作中选出一幅，称其为设计的开始。阿忠给我看了他 2006 年的一幅油画《爱琴海》，是他从希腊回上海后创作的作品。画面笼罩在温暖透明的阳光中，远处是静静的海平线和海岸上葱郁的绿荫，近处红顶白墙的建筑轮廓伸出海平线，摇曳着动人的节奏。这幅画的装饰和写实意味兼具，色彩清新洒脱，红色浓烈，蓝色凉爽，绿色深沉，白色儒雅，黑色神秘，一如画家性格的奔放和沉静。在我的眼中，这幅画更多地表现出一种点线面的疏密错落，寥落的黑灰色小窗是点，海岸、高耸的烟囱、形体明暗的转折和屋脊是线，蓝色的海、绿色的植物、红色的屋顶和白墙构成面。这些元素在画面中交织穿插，俯仰进退，构成了作品内在的情绪和张力。我从中仿佛看到画家执着于架上抒发的真挚恳切，酣畅淋漓。

2. 符号学启示

视线条和颜色为文字符号，它们在画面上的组织和安排为句法，画面即为文本。在《爱琴海》中，阿忠是文本写作者，我是阅读者。我见过画家作文本的状态。在炎热的夏季，阿忠光着膀子，拿着笔和刀，在画布前上下捭阖，一边思考，一边安排着油彩的生熟和厚薄。我在他的绘画文本中读出艺术家与内心观念相遇、挣扎、推斥、交融的痕迹。在静物、花卉和风景这类传统装饰性绘画题材下，阿忠的自由写作赋予作品更加朴实、率真、浓烈和奔放的内涵。

在空间文本里，造型、材质和构造细节作为语言要素，通过复杂的功能逻辑、美学表达、技术营造和文化建构，获得最终的表意系统，并且会影响到空间阅读者的生活体验。在这一文本的写作中，我试图打破传统艺术家的工作空间文本范式，疏离功能羁绊，利用身体感知进行材料和形式的符号学探索，希望能够发掘出真诚而且具备品质的新的空间句法，并且通过空间形式及其社会价值和阅读者——艺术家本人进行文化上的对话，寻求形式意义。

符号是二维画面和三维空间关联的动力和节点。以符号学的角度观察，符号与它指涉对象（即其指向与涉及的事物或领域）存在内在关联。大部分空间符号可纳入 3 个类型和层次：1. 图像符号（icon），通过模拟对象或与对象的相似而构成的。比如上海松江的泰晤士小镇，就是用直接移植的建筑符号模拟英国的泰晤士河沿岸风光。人们对它具有直觉的感知，通过形象的相似就可以辨认出来；2. 指示符号（index），与所指涉的对象之间具有因果或是时空上的关联。如路标，就是道路的指示符号，而门则是建筑物出口的指示符号；3. 象征符号（symbol），与所指涉的对象间无必然或内在的联系，它是约定俗成的结果，它所指涉的对象以及有关意义的获得，是由长时间多个人的感受所产生的联想集合而来，即社会习俗。比如在李伯斯金（Daniel Libeskind）设计的柏林犹太人博物馆中，他用倾斜的墙体和细碎的开窗，象征犹太人受欺侮和压迫的历史。作为设计师和生活着的人，我们生产着世界的符号，与此同时，符号的世界建构着我们。

空间的魅力在于永恒和抽象，深沉有力的空间符号比较多地体现在后两种，象征符号更是体现着空间的精神内涵。“建筑的象征就是在有限的客体中展示无限，借助整体结构与空间实现非物质的意向。建筑的象征就是具体的建筑结构、造型和空间组织所表现的意境，也就是建筑的内在含意。”[1] 这段话的古老解释最早发生在春秋战国时期，我国的著名思想家庄子说：“荃者所以在鱼，得鱼而忘荃。蹄者所以在兔，得兔而忘蹄。言者所以在意，得意而妄言。”[2] 所以，语言是事物意义的表征物，事物意义是语言的被表征物，语言的目的和任务是使意义信息被传达，因此，语言是传达信息的媒体。符号正是利用媒介作用来代表或指称某一事物意义的抽象概念，在空间中，往往表现为形态和它们呈现的方式。

所以，建筑符号学的文化功能，在于重新找到失去的“能指”②，揭示这种遮蔽背后的意识形态。

带着对空间符号的思考，我的空间设计也从点线面展开。建筑师除了为工作的空间界面寻求意义，更要探究意义传达的方法和途径。区别于普通的视觉空间符号，我的创作更多着眼于以触觉为参照的身体行为媒介。因为身体的介入，抽象的形式产生了活泼的行为内涵；也因为身体的介入，视觉符号有了更深层次的行动力和新的传播力。由于空间的面积不大，阿忠的画作和收藏又多，因此，我没有做太繁复的空间划分和细节安排，只是对空间中主要块面进行整体处理，为阿忠的作品提供陈列和展示的背景。

3. 书墙

阿忠是文联成员，是典型的海派文人画家，他喜欢读书，有大量藏书，因此，空间中定会有一面“书墙”，用来存放他的书籍。原来房间由两个 8000mm × 7700mm 柱跨的近似于两个方形的单元组成，中央墙体是剪力墙，仅能开启一个 1500mm 宽、2100mm 高的门洞，把两个房间分隔开来。既然已经产生了做“书墙”的企图，我决定在这面 8m 长的墙上做文章。根据墙体的长度（约 8500mm）、高度（3250mm）和突出墙面的管井尺寸（约 750mm），“书墙”的网格尺寸被定为 750mm × 500mm，成 3∶2 的宽比例均匀分割，中间开 1500mm 洞口。上下共划分为 6 行，在有竖向管道井和结构柱的位置，横线条水平穿过。由于这段墙体在整个空间中面积大，位置居中，而且突出的管道井和柱比较多，因此在设计处理上尽量采取整体平均的划分方式，弱化其墙体的粗粝感和体积感，强化其作为面的二维网格匀质感和精确性。墙面的整体基调采用暖红灰色，材料选择老杨松木，蜿蜒的纹理和凹凸不平的质感营造出真实质朴的触觉尺度，也暗示了《爱琴海》中笔触生动的大面积红色屋顶块面。管道井和结构柱的表面因为不具有使用功能性，将其刷白（与围合墙面同），从而在逻辑上与暖色“书墙”的木栅格体系相区别，并且完成了横向墙面中垂直线的穿越，打破了整块墙的沉闷单调感，在经纬向度和进退深度上编织起空间的理性逻辑。

文人的阅读体验无法与书架分离。书架在建筑学中被认知为具有储藏、展示功能的轻质隔断，其尺度是人视线和肢体动作的延伸。“书墙”的意象是这一概念的放大，并且与承重、分隔的感受相复合，形成具有多义性的空间符号。它的尺度更为夸张，暗示着阅读行为超越局部，布满整个空间。由于结构体系的渗入，阅读的力量进一步得到张扬。

书墙把房间一分为二,一间画油画，一间画国画。我一直认为，阿忠的油画，得益于他精湛的国画线条和构图功夫；他的国画，吸取了油画的观察方法和层次关系。除了绘画材料有差异，作画的观念和状态是很难严格切分的。所以，两个房间的沟通，也反映出艺术家跨领域创作的思维和方法。书墙当中的门洞是两个空间联系的唯一开口，也是艺术形式的分野。在这里，门轴设在门宽的三等分点处，这样，无论你身处门的哪一侧，门扇的旋转都会带来对面空间的开启和关闭，自身所在空间也以动态的方式与其发生交流。普通门扇的大小扇在此成为空间的大小“扇”，大“扇”空间制造着发现的欢悦和穿越的自由，小“扇”则表达着求索的理想和窥视的激情。门框边缘在平面上划过的“扇形”，把运动和时间带入空间，成为整个空间中仅存的曲线形式，暗示了空间咬合处的潜在特征。

4. 棋榻

空间中还有一个水平面作“棋榻”。阿忠是一个棋手，遇到爱下棋的朋友不吃不喝也要大战三百回合。我在入口处左侧把地面抬高 1050mm，采用工字钢梁和槽钢短柱的结构，形成一个约 2200mm × 5000mm 见方的水平面。空间原来的净高度是 3250mm，地面抬起以后局部净高度减为 2200mm，适合以坐、卧为主的活动方式。架空的 1050mm 高空间，减去结构高度，净高 920mm，用来放置阿忠的油画框。由于空间较深，在地上铺了 6 根槽钢作导轨，又请工人师傅用方钢做了 3 个箱子成为储藏柜，下面安装滑轮，可在轨道上滑动。箱子外露的部分用同样暖色的杉木板作为面板，布满结节的表面形成自然的肌理。箱子做好以后我笑对阿忠说：“别人是‘作画’，你是‘坐画’。”箱子是功能的，然而轮轴在滑轨上位移时的声响和动态，则解构了静止的空间体系，形成画家工作中独特的仪式过程。以“棋榻”为基础，解决榻平面到地面之间高差的六级台阶也采用钢结构的支撑，表面用略微挑出的木板作为台阶的踏面。负责施工的季工推荐了青灰色的刺槐木板，正好和“书墙”的颜色形成反差，也构成了除地面以外的主要水平面材质。工字钢梁的外露部分成为榻平面的自然镶边，清漆刷过以后，钢表面暗红的锈迹、抛光的焊接处和划痕都褪隐到漆色后面，融为自然的整体。我又在钢梁的上方加了一根扁铁，环绕整个“棋榻”，在视觉上是扶手功能的符号暗示，和工字钢的翼缘线脚一起强化了空间中最主要的水平线条。我想以这根坚硬的金属线来回应《爱琴海》画面中深蓝的海岸线，从而控制住整个空间中线的格局，金属材质上的纹理痕迹则好似海岸的浪花，柔化温暖着空间的边界。

“如同毛笔给我们指引一条书写之路，围棋给我们指引一条对弈之路”[3]，“榻”的形态指引的是“坐”和“卧”的空间表达之路，东方思维的灵活性和模糊性在这一件家具设计当中获得生动再现。而“棋榻”是对“榻”的使用平面和支撑结构的分解，榻平面上为“人”的空间和平面下为“物”的空间也从形式上完善了“画者作（坐）画”的语法结构。

5. 吧台

阿忠又是一个酒友，酒量好，酒兴高。工作室设计进行到一半时，他提出能不能加一个小酒吧进去。我熟谙阿忠的性格，知道喝酒也是他绘画的重要组成部分，所以一口答应了他。但是由于这一块空间设计并不在最初的计划内，因此也考验着我对于偶然性动态设计的把握。酒吧空间当然应当以吧台为核心展开，“棋榻”对面一块同样高度的 1500mm × 600mm 的老杨松木台面形成了吧台的水平面。为了更好地限定这个吧台空间，我又用了几个水平和垂直的面来共同呼应这个台面。在阿忠的建议下，后来引入了一种新的材质——灰色清水砖。本来我有些排斥这种材料，因为本能地觉得时下很多流行的商业装修为了引入所谓的民族元素，都在有意无意地选用清水砖墙（大多是贴面）的形式。在这里，考虑到清水砖墙和阿忠收藏的花窗能够协调，而且阿忠和季工专程赴威海路收来旧石库门拆除后的青砖，很多砖块身上都烧制了传统民间筑屋的标记和编号。这样一来，我意识到砖墙不仅仅是流行符号，而且成为这座城市记忆延续的见证，成为一种海派画家与城市文脉之间的精神观照。在确定吧台面的支撑形式时，我为这个结构安排了一段转折的青砖墙体，使得“面”开始向体量过渡，平面转化成三维。为了强化这个小空间怀旧的氛围，我请工匠师傅们利用砌筑工艺在其中非承重墙上砌出几个十字形砖花。工艺背后的潜台词是：相比起物质文化遗产，非物质文化遗产的流逝更加难以觉察。同时，也通过这样镂空的装饰处理，暗示出墙面不承重的力学本质。从功能上来看，转折墙体后面还可以隐藏一个小冰箱，这算是原定设计目标的副产品。吧台上方，红色喷淋管从石膏吊顶中穿过，吊顶的形态因为避让管道而呈现出不规则的转折面。吧台后面，红黑相间的马赛克防水墙面和银灰色金属台盆勾勒出空间的使用功能主题。不难看出，红的线，灰的、白的面，以及作为点的设备和花窗，在吧台周围 5m^2 方圆里，弹奏出旋律最紧凑的一段乐章，挤压着空间的密度感，形成紧致细腻的身体体验，在结构上成为《爱琴海》中笔触骤然收缩的画面重心的回应。

抽象地看，吧台空间是一个被抽取了两个面的空间六面体，侧面储藏，背面清洁，顶面照明，而吧台台面的存在是六面体空间内外物质与信息交换的平台和媒介。这个平面的高度（1100mm）是与手和肘的身体动作相对应的，这些肢体语言把空间和酒联系在一起，同时也赋予空间更丰富的文化意味：杯酒浅酌，把酒言欢，添酒回灯，青梅煮酒，呼儿将出换美酒，与尔同销万古愁。

6. 服务空间和背景界面

为了满足画家休息、如厕和储藏的要求，我在空间的另一侧并置安排了储藏室、休息室和卫生间。这一系列服务性空间以同一面轻质墙体作为与工作空间的分界，墙体上宽窄不同的横向木线条的处理构成了工作区域比较稳定安静的背景，正如《爱琴海》中宁静葱郁的浓荫，是画面前方点、线、面得以呈现丰富变化的重要依托。为了减少这个界面的开口，呈现完整墙面，把休息室和卫生间入口对峙，共用一个门洞，这样也增加了它们的私密性。两个门扇上也分别嵌入镂空的老花窗，纹样的主题暗示出空间的使用内容，也打破了门面的沉闷感。

空间中的顶棚和地面处理，采用朴实的处理方法，顶棚刷清漆，地面涂自留平环氧树脂，最大程度地真实表现覆盖面和支承面的原始状态。所有的电线、网络、消防、水管，都以明线的形式出现在顶棚表面，工业味道浓郁的空调机也裸露在空间上方，弧形的出风口体现出某种后机器时代的氛围。

在工作室空间与室外空间交会的界面上，是大的采光窗，有 1050mm 高的横向栏杆不锈钢扶手，外面是白色塑钢落地窗。窗外是亟待改造的旧式住宅区——虹镇老街。为了强化这个自然光线穿越的界面，选用白色百叶椴木窗帘，光线在这个经纬交织的白色系统上反射产生的轻柔弥漫效果，与室内温暖阳刚的气息产生微妙的反差，暗示出艺术创作空间与作为其背景的城市生活复杂的关联。

7. 尾声

“和艺术不同，建筑既有意义，也同时反对意义，因为它必须有功能。……设计的目的并不是建起一座建筑本身，而是要建筑成为表达隐喻的手段，而这种隐喻需包含多种多样甚至主观夸张的意思。为了达到这一目的，要人为地分开意义和建筑之间的关系，分开形和功能。……使一个意义产生另一个意义，以至无穷。正是将这种建筑自然关系解构了，意义才可以不断变化，这才是建筑区别于其他艺术的关键。”[4] 形式创作的途径永无止境，建筑创作的真味除了造型以外，更在于表达意义，消解意义，并且重建意义。在意义和功能之间舞蹈，在逻辑和隐喻之间漫步，在工程和诗之间寻找。也许空间的复杂性和生动性正在于此。

当空间设计接近尾声时，施工也快要结束，大量的讯息和现象经由一幅画的结构逻辑，以看似拼贴的方式环绕在阅读者即画家周围，成就着他的艺术生命空间，也重组着他的创作世界。罗兰 · 巴尔特（Roland Barthes）认为“意义从来都是一种文化现象，是文化的产物；然而，在我们的社会里，这一文化现象不断地被自然化。言语令我们相信物体处在一个纯粹及物的境况中，并将意义现象再次转变为自然。我们相信自己身处于一个由用途、功能、对物体的完全驾驭所形成的实践世界中，而实际上，通过物体，我们也身处于一个由意义、理由、托词所构成的世界中：功能衍生出符号，而这一符号又被重新转化为功能的展示。我相信正是这种将文化转换为自然的过程才确立了我们社会的意识形态。”[5] 空间设计和施工的过程便是运用自然材料发现文化符号的过程，通过意义的挖掘，我们才能真正领略我们身处这个世界的真正价值。阿忠告诉我这个空间也给他带来很多艺术上的新体验，我不禁莞尔。虽然我追求的大量细部上的精确性和逻辑上的合理性，因为工期和成本的原因未能完全实现，造成一些遗憾，可是我期待的融化在建造中的东方气质，及其现代表达，应当已经大体呈现。

当工程竣工时，阿忠告诉我，他的《爱琴海》即将参加深交会拍卖，我暗叹可惜。可是转念又想，不知道下一个画作的阅读者，会从中悟出什么呢？艺术品的价值，本来不在于它的货币体现，而在于它给世界留下的解读空间，以及艺术信息在不断传递和表达过程中创造出的新的意义。

本文图片由 CITYCHEER 提供，照片由程雪松、单烨拍摄

注释

① 阿忠，全名黄阿忠，海派画家，上海大学上海美术学院教授。

② 索绪尔语言学术语，原意指语言的声音、形象。

参考文献

[1] 郑时龄 . 建筑象征的符号学意义 [J]. 同济大学学报社会科学版，1992（1）：1-5.

[2] 李耳，庄周 · 老子 · 庄子 [J]. 北京出版社，2002.

[3] 程雪松 . 争论私密性——作为公共艺术的公共卫生间设计研究 [J]. 建筑学报，2006（5）：64-66.

[4] 贾倍思 . 型和现代主义 [M]. 北京：中国建筑工业出版社，2003.

[5] 罗兰 · 巴尔特 . 符号学历险 [M]. 李幼蒸译 . 北京：中国人民大学出版社，2009.

1	3
2	4

5	6

1. 总体轴测效果（程雪松，单烨绘制）
2. 国画工作室效果（单烨绘制）
3. 棋榻
4. 清水砖花窗
5. 吧台
6. 爱琴海（黄阿忠绘制）

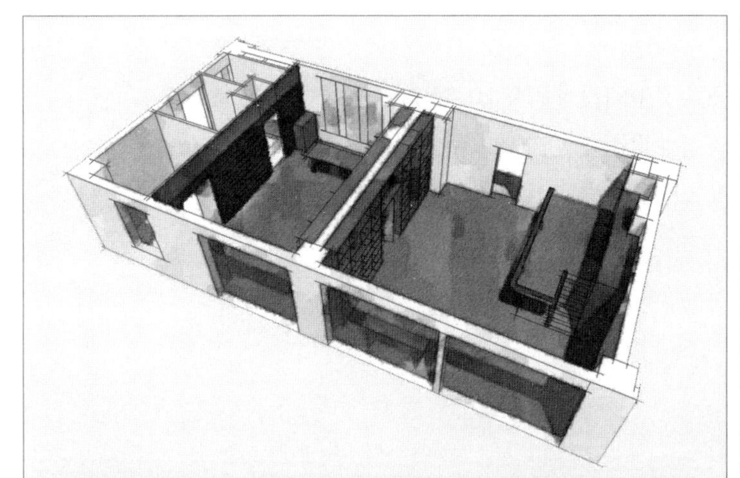

2.5　黄浦江畔山水定制

——上海 HNA 大厦 20F 公共空间环境创作解读

艺术意境的创构，是使客观景物作为主观情思的象征。我人心中情思起伏，波澜变化，仪态万千，不是一个固定的物象轮廓能够如量表出，只有大自然的全幅生动的山川草木，云烟明晦，才足以表象我们胸襟里蓬勃无尽的灵感气韵。

——宗白华《美学散步》

1. 引子

2016 年夏我们参与了上海海航（HNA）大厦 20 楼公共空间环境设计。HNA 大厦坐落于黄浦江畔，原建筑由德国 GMP 建筑事务所设计，素朴利落的设计手法使空间显得冷峻、理性。20 楼为海航科技物流（HNA Technology & Logistics）高管办公区，从落地窗可向外俯瞰浦江两岸的风景。

这是一次围绕业主心理需求展开的空间定制。业主希望：1. 在塔楼核心筒原有的黑色烤漆玻璃幕墙上增加东方意味的设计元素，化解现代主义空间的冷硬感；2. 增加艺术品和软装设计，凸显环境艺术氛围。

川流不息的黄浦江，两岸高楼鳞次栉比，人如同置身于人造丛林之中；HNA 通过现代科技和金融手段追求物流和情感流相融的境界，与古人向往自由、寄情山水的心物合一有异曲同工之妙；建筑室内空间的黑白灰色调与中国传统水墨基调相近。基于这些原因，从传统山水画的视角出发，我们试图营造一个与大厦整体氛围协调、承载山水意象的室内空间。

2. 物象 · 意象 · 意境

王国维指出“一切景语皆情语”[1]，融入情感的环境塑造本身就是一种艺术表达。主观意识和客观环境融合产生意境，通过联想和想象的作用，创造不同的艺术形象。由物象到意象，最终形成意境。

从物象到意象是从事物本体到人对事物感知的过程。自然的山川河流、树木花草都是人眼中的物象，物体在视网膜上成像，与人的经验、记忆相融合被大脑加工成意象。“见乃谓之象，形乃谓之器。”意象比形象和物象更空灵和生动；多意象互动整合、主客观交融复合、感性和理性综合则实现了意象到意境的过程。从意象到意境，让人“超越具体的、有限的物象、事件、场景，进入无限的时间和空间，从而对整个人生、历史、宇宙获得一种哲理性的感受和领悟”[2]。主观的情与客观的景（视觉感受到）的融合，成为构成意境的关键。刘勰在《文心雕龙》里说：“原夫登高之旨，盖视物兴情，情以物兴，故义必明雅；物以情观，故辞比巧丽。”[3] 由此可以看出景、情、境三者的密切联系。

浦江川流不息，两岸建筑如群山对峙，“山、川”成为油然而生的主题。清人布颜图谈画学心法说“所谓布置者，布置山川也。宇宙之间，惟山川为大”。古代的诗人画家通过描摹山川来表达对宇宙的俯仰观照，如苏武诗云“俯观江汉流，仰视浮云翔”。董其昌说“远山一起一伏则有势，疏林或高或下则有情”。山川协同共生，山巍峨耸峙，川奔腾激荡。设计要把客观静止的物象变成心物融合的意象，并且拓展升腾为具有境域感和场所感的意境，从而不仅容纳身体，更要安顿我们的心灵。20 楼公共空间被核心筒分为大堂和回廊两个区域。大堂强调稳重、大气，如山；回廊强调轻盈、流动，似川。山川相连，往复回旋，塑造着人的生活形态和审美心态。下文结合设计进行讨论。

2.1 大堂——山

大堂区域面积约 200m^2，是来宾走出电梯间后看见的第一个空间。整个空间由背景墙、前台、立柱及休息区组成。大堂作为送往迎来的接待空间，以“山”为主题，凸显空间的内敛和端庄。设计选取若干“山”的意象：卵石状的前台为山丘；绿植缠绕的立柱勾勒青翠山峦；山影是剪影状的木质屏风；江山则是背景墙上线条刻画的磅礴江山。而顶棚上的金属网板则予以保留，地面铺贴网格状黑白灰三色的塑料地坪与顶棚呼应，看似简单的处理形成天地一体的空间背景，暗喻网络时代的特征。

· 江山。原有背景墙材质为黑色烤漆玻璃，以人的视点为准从下往上选取第三、四、五行砖进行装饰处理，其他玻璃维持原样。设计借鉴了传统山水画中线条的运用，将玻璃背面局部黑色烤漆用喷砂打磨成磨砂透明的抽象山（峦）水（波）纹样效果。玻璃后的龙骨结构空间内置入暖色 LED 灯带，形成光带山水。光的处理强化了线条的空灵和流动，用当代的手法创作山水画卷，营造出下笔寥寥、回味悠远的江山意境。

· 青山。大堂两侧对称立柱是影响视线的结构，设计采用立体绿植包裹，以植物的生命感融化钢结构的冷硬感。受到佛塔形式的启发,设计了富有禅意的八角形截面绿植立柱。浅绿（绿萝）、深绿（翠叶竹芋）及红色（网文草）等植被组合搭配出山峦叠嶂的展开立面造型，塑造出青山绵亘起伏、山花烂漫的意象。

· 山影。休息区的屏风设计灵感也来自明暗交织的山峦,提取山影元素并将其抽象化,隐于立柱后。以不同密度格栅营造几何陡峭的山峰剪影，与绿植包裹的立柱相组合，一硬一软，一疏一密，一粗壮一纤薄，为休息区围合出一个山外青山的半私密空间。身处其中可以体察群峰环抱、空山莺语。精心搭配的新海派黑白沙发，契合来访者渊渟岳峙、如坐春风的心境。

· 山丘。长约 6.5m 的前台如同山脚下匍匐的小丘，又像河滩上的卵石。内部钢骨架，外部选用稳定性较好的柚木和人造石材质。前台两侧设计了半透明灯箱，组合成稳定的山字形结构。正立面间隔 8cm 均布 3cm 宽铜条，铜条背后紧贴亚克力灯箱上“观沧海”的黑白图像，塑造沧海横流、惊涛拍岸的效果。前台上方悬挂吊灯与之呼应，限定出整个大堂最重要的礼仪空间。

2.2 回廊——川

原有回廊区域面积为 125m^2，一面是干挂黑色烤漆玻璃的核心筒墙面，另一面则是轻钢结构落地玻璃透明墙面，脚下地面铺贴灰色石材，顶部悬挂不锈钢网眼板吊顶，空间显得生硬而沉闷。围廊由两条侧廊、面向会议室的墙体组成。人们在这里穿行，难以停留。设计试图将此空间营造成一个流动变化、富有活力且可以停歇的地方。

宋代的郭熙论山水画说 ：“山水有可行者，有可望者，有可游者，有可居者。”[4] 表现出山水在不同时空的多样状态。川流不息体现了江河的动感及力量，是其物理现象的文化呈现；岩居观川则抽身于岩石上，切换视角，以旁观角度看淡时光飞逝、世事无常；海纳百川则描绘了一幅蔚为壮观的画卷，表现出上海城市的包容性和多元性。设计者将“川”的意象引入回廊空间，以“画中游”的传统表现方式使回廊如同一幅徐徐展开的画卷，来宾从一砖一缝、天光云影中体会到“川”的能量及被延展的时空。

· 川流不息。回廊是一个流动的空间，人们来回穿梭。选取了黑色釉面玻璃从下至上的第三、四两排进行装饰设计，延续大堂如浪似云的柔美线条，结合飞马图案，营造生生不息、川流涌动的画面。

· 岩居观川。走廊西侧尽头的房间朝向陆家嘴和黄浦江，视野极好，考虑用于创业者路演、洽谈。入口为了营造宁静的氛围，用柚木条架构形成的有密度感的山墙空间，纤薄通透，增加空间的空灵和柔暖。干净利落的硬山造型，界定出清晰的场所感和领域感。可惜由于功能变更，路演区设计最终没有实现，甚为遗憾。

· 海纳百川。在公共空间中采用普通墙上挂画的陈设方式，艺术品与墙体的结合度不高，流于赏玩的对象，显得不够庄重正式。于是设计采用镶嵌手法，从原有整个墙面36块烤漆玻璃中选取了从下至上第二、三、四排共18块玻璃，进行重新构成，画面凹陷入墙体，边框用黑色烤漆金属与黑色玻璃融合，画面和边框之间饰有灯带。墙画一体的处理使艺术墙更具整体性和设计感，成为一面真正的展览墙。

画作题材围绕黄浦江文化意象，选取了19世纪末至21世纪初上海地标空间，如外白渡桥、世博园、陆家嘴、胜利女神像等，并邀请数位知名海派画家进行主题创作，以水墨表达来呼应空间，最终给黄浦江畔留下一道海纳百川的定制风景。

3. 尾声

明代文学家杨慎写道:滚滚长江东逝水,浪花淘尽英雄。是非成败转头空。青山依旧在,几度夕阳红。白发渔樵江渚上,惯看秋月春风。一壶浊酒喜相逢。古今多少事,都付笑谈中。现在看来最初定调的《临江仙》山水绸缪的物象，时空潆洄的意象，抚古思今的意境，在HNA的20楼公共空间中有一定程度的呈现。但是由于工期和造价所限，遗憾总是难免。设计者本着素朴简洁的原则，让新的装饰语言尽可能与原有物质材料自然过渡、衔接，尽量充分利用原有材料进行打磨改造，从而消除多材质的冲突，保持原有空间的调性，隐藏物性，伸张意境。通过自然山川从物象到意象的演进，设计试图重构一个山水流转的意境。如孟郊诗云:“天地入胸臆，吁嗟生风雷。文章得其微，物象由我裁”。剪裁搭配得当的物象能生发出心灵的宇宙，空间使用者的精神情愫随之被触动，生发出积极活跃的审美体验。形式上的创新尝试，是为了心灵与材料和自然的交相辉映，更是为了探寻“在意义和功能之间舞蹈，在逻辑和隐喻之间漫步，在工程和诗之间寻找”[5]的微妙境界，就此意义而言，这一次设计实践的价值应该更加深长。

本文图片由 CITYCHEER 提供，照片由程雪松、童安祺拍摄
童安祺、蔡聪烨合作撰写

参考文献

[1] 王国维 . 人间词话 [M]. 南京：文艺出版社，2007.

[2] 彭锋 . 作为中国美学核心范畴的意境 [J]. 中国书画，2015（7）：16-17.

[3] 宗白华 . 关于山水诗画的点滴感想 [J]. 文学评论，1961（2）：16-17.

[4] 郭熙 . 林泉高致 [M]. 济南：山东画报出版社，2010.

[5] 程雪松 . 海上画坊——“阿忠艺坊”创作谈 [C]. 第三届中国环境艺术设计国际学术研讨会论文集《中国环境艺术设计 · 景论》，2010：102-109.

1	3	4
2	5	
6		

1. 前台
2. 回廊侧壁
3. 休息区
4. 艺术墙
5. 20 楼大堂
6. 艺术墙立面效果（童安祺绘制）

三、博物馆与展览
Museum & Exhibition

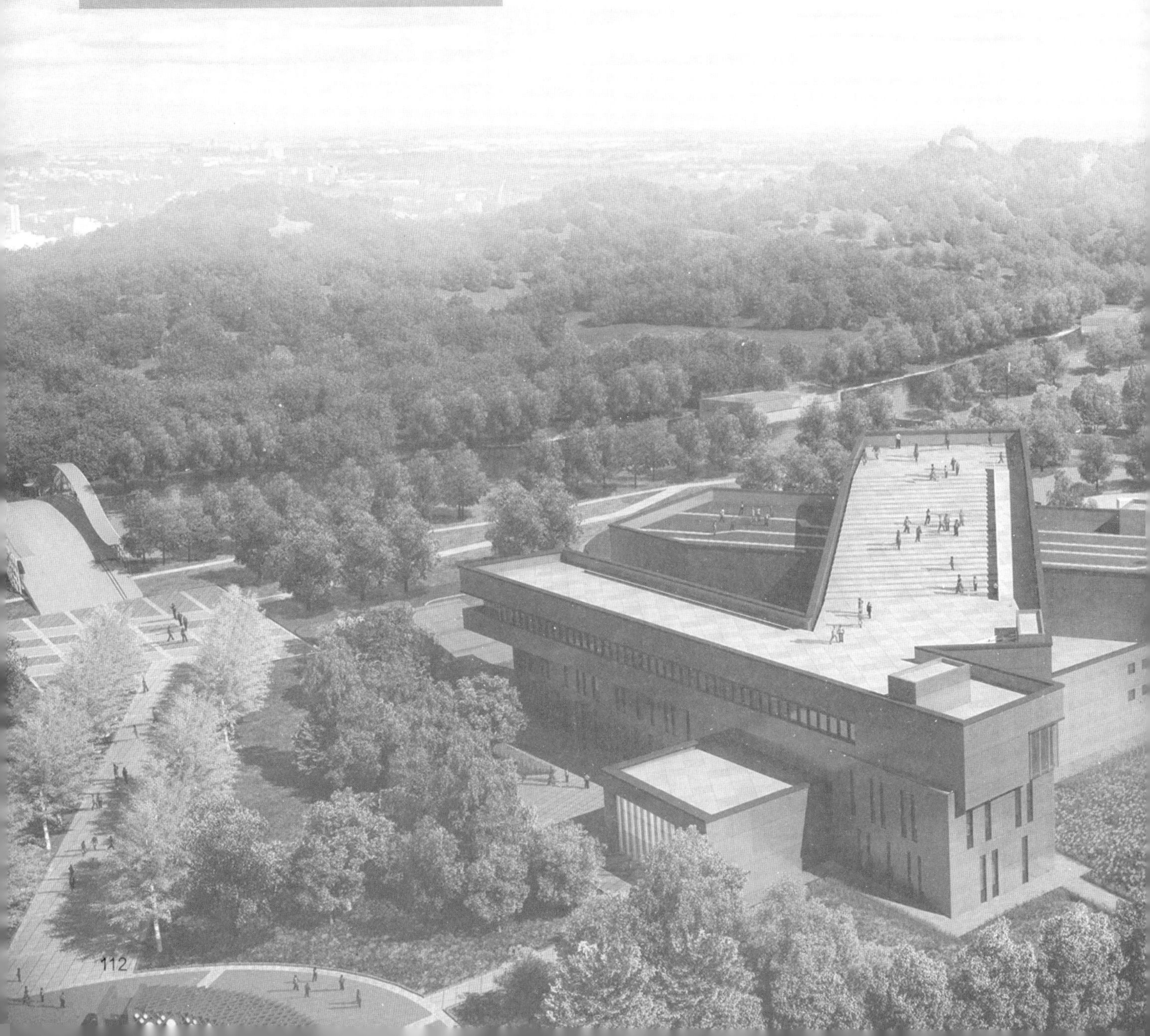

作为人类生存环境、状态和生活理想的记录者，博物馆书写着人类的变迁发展史。随着中国博物馆免费参观时代的到来，博物馆不仅仅是作为一种静态的对象被观赏和瞻仰，更是成为当下日常生活的积极参与者被重新定义。和过去相比，新博物馆学的重要议题是博物馆以器物为核心转化为以人为核心，这也是博物馆的边界日渐拓展、博物馆的意涵不断延伸的理论基础。与博物馆共生的展览也从静态的视觉对象向场域化、情境化和交互化渐变，其创造性力量甚至改造着城市的结构，刷新着城市的面貌。本章探讨的对象包括当代博物馆建筑的转型和演变、博物馆和展览馆的设计实践、世博舞台上的东西方文化交流，以及城市展览化发展走向的分析。环境空间既是展览的对象，亦是展览的容器，更是互动的表达，塑造着都市人的身体和心灵，同时也在交互中重新塑造着自己。

3.1 时空连接：当代博物馆建筑的转型和演变

——关于上海地区博物馆建筑的案例研究

“我想通过建筑展现一种新态度，”我解释说，“首先，博物馆建筑要体现出热情好客。‘新’大都会博物馆一定要大声说‘欢迎’。我不仅想使其成为展览场所，还想使其成为交流、讲授、教育和庆祝的平台。”

——托马斯·霍文（Thomas Hoving）《让木乃伊跳舞——大都会博物馆变革记》

当代形形色色的博物馆，以其独特的社会影响、叙事能力和个性特征，吸引了全社会的关注。中国进入21世纪以来，随着地产经济增长和城镇化的潮涌，博物馆建筑从建设规模数量，到设计理念方法，都进入了一个急剧转型的发展时期。

1. 博物馆建筑的演变历史

“最初的博物馆观念与人类的两种天性相关，即积累器物以及向他人炫耀的欲望。”[1] 源于好奇心和炫耀欲望的博物馆从萌芽成长为一种稳定的制度现象，依赖的是健康价值观的引导，不断健全优化的理念支持，开放的文化视野和不断突破的技术手段。右表是博物馆及其建筑载体发展历史上的重要标志节点。

在当代，不同样式的博物馆建筑交替出现，学界对博物馆的发展和内涵也有不同争论。在建筑学界，建筑师章明提出“艺术博物馆建筑经历了注重收集的保管期、注重启发的展览期、注重体验的参与期、注重成长的互动期4个阶段。”[2] 又指出博物馆建筑“不再仅仅局限于一个物质性的建筑空间，而呈现出一种以全方位、整体性与开放性的观点洞察世界的思维方式。”[3] 可见博物馆建筑正由传统的物质形态，迈向一种理想和观念空间；建筑师汪克根据氛围设定对博物馆进行分类：“博物馆氛围分成4种：压力型：宫殿式空间氛围。体系型：自成系统的整体空间氛围。友好型：关联容器的空间氛围。创意型：艺术空间的博物馆氛围。”[4] 虽然划分逻辑未必严谨，但是表明建筑设计师越来越关注博物馆建筑的无边际化和非物质性特征。在博物馆学界，王成把博物馆的演变发展分为文艺复兴后以原有建筑“改辟”为主的初创期、法国资产阶级革命以后博物馆空间走向专业化和公共化的成型期，以及二战以后以现代主义潮流主导的繁荣期；项隆元指出第二次世界大战后在建筑界和博物馆界的双重推动下，博物馆建筑风格和观念都在更新，博物馆造型、环境、空间和陈列也在转型，展览空间呈现装置化的倾向，展陈空间、展品和人的情感在走向深化的互动和融合；安来顺把 20 世纪博物馆的发展归纳成 3 个阶段：19 世纪末到 20 世纪二三十年代的博物馆现代化和专业化时期；两次世界大战到 20 世纪六七十年代的博物馆为社会及其发展服务，即社会化时期；20 世纪 80 年代至今博物馆“更加体贴人”的人情化时期，以及在可预见的未来博物馆如何走出象牙塔，走向真正民主化的时期。由此可见，相对建筑界对博物馆建筑“物质化 / 非物质化”的关注，博物馆学界更加聚焦于博物馆“建筑空间 / 展览空间 / 人（情感）/ 社会”的融合与互动。

时间	地点	博物馆	特征
公元前 5 世纪	希腊	特尔费 · 奥林帕斯神殿	战利品宝库
约公元前 437 年	希腊	雅典卫城山门画廊（PINACOTHECA）	壁画收藏馆
公元前 283 年	埃及	亚历山大的缪斯神庙	最早的原始意义博物馆
1603 年	罗马	卡比多博物馆	最早专门设计建造的博物馆
1759 年	英国	伦敦大英博物馆	最早公益性博物馆
1793 年	法国	中央艺术博物馆（卢浮宫）	最早公共博物馆
1868 年	中国	震旦博物院	上海最早博物馆（传教士办）
1905 年	中国	南通博物苑	中国最早自办博物馆
1939 年	美国	纽约当代艺术博物馆（MOMA）	现代主义博物馆①
1977 年	法国	巴黎蓬皮杜艺术中心	后现代主义博物馆②
1997 年	西班牙	毕尔巴鄂古根海姆博物馆	当代主义博物馆③

梳理和考察博物馆及其建筑的演变和转型，围绕最核心的收藏、展示和宣教功能，笔者认为博物

馆建筑大体上也经历了4个比较典型的发展阶段，分别是保管储藏、陈列展示、感受体验和时空连接阶段。其发展演变主要是沿着“器物——器物与人的关系——人——人与时空的关系”这一隐性的脉络移动（有博物馆学者认为博物馆经历着“以物为中心向以社会为中心的转移”[5]），“从物的存在到人的存在”乃是博物馆发展的轴心。

类型	核心	建筑特征	案例
保管储藏型	器物	文物造型或者古建藏古物	柏林国家美术馆
陈列展示型	器物——人	作为容器的展览空间	纽约当代艺术博物馆 MOMA
感受体验型	人	关注空间气氛和人的体验	卢浮宫金字塔改建
时空连接型	人——时空	是人与时间 / 空间连接的纽带	柏林犹太人博物馆

作为中国最早接受西方文化洗礼的城市，上海的博物馆已有近150年的发展历程。从最早1868年外国传教士创办的“震旦博物院”，到1937年国民政府在五角场自办的第一个“上海市立博物馆”；从解放初期1952年建立的上海博物馆和1956年建立的上海自然博物馆，到21世纪以来相继建立的上海科技馆、上海自然历史博物馆新馆、中华艺术宫、上海当代艺术博物馆等。上海的博物馆事业也经历了移植、融合、嬗变、复兴的发展阶段，建筑设计既有殖民地风格的渗透，也有中式传统的崛起；既有历史样式建筑的改造，又有现代、后现代主义的探索。从设计史的角度来看，其中潜伏着西方和东方、文明和蒙昧、侵略和抗争等多条相互纠缠碰撞的线索，这也使今天的上海博物馆建筑在更加复杂多元的历史基础上进入新的转型。

1.1 保管储藏型

以器物为轴心的博物馆建筑，往往以巨型器物或者古建的形式出场，这其中投射出传统的文博器物观和“古建藏古物”的逻辑，突出了博物馆收藏古器物的功能特征。西方博物馆建筑常以古典柱廊和山花反映内部藏品的古典特征，比如利奥 · 冯 · 科兰策（Leo von Klenze）设计的慕尼黑艺术博物馆和现代主义大师密斯 · 凡 · 德 · 罗（Mies Van der Rohe）设计的玻璃幕墙的柏林国家美术馆，都摆脱不了皇宫、圣殿思想，也表明西方博物馆经由皇室、贵族收藏发展而来的痕迹；台北故宫因为希望成为正统中华文化的传承者而拒绝了王大闳的现代主义建筑造型，采用了复古的大屋顶形式；邢同和设计的新上海博物馆也凭借青铜鼎的建筑造型试图展现丰厚的上海青铜器收藏。

1.2 陈列展示型

以器物与人的关系为轴心的博物馆建筑，更加关注建筑内在展览空间的质量。以 1929 年纽约当代艺术博物馆 MoMA“白盒”为开端，通过抽象的素色空间赋予展品一个客观的背景，同时提升观众的专注度；又有呈现影像艺术的“黑盒”空间，以及与器物时代背景关联的“黄盒”空间。在此基础上，博物馆建筑的“容器”观应运而生。建筑学者王路指出，关于博物馆（建筑）有两种认识:“一种认为，博物馆应该是一个容器，一个中性的盒子，重要的是其内容，而不是容器本身。……另一种则认为，博物馆建筑本身也应该成为一件被展示的艺术品，容器的形态也可表达强烈的情感，使建筑成为博物馆展品中最大最重要的展品。…… 如何在‘容器’和‘内容’之间取得平衡，并植入所处环境，是当代博物馆建筑的一大命题。”[6] 作者王路把收藏内容和容器空间进行了适度的分离，指出容器具有功能性、客观性和关联性，从而为人与器物的互动设定了空间背景，展览的价值得到凸显。

1.3 感受体验型

以人为轴心的博物馆建筑，更加关注人在博物馆中的感受和体验。人作为感受的主体，不仅需要考虑展陈空间内的专注气氛、交互感应，更要考虑在整个建筑空间内外的体感舒适性、心理愉悦度。这也是博物馆对人进行宣教、传播功能理念的进一步伸张。因此博物馆大厅内外要配备足够的服务设施，商业配套也变得分散、趣味和多元，以保障人的生理功能需求，诱发新的心理需求；博物馆公共空间要有充沛的日照、自然的绿色、多元的交流以满足人的心理需求;博物馆展厅则出现更多的互动式、原真式和开放式展项。比如马里奥 · 博塔（Mario Botta）设计的旧金山现代艺术馆，把建筑中庭处理成一个公共性的广场，报告厅、礼品店、书店、咖啡厅、餐厅、休息区等都围绕中庭来布局，给参观者带来娱乐休闲的氛围和体验。妹岛和世与西泽立卫设计的金泽 21 世纪美术馆，集合了展览、演出、交流、教育、商业等多种功能，成为一个给参观者带来丰富体验的文化中心。其他如科技馆中的互动展览，遗址馆中的考古发掘现场，以及自然馆中的自然山水体验，也都是博物馆体验的典型代表。

1.4 时空连接型

互联网时代的核心特征是“任何人、任何物、任何时间、任何地点、永远在线、随时互动。”④在个体与世界保持无缝连接并印证自身的时代中，我们投身博物馆的本质就是寻找和建立连接，与陌生世界对话，连接神秘、艰深和日常，理解迥异的情境和文化。

传统博物馆是古代器物的储藏所，可移动文物离开它本真的时空语境，进入博物馆向参观者陈述历史。“馆内的遗产远离了它们的所有者及其所处的环境，显得支离破碎。物质文化与非物质文化的关系断了，遗产的生态链断了。……人们需要延伸博物馆的时空。”[7] 当代的博物馆需要在有限空间内呈现大千世界,呈现历史时空的完整生态,使参观者完整理解遗产器物所代表的历史片段和文化语境。“空间是在一定时间下的空间，抛开时间研究空间是没有意义的。换言之，空间和时间就是一个整体。”[8]

电影屏幕是虚拟时空与观众沟通连接的载体:“借着流动的光影，在一面薄薄通透的银幕上，创造出与镜子类同的异质空间，这个空间，存在又不存在，透过流动的影像跟生命的记忆对话。”[9]《爱丽丝梦游仙境》用魔镜提供了梦境和现实连接的通道，克里斯托弗 · 诺兰（Christopher Johnathan James Nolan）导演的《星际穿越》，通过墨菲小屋的书房让三维空间和五维空间得以连接互动。人类憧憬梦想和未来，见证现实的残酷或美好。博物馆的虚拟时空是类似电影的独特存在，其建筑抽象而具体的空间特征放大了连接性，其展览片段而完整的陈列叙事拉长了连接体验。从这个角度来看，虚拟现实（VR）和增强现实（AR）技术的深入研究和实践未来将模糊物理空间和虚拟空间的界限，为博物馆塑造更加丰富的时空连接体验。

以人与时空关系为轴心的博物馆建筑，把博物馆作为人与时间、空间连接的特殊纽带，通过强化连接关系来强化人的当下存在。恩格斯 Friedrich Engels 指出，“一切存在的基本形式是空间和时间。”⑤人作为一种特殊的时空存在，创造了文化时空，见证了历史时空，畅想着虚拟时空。当代的博物馆建筑正在以人与时空连接的形式迈向新的转型，时空以浓缩的、片段的、原真的、虚拟的形式呈现在博物馆建筑中，通过延伸参观者的感官体验，印证人的价值和存在。

2. 博物馆建筑的当代转型

以连接为特征的当代博物馆建筑，其设计理念和方法都在发生深刻的变化。展览、交往、场所和透明是当代博物馆建筑的四大核心设计要素，在博物馆建筑的转型过程中，发挥着重要推动作用，让参观者与更广阔的博物馆时空进行连接和互动。

根据 2016 年国际博协的最新统计，世界范围内博物馆数量已达 55000 座，中国博物馆数量已达 4600 座。而根据上海师范大学都市文化研究中心 2014 年的评估，上海博物馆数量为 90 个（目前估计已经超过 110 个）。在建设世界城市和全球科创中心城市的进程中，上海的博物馆数量作为重要的公共文化参数被关注，其品质和当代发展趋势也亟待放在世界坐标系中被研究讨论，在确立自身的位置和话语体系的同时，为世界博物馆事业贡献价值。

2.1 仓库——展库："展览"连接人与展品

展览源于炫耀，从战利品神庙到珍宝橱柜到再开放论坛，展览逐步走向针对特定话题的探讨和交流。"博物馆的首要任务是反映人类及其活动，反映人类的自然、文化和社会环境，它用的是一种专门语言，也就是用实物即真实的事物来讲话，用这种方式向观众施加自己的影响。"[10] 这种施加影响的方式就是展览。过去我们局限于静态地看待展览，认为只需把藏品完整呈现即可。今天随着对展览对象和展览受众的深入研究，我们认识到展览不仅要再现藏品，更要塑造语境，强化传播和影响。展览大纲、展线、展览空间、展项等各个专业点共同组成完整的展览叙事，精彩的展览才能成为观众进入博物馆的首要推动力。白盒、黑盒、黄盒、绿盒等多种空间展览模式塑造了参观者对展品和展览主题的认知，也在重塑博物馆建筑的形态。过去收藏遗存的仓库在展览作用下变成呈现遗产的展库，藏品成为展品，仓库成为展库。

日本建筑师藤本壮介（Sou Fujimoto）把龙华飞机仓库改造设计成余德耀美术馆。我们从面积近 2000m^2、净高达到 8 ~ 10m 的钢桁架支撑无柱大空间可以感受到过去飞机仓库空间的恢宏。改造后的仓库空间钢结构和墙体都被刷成白色，以塑造当代艺术展览空间的纯净体验；高耸的天窗采光被细密的桁架线条过滤后播撒到展厅，烘托出柔和神圣的展览气氛；建筑师还在展厅南北两侧加建了服务性的玻璃大厅和后勤空间，不仅把滨江风景纳入展览，而且提供了更多服务空间。巨型当代艺术品放置在展库中与参观者对话，展览空间自身的历史内涵和改造经历，已经制造了话题和语境，为艺术作品当代性的讨论奠定了基础。

博物馆建筑具有仓库的基因，建筑师以作品展现对仓库与展览间本质联系的追溯，比如赫佐格和德默隆（Herzog & De Meuron）设计的瑞士巴塞尔仓库美术馆（Schaulager）就从两方面体现了“仓库”的含义：在运营方面，美术馆每年仅开放3个月，其余时间作为储藏画作的仓库；在设计理念方面，设计者认为美术馆和周围工业区的仓库一样行使储藏的功能，只不过里面的藏品是较为昂贵的艺术品，因此美术馆的外观也很像一所安静的仓库，人们很难想象里面的艺术场景。香格纳画廊在上海桃浦地区运营的展库空间也源自旧仓库，借用了“仓库美术馆”的概念进行运作和宣传。展览的观念和方法在从仓库转型为展库的过程中起主导作用，艺术品和收藏通过展览空间和展览活动被激活，介入参观者的日常生活，产生社会价值。

改造自玻璃公司仓库的上海玻璃博物馆展览空间与建筑空间交融的形式让人印象深刻。复式展线贯通上下层建筑空间，通过共享空间的穿插，让视线交流和天光媒介在黑盒空间中营造出生动、亲切的展览体验。上下层空间过渡处的“玻璃山”展厅，位于两个展区垂直交通连接部位，与周围照度较弱的背景相比，它的光照强度极为耀眼，它的叙事型展陈方式也扣动人心。1479个激光刻字的玻璃瓶讲述爱情故事，既忠实于玻璃和光线的主题表达，又独具创意地游走于主题之外展开情节的想象。整个展线在这一节点处发生节奏的转折，展览重点从精彩的“动眼”，到缠绵的“动心”，从而把参观者引入新的体味和思考之境。根据玻璃博物馆的官方微博介绍，2012年这里就曾经上演过浪漫的求婚场面⑥。

2.2 会馆——客厅：“交往”连接人与人

当代博物馆建筑不仅是欣赏展览的场所，更是人与人交往互动的空间。进入博物馆的观众已经从少部分专业、准专业观众，转变为平凡市民和普罗大众。各种各样的餐厅、报告厅、阅览室、咖啡厅、互动区、售卖区、电梯厅，甚至卫生间这样私密的场所，都是承载公共交往活动的重要空间。来自不同背景的人在博物馆中寻找共同感兴趣的话题，从而诱发交往的可能。根据相关研究，当代博物馆建筑中的交往空间，正在呈现出交往面积扩大、空间界限模糊、功能多样复合的趋势[11]。

原上海美术馆建筑，1999年由邢同和主持改造自殖民地时期的跑马厅俱乐部，原建筑英式折中主义风格的外立面，暗示了馆藏西洋美术作品的特点。从少数人赌马的会馆俱乐部，到大多数人欣赏艺术的圣殿和客厅，在外观上最重要的变化是观看赛马的看台变成面向人民公园的柱廊，内部则通过公共直跑大台阶联系各层楼面，为参观者提供交通和交流的空间，建筑的公共性和开放性显著加强。

三山会馆是上海现存历史最悠久、保存最完整的商帮会馆，2011年会馆历史建筑进行了修缮整饬，并且在旁边加建了现代的上海会馆史陈列馆。建筑师章明采用半透明陶棍幕墙和钢结构柱廊灰空间与色彩接近的历史建筑对话，为参观者提供了交流、等候、回望的空间，“透过幕墙和门洞感受到的老馆的剪影是完全不同于实体的虚幻影像。它不同于外部场地的一览无余，朦胧的遮蔽使老馆恍若隔世，若即若离”[12]。外向的陈列馆和内向的会馆两两相望，围合出与建筑墙体肌理对缝衔接的场地地坪，如同装修般浑然一体，整体细腻的界面和开放的空间勾勒出黄浦江畔城市客厅的空间轮廓，演绎出新老交融、和而不同的姿态。

世界级的当代艺术博物馆伦敦泰特现代美术馆（Tate Modern）也是匠心独具地将超大尺度（152m×24m×35m）的涡轮机大厅改造成具有展览和集散功能的室内广场，并向下深挖至基础的发电机车间，通过坡道与城市连通，大量人流自然被吸入有自然采光的城市客厅。博物馆生活作为当代都市人与人之间重要的交往方式被津津乐道，城市客厅的社会学价值在于跨越了非 / 半公共空间的藩篱，创造出维系市民的真正平等、自由、民主的公共空间，让人在交往中重新建构自身。

值得一提的是张永和主持改造的上海当代艺术博物馆纪念品商店，建筑师在沿街界面上把轻餐饮、黑盒子展览、青少年互动教育空间嵌入，撩发了博物馆商业服务空间的交往性和互动性，使原本商店功能融入了新业态，原本边界清晰的交互面变得模糊，人与人之间的交往体验变得丰富。博物和展览空间引发的交往体验也被更多的商业、办公、居住等业态所关注，在实践中有越来越多的共生型博物馆出现，如在商业空间中生长的喜马拉雅美术馆、K11 地下画廊，在办公空间中生长的震旦博物馆，在街坊社区中生长的徐汇区老房子艺术中心、上海地铁博物馆等。这些博物馆空间可达性更强，更加亲切开放，以更加积极主动的姿态参与城市生活，延伸了城市客厅的公共性和多义性。

2.3 地标——城记：“场所”连接人与城市

“建筑与场地之间应有一种历史发展背景上的联系、玄学上的联系、诗意上的联系。当建筑作品成功地把房屋同场地融合于一处时，第三种情况就会出现。在这种情况下，外延与内涵相结合，表达方式同投入于场地的意念（idea）相连接（linked），引起联想的和固有的都是一个意向（intention）的诸种方面。”[13] 作为活跃在现象学舞台上的建筑师，斯蒂文 · 霍尔（Steven Holl）在建筑作品和文字表述中都强调建筑和场地、历史乃至玄学的联系，从而创造出诗意的场所。建筑师解读为“诗意联系”的这种场所感使人与空间产生息息相关的归属感，人和城市的前世今生通过建筑形成时空脉络上的连接。这种场所感超越了我们惯常理解的城市地标的价值内涵，不求在空间上标榜自己，力图成为城市发展历程中的生动记忆，空间正是塑造和传递集体记忆的载体。

詹姆士 · 斯特林（James Stirling）设计的斯图加特美术馆把城市生活的轨迹引入建筑的开放庭院，通过环形转折的坡道导引让城市画面在博物馆中徐徐展现，并且沟通了不同标高的两个街区。斯科菲迪奥 + 迪勒（Scofidio + Diller）设计的波士顿当代艺术博物馆延续了设计师长期以来对于时空弯曲主题的关注，把波士顿海湾优美的公共步道纳入博物馆内部，并与建筑的内部功能相连接，如餐厅、剧院和悬挑平台等，从而把人的视阈和场地周边的风景通过折叠状的建筑空间进行拉伸和连接。这些建筑作品创造的场所感为城市奉献了诗意，把多彩的都市时空和静穆的博物馆体验进行了有机连接。

2.3.1　与时间连接

· 重塑记忆

从原南市发电厂到上海 2010 上海世博城市未来馆，再到上海当代艺术博物馆，章明主持改造设计的这一历史建筑虽然没有泰特现代美术馆（Tate Modern）恢宏尺度的涡轮机大厅，但是面朝黄浦江的 3000m^2 超大露台、165m 高大烟囱中的圆形展廊和入口钢架桁车大厅仍然成为延续记忆、塑造标志性的重要依托。如同大脑中的记忆沟壑一样，历史建筑在城市空间中得以确立自身的要素除了原真性、完整性，更重要的是其特征性，因此改造、复建、迁建和平移的做法虽然会影响它的原真和完整，但在今天仍然不断有成功案例涌现。对于上海中心城区浦江西岸这一独特的工业建筑，以当代艺术博物馆的永久形式将其留存，焕发新的生命力，或许是连接发电厂历史和世博会记忆的最有效方式。

就上海中心城区的城市空间而言，从交通航运空间转变为公共空间的黄浦江和苏州河滨水开放空间，正在成为时间流淌、记忆连接的重要载体空间，比如在徐汇滨江西岸艺术走廊里，北票煤码头改造为龙美术馆、龙华机库改造为余德耀美术馆、水泥厂预均化库改造为展览中心、飞机厂冲压车间改造为西岸艺术中心；又如苏州河沿线益新面粉厂改造的苏河艺术馆、原亚洲文会大楼改造的外滩美术馆、银行仓库改造的 OCT 当代艺术中心等。这些投入当代城市生活的历史建筑都构成了城市历史记忆和当下生活连接的纽带。

上海还有大量的红色主题纪念空间资源，转型设计的核心围绕着对红色文化和纪念空间的认知深入和完善。单纯停留在对历史建筑和历史符号的怀旧，或者对现代空间的纠结当中，都是简单肤浅的。红色文化，既可以外化为具象的造型语言，也可以内敛为抽象的思想沉淀，红色文化并不一定要直接映射任何类型的建筑样式，却可以随着时代变迁被赋予更多当代价值和崭新内涵。中共四大纪念馆由于旧址已经不复存在，采取了和一大、二大纪念馆迥异的设计策略。新建纪念馆选址在四川北路绿地旧址附近，建筑师童明采用红砖覆土、抽象几何造型、与景观融合的现代建筑样式呈现，把公园里的休闲活动和红色文化的纪念性通过建筑和场地的塑造联结在一起，启发我们对红色文化表现语言的进一步开放性的思考。这让我们想起现代主义大师密斯 · 凡 · 德 · 罗（Mies Van der Rohe）设计的卢森堡（Rosa Luxen burg）和李卜克内西（Karl Liebknecht）纪念碑，以抽象几何的造型体量和朴素真实的清水砖砌体材料传达深沉的纪念性情感，塑造的纪念氛围更加沉郁隽永。

· 立足当下

作为一座建筑面积仅有 760m^2、展览面积仅 380m^2、几乎没有收藏空间的微型博物馆，张江当代艺术馆创造的“现场张江”品牌让人记忆深刻。建筑师周伟采用十字形建筑平面回应场地附近交叉的河流，通过虚实对比的建筑表皮营造室内婆娑的光线效果，通过挖掘“亭者、停也”[14] 的哲学思考营造建筑与场地既锚固又飘移的离合关系，从而强化建筑的现场感。所谓现场，正是当时、当地的瞬间再现，而非永恒，这也表明当代艺术既超越时代、又紧跟时代的特质，博物馆也因此突破了空间界限，与张江艺术公园、张江高科技园区的当下时空产生更加紧密的连接。这一点容易让人联想起伦敦的蛇形艺廊，建筑大师们设计蛇形艺廊与其说是建筑创作，不如说是观念性的实验装置，参观者身处其间，对空间的感受就成为理解展览的契机。比如伊东丰雄切割光影的方盒子，SANAA 的镜面浮云，库尔哈斯（Rem Koolhaas）和巴尔蒙德（Cecil Balmond）的卵形充气穹窿等，这些作品都旨在以当代艺术和建筑的方式取得与环境和人的互动，这种互动性带来审视、思考、质疑和教育，从而实现建筑与当下社会的碰撞交融。

朱家角人文艺术馆则通过建筑中借景的方式强化当下。村口的古银杏作为当下的注脚，在建筑的主入口处、二楼阅览室的落地玻璃窗前、坡屋顶水池前反复出现，强化了古镇人文自然的存在感和场所感，被设计“剪裁”过的画面又给展览增添些许神秘唯美的意味。设计师祝晓峰从中国传统园林的“借景”出发，利用建筑洞口的观看性把艺术展览和古镇当下联系在一起。这种连接赋予“白盒”展览空间甚至咖啡厅、阅览室强烈的即时即地时空属性，参观者身处其中探索展品美学价值的同时，也在发掘展品和古镇时空的关联，进而重新认知此时此地的人文艺术价值。

· 放眼未来

作为临港新城开发建设的标志性项目，中国航海博物馆的规划建设开启了城市奔赴海洋时代的帷幕。德国 GMP 事务所设计的这一典型的面向未来的博物馆建筑，以台地状的建筑造型和风帆式的空间结构，在一览无余的冲积平原上，把城市生活和海洋梦想进行连接。尤其是两片 58m 高的风帆壳体，以及高科技的钢索网架结构曲面玻璃幕墙，围合成建筑内部的主展厅，把古老的渔网隐喻、郑和的宝船故事和未来的海洋文明相连接，造型、技术和光线细节都铺陈出建筑的海洋性和未来感。未来感是在与过去和当下发生强烈对比的状态下产生的，空间与造型的独特异质是实现未来感的必要条件。

与西方海洋强国相比，我国的海洋主题空间建设面积匮乏。海洋主题空间常常以码头、游艇、甲板、缆绳、风帆等符号为空间形态特征，来自意大利的建筑师伦佐 · 皮阿诺（Renzo Piano）常常代言此类设计，如澳大利亚悉尼港的风帆大厦，意大利热那亚港的哥伦布展览馆，荷兰阿姆斯特丹港的 NEMO 科技中心等。这些作品都传递出浓厚的海港文化氛围，具有强烈的海洋性开放特征。与我国传统大陆文化语境中厚重、封闭、稍显压抑的博物馆建筑相比，自由、奔放、不拘一格成为海洋文化主题空间的范式和标志。上海作为中国面向太平洋的海洋城市，随着航运中心地位的进一步确立，相信城市文化基因中的海洋性格将会进一步彰显。

2.3.2　与空间连接

· 面向世界

上海国际汽车博物馆的建筑设计与斯图加特梅赛德斯—奔驰（Mercedes-Benz）博物馆新馆有类似的时空情境，都是在世纪之交进行设计建造，在同样的工业环境中创造文化空间，建筑所在的安亭新镇在上海“一城九镇”建设中被定位成德国风格小镇，安亭汽车城当时也是以斯图加特为建设样板，博物馆展览主题和对象都是汽车工业。最终德国 IFB 设计的上海汽车博物馆与荷兰 UN Studio 设计的斯图加特奔驰博物馆也具有文化和形式上的关联性。

汽车文化的舶来特征明显，工业、速度和自由的感受，乃至西方化的生活方式，都是汽车博览公园力求营造的体验。尽管与老牌汽车强国德国相比，我们对汽车文化的理解尚属肤浅，但是作为新兴市场的兴奋和信心仍然在博物馆中展露无遗。开放少柱的大空间带来视觉上的自由，坡道游线带来形式上的动感，复杂剖面带来认知上的技术味，都是建筑与世界汽车文化连接的重要载体，甚至胶囊型电梯在内部大厅创造的速度和奇幻，两座建筑也如出一辙。在奔驰博物馆中，参加 1986 年老馆改建的梅兹（HG Merz）教授进行了前期概念咨询和任务书制定，以“传奇”、“典藏”两条展线的策划，奠定了后期设计工作的良性基因。相比之下，上海汽车博物馆的内在展览的结构性基础工作略显薄弱，这也暴露出今天中国大部分博物馆建设工作“身心分离”[15]的普遍问题。

又如松江新城泰晤士小镇的城市规划展示馆、松江美术馆等公共建筑组团，从城市肌理、建筑文脉、外部造型塑造、风格演绎、材质色彩等方面，都再造了泰晤士小镇英国风情城市空间和街道立面。建筑位于小镇中心圆形广场开放空间处，清水砖砌筑的线条和线脚，拱券门廊灰空间，坡顶钢结构大厅，切角收分钟楼，一系列象征性的异域建筑语言化解了博物馆建筑的体量，使其融入小镇肌理，充分挖掘细节的建筑立面使其既有现代的工业感，又洋溢传统英式小镇的风情。

· 留存乡愁

王澍设计的宁波滕头案例馆所展现的“剖面的视野”[16]，在世博会光怪陆离的博览建筑中，无疑是一个独特存在。建筑师以开放的态度设计了一个开放的展馆，却以剖面设计的传统形式，力图反观内在，聚焦乡土。与大部分世博展馆类似，整个建筑的“展线结构开放、展厅空间开放、建筑形体开放、服务空间开放”[17]，而建筑最具特征性的内在复杂剖面，外在朴素瓦爿墙和竹模混凝土表皮，在喧嚣的世博展区中，独树一帜。尤其是剖面展览带来的窥探性、碎片感、动态性和未完待续的体验，更加强化了内在连接的意图。如建筑师本人所言：“就像回忆，没有历史，有些破碎模糊，想办法控制住它的真实，触摸到它的质感，构造出一种新的东西来。”[18]在他看来，城市和乡村是同一事物的两面，如同外在和内在，文明和文化，梦想和回忆。

“极富韵律感的屋顶是上海城市肌理中最具美感及历史感的元素”[19]，对这种肌理的情感成为很多设计天然的出发点。石库门屋顶、老虎窗的意象、村落剪影演化的三角形母题造型反复出现在上海会馆史陈列馆、世博主题馆和崧泽遗址博物馆中。事实上，双坡屋面的江南水乡或者石库门建筑特征，在经过大量的阵列和密布之后形成的街区或者村落肌理，无疑已经成为上海生长的建筑师们心中挥之不去的乡愁。交织着少年记忆和居住理想的当代营造，在实践中往往难以抗拒这种空间表情，将其定格在屋顶或者表皮的构建当中，从而强化了博物馆建筑设计中的乡愁体验。

2.4 宝盒——绿盒：“透明”连接人与自然

从内向的“宝盒”到外向的“绿盒”，今天博物馆建筑的这一变化在一定程度上可以理解为人类对自身存在的思考，对原始丛林生活的追忆。在建筑设计上人与自然的连接表现为“透明”的状态。

这并不仅仅意味着建筑外观的通透，更重要的是人在建筑内部对于外部自然的复杂感受。“透明性意味着同时对一系列不同的空间位置进行感知。……透明性不再是毫无瑕疵的明白，而是明明白白的不太明白。”[20] 斯蒂文 · 霍尔（Steven Holl）设计的位于堪萨斯的尼尔森 · 阿特金斯艺术博物馆新馆（Nelson-Atkins Museum of Art），并未遵循任务书的扩建要求，而是把新馆主体部分设在地下，地面仅设计了 5 个透明轻盈的玻璃盒子。这 5 个玻璃盒子把地面的老馆和地下的新馆、雕塑公园和博物馆、历史和现代、白天和夜晚、人和自然连接在一起，创造了一种独特而朦胧的透明性。

柏金思和威尔（Perkins & Will）设计的上海自然历史博物馆新馆，是当代上海博物馆作品中具有透明性的典型作品。三层网络的南墙表皮来源于细胞组织创意，围绕着中央的中式山水花园，让自然融入展览；三层高的透明落地门厅让博物馆的服务空间与自然相交融；起伏的建筑绿色屋顶连接雕塑公园植物群落，让参观者的空间体验与自然相连接。这种多重连接模式也让我们对广义透明性有更深入理解：“在任意空间位置中，只要某一点能同时处在两个或更多的关系系统中，透明性就出现了。”[21]

3. 博物馆建筑的发展趋势

3.1 功能复合化

早在 1985 年，建筑师关肇邺就对艺术博物馆的发展趋势做出了大胆的判断：“人们除去要在这里欣赏艺术品外，还希望欣赏建筑本身。人们还希望在这里休息、进餐、买东西以至当作和朋友约会的场所……人们也期望美术馆建筑能美化环境，与环境结合得更紧密……各种美术馆藏品的性质不同，在社会中的地位不同，起的作用也不能强求一律。”他以美术馆建筑举例，在这里“‘多种功能和单一功能’，或者所谓‘是为了展品还是为了人’两种趋向将是长期存在的。”[22] 从欣赏、交往、美化环境的功能角度指出博物馆建筑的发展趋向，今天看来，建筑师的预言已经实现。

3.2 时空组合化

21 世纪以来，又有博物馆学者指出：“时间和空间的不同组合方式生成了不同的博物馆时空形态。作为博物馆，它的外在环境与建筑都是为连接遗产与公众服务的，因而遗产的时空才是最终决定博物馆时空的。”[23] 这一关于博物馆时空的论断在博物馆学层面基本明确了博物馆时空的基础，也就是遗产时空。同时也再次强化了遗产时空为公众服务的本质。

3.3 体验多维化

今天，博物馆的建筑设计和实践正在走向一个更加开放和自由的时代。随着传统房地产经济的转型，主题地产的发展模式正在得到确立；现代人对文化旅游的热情，推动博物馆的普及和发展；灌输说教式的文化传播，被分享启发式的传播模式取代；以参观者为核心的博物馆服务理念，正在解构传统博物馆凝固内向的形态；规划、建筑、景观、视觉、艺术、文博等多学科发展和互动，也衍生了新的工作领域。博物馆从传统二维的架上展览模式，正在向强调三维空间的感知模式、强调四维时空的叙事模式、强调多维体验的情感和无边际模式演进。在意大利米兰的国际博协24届全体大会主题确定为“博物馆与文化景观”[⑦]。原上海玻璃博物馆馆长、玻璃艺术家和策展人庄晓蔚解读为“这一主题表明，博物馆不仅保护、推广和传播自有的收藏，他们还保护、推广和传播周边的文化遗产和文化景观，包括考古、历史、艺术、人类学或科学景观。”[⑧]他在自己一手推动的祁县玻璃艺术与历史博物馆建设中，也力图彰显“保护 + 推广”的理念，让玻璃博物馆成为地方文化时空与参观者连接的聚合点。

3.4 开放主题化

因此，随着当代博物馆越来越强调连接性，博物馆建筑也变得更加开放、变化和多元。张扬个性的外部形态不应是博物馆建筑的唯一终极追求，服务意识和能力、连接的广度和深度才是博物馆可持续发展的本质目的。未来的博物馆建筑更像是一个多功能的USB连接器，把不同的参观者和特定的主题时空进行连接，开启思想、信息流动的通道。博物馆建筑呈现出向主题化、群落化、休闲化和片段化的转变趋势。博物馆实践者、建川博物馆馆长樊建川在谈论他的博物馆群布局时就说过：“它有几个好处，第一个使这个博物馆的房子和题材是吻合的。这个同时它会产生一种更好的效果。第二个好处是商业布局产生的好处，3个博物馆变成24个博物馆，一个变8个，就有更多的面来带动物质商业，就是所谓的街道。…… 第三个好处就是使这个博物馆符合人们的阅读和习惯。”[⑨]世界知名的维特拉（Vitra）家具公园、福特（Ford）汽车公园等，都是这样的博物馆群落典范。上海也出现了红坊城市雕塑中心、红木艺术公园、玻璃主题园区、广富林遗址公园等相关案例。博物馆建筑形式冲破了单体建筑空间的束缚，融入了园林、社区和综合体，为参观者提供多功能的服务，形成主题性的博览公园，最终“从‘馆舍天地’走向‘大千世界’”[24]。

本文图片由 CITYCHEER 和 NITA 提供

注释

① 以可变的展览内容为核心，建筑及展览空间呈现中性化特征，通常展现“白盒”样态——笔者。

② 博物馆建筑作为第一展品，关注展览空间实用性的同时也关注建筑本身的技术性和情感性——笔者。

③ 博物馆建筑关注自身的表现力及其在公共话语结构中的强势作用力，采取批判姿态面对过去——笔者。

④ 曾鸣 . 于长江学院题为《互联网本质》演讲 [EB/OL].（2013-10-27）. 转引自百度文库，http：//wenku.Baidu.com/view/b4de61de4693daef5ef73da4.html.

⑤ 恩格斯 . 反杜林论 [EB/OL]. 转引自哲学网 — 西方哲学名言 .http：//www.zhexue.org/westen-Philosophy/187.html.

⑥ 上海玻璃博物馆微博 .http：//weibo.com/1909920632/ygRJurxFH.

⑦ 转引自国际博协 ICOM 官网 http：//icom.museum/.

⑧《祁县玻璃艺术与历史博物馆展览大纲》. 庄晓蔚提供 .

⑨ 樊建川：一个人的博物馆 . 搜狐文化频道 [EB/OL].（2009-03-06）http：//cul.sohu.com/20090306.shtml

参考文献

[1] Buecaw，George Ellis.Introduction to museum work.3rd ed[M].Walnut Creek：Altamira Press，1997.

[2] 章明，张姿 . 新博览建筑的文化策略——以上海当代艺术博物馆为引 [J]. 建筑学报，2012（12）：58-69.

[3] 章明，张姿 . 新博览建筑的文化策略——以上海当代艺术博物馆为引 [J]. 建筑学报，2012（12）：58-69.

[4] 汪克 . 博物馆，中国时代的城市发动机 [J].UED 城市 · 环境 · 设计，2011（53）：68-75.

[5] 安来顺 . 二十世纪博物馆的回顾与展望 [J]. 中国博物馆，1999（01）：5-17.

[6] 王路 . 关联的容器——当代博物馆建筑的一种倾向 [J]. 时代建筑，2006（06）：22-27.

[7] 涂师平 . 博览园：遗产保护博物馆化的新趋势 [J]. 苏州文博论丛，2013（12）：213-216

[8] 邓佳平 . 从有界到无疆——博物馆建筑及陈列空间属性简析 [J]，建筑创作，2010（10）：176-181.

[9] 梁豫章 . 爱丽丝的镜子——光点华山：华山电影馆 [J]. 建筑学报，2014（03）：67.

[10] 安来顺 . 博物馆与几个世界性问题 [J]. 中国博物馆，1986（04）：12-18.

[11] 梁玮健 . 当代博物馆建筑交往空间设计发展趋势探析 [J]. 价值工程，2012（15）：84-85.

[12] 章明，张姿，赵鑫甜 . 传承语境下的应变者——上海会馆史陈列馆 [J]. 时代建筑，2011（05）：112-117.

[13] 斯蒂芬 · 霍尔 . 锚 [M]. 符济湘译 . 天津：天津大学出版社，2010-08-01.

[14] 罗致 . 潜在的应对——张江当代艺术馆阅读 [J]. 时代建筑，2007（04）：112-117.

[15] 吴云一 . 新博物馆学与当代建筑学双重语境中的博物馆建筑特点研究 [D]. 上海：同济大学博士学位论文，2008.

[16] 王澍 . 剖面的视野——宁波滕头案例馆 [J]. 建筑学报，2010（05）：128-131.

[17] 程雪松 . 变革中的时代、开放性的设计、时装化的建筑 [J]. 建筑技艺，2014（05）：92-96.

[18] 王澍 . 剖面的视野——宁波滕头案例馆 [J]. 建筑学报，2010（05）：128-131.

[19] 曾群，邹子敬 . 中国 2010 年上海世博会主题馆 [J]. 建筑学报，2009（06）：14-16.

[20] 柯林 · 罗，罗伯特 · 斯拉茨基 . 透明性：物理层面和现象层面 [M]// 透明性 . 金秋野，王又佳译 . 北京：中国建筑工业出版社，2008-01.

[21] 伯纳德 · 霍伊斯里 . 作为设计手段的透明形式组织 [M]// 透明性 . 柯林 · 罗，罗伯特 · 斯拉茨基 . 金秋野，王又佳译 . 北京：中国建筑工业出版社，2008-01：85.

[22] 关肇邺 . 美术馆建筑设计的趋向 [J]. 世界建筑，1985（03）：8-13.

[23] 刘迪 . 博物馆时空刍议 [J]. 东南文化，2009（01）：83-87.

[24] 单霁翔 . 从“馆舍天地”走向“大千世界”——关于广义博物馆的思考 [M]. 天津：天津大学出版社，2011-02.

1	4
2	
3	5

1. 金寨规划展示馆鸟瞰效果
2. 金寨规划展示馆透视效果
3. 建筑造型演变（程雪松，计璟绘制）
4. 轴线生成（程雪松，王冰绘制）
5. 展线结构展开（计璟绘制）

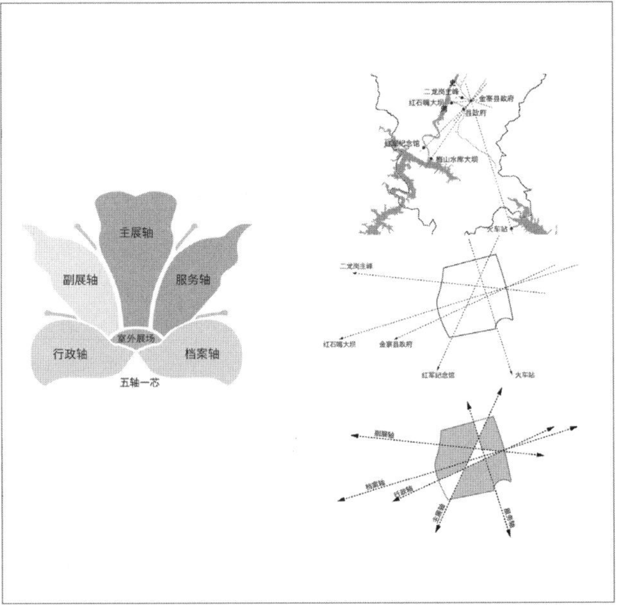

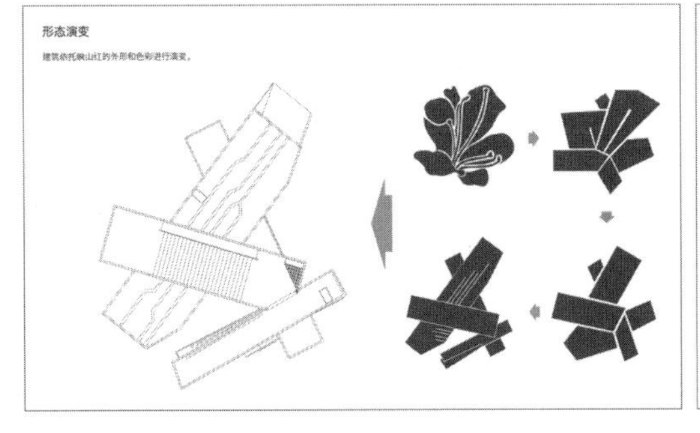

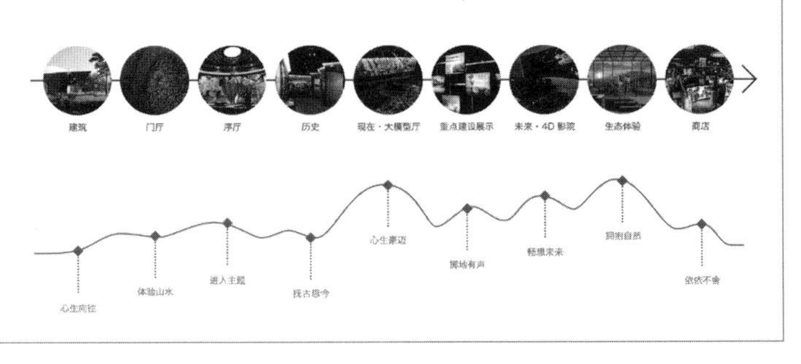

3.2　空间图腾，连接城市前世今生
——安徽含山凌家滩博物馆创作体会

他已经证明了上千次，但这并不说明什么。现在，他正在再次证明。每一次都是新的一次，而每次证明的时候他从不回想过去。

——欧内斯特 · 海明威（Ernest Miller Hemingway）《老人与海》

1985 年，安徽含山铜闸镇凌家滩村发现距今五千多年的新石器时代聚落遗址。

2008 年，我们为安徽含山设计的博物馆方案“玉龙 · 含山”在由国内 10 名建筑学家、文博专家和旅游局主管领导为评委的评审会上，以全票中标。

1. 构思缘起

最初这个项目的吸引力来自于它承载的华夏千年文明，以及文明衍生出的丰厚物质遗产。考古发掘出来的玉人、玉猪和玉龙的生动形态，使我们内心奔涌强烈的乡土认同感。新石器时代的手工艺者具有高超的审美意识和抽象能力，把自然界的生物和丰富的想象结合起来，通过精巧的打磨工艺，锻造出美轮美奂的玉器图腾工艺品，虽然经历千年，仍然让我们折服。

今天的新含山人把祖先传承给他们的灵气以更大的热情投在新城建设上。新城规划在核心区保留了自然地理中的山体和青岗河水体（南北流向的水系），新开了方湖，从而奠定了山水城市的基本格局。在天工造化和人工构筑交织的新城，含山县政府选择了西临青岗河公园的一个约 33 亩的长方形地块，用来建造含山博物馆。

设计面临的几个问题分别是：1. 用地偏松而建筑体量偏小，很难创造大体量的震撼效果；2. 建筑投资和施工技术有所限制；3. 为了节约投资，需要把一个 5000m^2 的博物馆和 1500m^2 的图书馆整合在一个项目中；4. 到底是用传统徽州建筑形式还是现代形式不易抉择。事实上，当代中国大多建筑师（少部分明星建筑师除外）普遍面临的问题是，在城市快速发展时期，在开发商和城市运营者都在求新、求高、求大的时代，中西部城市、中小城市乃至县级城市的小规模建造，如何获得较高的当代品质，为城市的整体感贡献出应有的设计价值？小型博物馆建筑设计是否能够体现"收藏家孤独的品格、沉默的学识、低调的修养、足够的耐心及其对古老艺术无与伦比的恭敬"[1]？

博物馆选址在新区缺乏文脉的低洼场地内（场地比周边道路低3m），除了自然山水，无法过多考虑建筑与周边物质空间的协调问题。我们的出发点直指历史上的凌家滩文化，唯有这种文化本身，才是推动城市向前发展的原动力，才是当地人普遍能够认同的价值核心。

凌家滩出土的玉器物当中，最吸引我们的就是玉龙。这是中国考古史上发掘出来的最接近今天中国龙形象的玉制工艺品。甘肃红山文化的猪龙和河南贾湖文化的蚌壳龙都不及凌家滩玉龙这么形神兼备，臻于完美。凌家滩玉龙出土于1987年，尾首相接（因此也称衔尾龙），卷曲成圆形，两角耸起，显得庄重、威严，龙须、嘴、鳞等东方"龙"的要素齐备，其造型和神韵都别具一格。最让我们惊叹的是，它巧夺天工的形式感体现出中国传统文化中"圆"的特点，圆满、完整、绵延不绝、周而复始、生生不息。同时，完整之中又颇多变化。造型上和而不同的特点让我们感到，我们所寻求的含山博物馆建筑创作素材需要和玉龙造型有所关联。玉龙意象作为城市图腾，在社会心理层面向大众传达出比图案本身更为丰富的信息。

在明确了设计的基本问题有可能通过"凌家滩玉龙"这样一个基本意象进行整合的前提下，我们着手对场地和建筑进行视觉传达与空间塑造的协调，协调的核心在于玉龙形态对空间造型、城市营销和文博展示三方面的影响和渗透。设计目标是为城市创造属于自己的空间图腾。

2. 空间造型

建筑之美在于抽象和秩序，照葫芦画瓢式的建筑设计方法是拙劣的。我们无意于把博物馆设计成符号化和景观化的巨构展品，而是希望把它看成是"当代城市公共空间的重要组成部分，不再被局限在封闭的精英系统中，开始在更广阔的领域实现更多的价值。"[2]我们对玉龙造型的关注，也并不局限于视觉和审美的层面，而是可以拓展到文化价值和心理暗示等更丰富的空间，并且通过符号与建筑本体表达的差异性操作，描绘更加生动的信息空间图景。

圆形的外轮廓造型被放在基地正中偏北侧，这样南面可以留出大面积有阳光的场地和停车位置。在其圆形平面内部挖了一个椭圆的庭院，从而使得自然光可以深入博物馆建筑内部。由于地块西面是城市主要道路以及青岗河绿带公园，因此考虑把建筑主入口设在建筑西侧偏南，也就是玉龙首尾相接的位置。在几何的结构布置上，由于椭圆庭院的引入，使得平面轴网系统发生变化。无法再以正圆圆心发散出来的射线作为轴线，而是让椭圆圆心位于正圆直径上，以椭圆圆心为轴网圆心，这样形成的柱网系统是非均布的，始终处于渐变过程中。依据这样的柱网对建筑内部空间进行分割，空间也处于不断变化当中。在平面中玉龙首尾连接处加入了一个水滴形态，在功能上作为入口门厅（楼上是报告厅），在造型上也成为昂然抬起的龙头。这样，最终博物馆“玉龙”形态的平面由外轮廓的正圆形、内庭院的椭圆形和龙头处的水滴形这三个基本形状穿插衔接组成，复杂的工艺造型被转译抽象化了。

抽象的目的不是为了省略信息，简化工艺水平，而是从纷繁复杂的自然物象当中探究造型组织的基本规律，并且扩大造型相对于复杂功能和结构的包容度，获得更为恰当地使用和建造合理性，何况博物馆是现代建筑中功能复杂而且使用多变的特殊类型。“如在收藏功能中，除主要为各种不同质地及不同级别的藏品分间收藏外，还包括藏品的分类、登记、编目、清洗、消毒、排架等相关的功能；在研究功能中，既有各种藏品保护方面的研究，又有藏品本身价值的研究以及藏品陈列方面的研究，其中既有自然科学方面的研究，又有社会科学方面的研究等。”[3] 由几个基本形状组成的博物馆平面的最大优点在于非均匀进深的建筑空间适应了要求不同开间进深的展厅和服务空间需求。北侧和东侧圆环进深较大，达到 19m，可以设计成展厅；西侧和南侧圆环进深较浅，最浅处仅 7m，用来安排服务和研究空间。圆环平面使得这种进深差异外在表现为一个连续的整体体量，内外的包裹界面也呈现出比较均匀整体的状态，同时展示流线可以借助于椭圆形回廊来组织，流线清晰完整且不会重复。垂直交通和出入口均布在平面各主要方向，容易满足消防要求，并形成均匀合理的结构体系。根据垂直交通布置的位置，在建筑平面的西南侧布置博物馆主入口；东南侧布置博物馆后勤入口；东北侧布置图书馆入口（图书馆设在顶楼），朝向北侧次要道路翰林路。在建筑正南设置地下通道，从外部祭祀广场直通半地下层的临时展厅和内庭院。这一特殊入口设计的灵感来自于考古本身的向下发掘和向内在发现的探索过程，也有机地把室内庭院和外部广场空间关联成一个整体。

为了控制建筑造型的高宽比，把一部分展厅和后勤功能放在半地下层，使建筑在比较开阔的场地上更为舒展，比例上更接近凌家滩玉龙原型。当然，这种处理带来了一系列问题，比如展厅内部要求的自然采光问题，重点文物展厅的安保问题，以及后勤水电风等辅助空间的出口问题。这些问题通过建筑师和设备工程师团队协作解决。

在建筑外围护表皮的造型处理上，我们进行了审慎的比较和选择。从剖面的比较中可以看出，相对筒形、酒杯形和坛形的外表皮处理，棋子形的表皮造型，显得更加简洁、平和，富于变化。这样建筑的外围护结构在平面上和剖面上都投影为一段圆弧，建筑表皮成为一段环状球面，球心位于建筑地面一层内，于是这段球面上部呈现略向内倾斜的造型。博物馆从构思伊始就被想象成一个匀质、宁静、有点内向、细腻而充满质感的建筑，上述环状球面表皮，体现了我们的设计意图。

在表皮材料的选择上，我们综合考虑了天然石材、陶土板和金属材料以后，最后确定了以钛锌合金板材作为外立面覆盖材料。这种材料自重不大，易于在弧形表面上悬挂；材料工艺成熟，也易于在现场作业；而且材料本身的光泽明显，包裹在建筑外表面形成的“龙鳞”意象能够和整体建筑概念协调；材料由于耐候性不强，随着时间推移，表面的金属光泽会慢慢减弱。但是随着时间的推移，周围公园和基地环境中的绿化也会逐渐成长起来，今天看似造型独特、材料抢眼的博物馆也许会在将来的植物掩映中黯淡，从而和周边的环境融为一体，消失在自然风景里。

3. 城市营销

作为一个县级城市，博物馆有限定的规模，用地容积率仅 0.3。文博和旅游部门的主要负责同志向我们表达了这样一种意愿，就是让博物馆和大面积的室外开放空间一起，成为一个博物馆公园，成为未来含山旅游线路上的一个重要环节。业主对未来博物馆的文化观光以及由此产生的旅游经济提升寄予很高期望。

在场地设计中，我们在博物馆正南面安排了一个 36m × 36m 的正方形下沉式祭祀广场。作为城市公共文化空间的一种形式，这个广场除了记录和表达城市历史文化发展的脉络和痕迹以外，也成为整个博物馆公园的一个室外入口。广场和两边停车场通过小径连通，乘车来观光的游客进入建筑以前，首先步入广场。广场尺度不大，采用暗灰色石材铺地，沐浴在阳光中，和建筑拉开一定距离。它既非建筑围合而成，也不是建筑的附属，而是一个独立的负空间。广场略微下沉的空间和方正规则的造型，反过来烘托出不远处升出地面光滑圆润的建筑。站在广场中观察博物馆建筑，会比实际体量显得更高大一些。建筑的主入口南立面，在光线照耀下可以完整地呈现在广场前。我们在广场中谨慎安排了一些凌家滩出土文物的复制品雕塑，周边的场地也根据需要做了一些抬高处理，形成的草坡和草阶增加了建筑的高耸感。

为了与博物馆造型产生呼应，我们在场地西北侧道路转角处，设计了一个高耸的标志物——光之塔。长细比达到12∶1、以半透明材质为主的标志物与长细比仅约1∶3的博物馆形成形态上的对比关系。标志物、博物馆建筑、下沉广场、草坡等空间建构，以不同的形态起伏在场地上，限定了博物馆公园的区域范围，编织出城市中新的人工自然。

博物馆无疑是现代文明的产物，是记录和保存人类历史和文明的容器，也是现代社会人与人之间传递信息、传达情感和思想的文化公共空间。中宣部关于全国公立博物馆向公众免费开放的决定，是中国全面建设小康社会、向现代化国家过渡的重要举措，反映出博物馆在建设民主国家、文明社会过程中的重要作用。含山凌家滩博物馆建设代表着中国内陆欠发达城镇在快速城市化的过程中，寻找自身城市形象和文化定位的渴望，重新拾取自身悠久历史，收获发展信心的努力。因此，从设计之初，我们就把它看成城市发展脉络中的一个重要象征物和纪念物，一首曾经激励过祖辈的古老歌谣在当下的重新翻唱，一个醇美绵长的故事在新时代的再度演绎。如同毕尔巴鄂（Bilbao）的古根海姆博物馆（Guggenheim Museum）一样，凌家滩博物馆传递出的信息也应当是城市振作和奋起的决心和勇气。

我们在进行建筑构思的同时使用抽象的玉龙图案为博物馆设计了一个标志。被抹去诸多附加信息的平面视觉形象，在文脉抽离的状态下显得简洁现代，朴素动人。更重要的是，在附着了厚重的凌家滩文化的前提下，这个简单的标志，具有更为丰富的表义性。“在信息社会，随着艺术思维的扩张，建筑不仅涉及所要建造的东西，而且涉及一种概念的轨迹，涉及来自各个不同学科领域中的概念比较。”[4]在我们看来，无论是考古学中凌家滩玉龙的发现，或是城市营销学中概括形成的平面视觉形象，还是建筑学上的含山凌家滩博物馆实体空间，归根结底都是造型艺术和文化传承发生关联，在某一领域中的外化显现。这种外化沉淀了我们的文化记忆，重现了我们生存环境中的历史遗产。

4. 文博展示

博物馆最终是陈列展品和展现文化遗产的地方，因此博物馆建筑常常被看成是存放陈列品的容器。那么，博物馆这个容器，仅仅是一件客观功能性的存放器皿，如同盛水的量杯一样，还是像精装书籍的封面，它和内容发生关联，透射着一个重要文化事件背后的一个时代的审美趣味和装帧技术高度？随着博物馆空间与现代城市生活联系的日趋紧密，更多人认为它是城市公共生活的一个重要场所，好比一个开放的市民广场，一个获取知识、自由交流的讲堂。持以上三种观点的建筑师都不在少数，当下全球的博物馆建筑设计大都秉承上述某一种或几种观点。

在我看来，博物馆这个容器与普通容器的区别在于，它更多容纳的是以陈列品为核心与纽带的公共文化活动，既不是普通物品，也不是商业展示行为。在这个容器空间中，事实上每天围绕陈列品都在发生生活故事与文化体验。这一点难能可贵。因此它就不仅是一个容纳物，而是一个具有诗性与场所感的空间。“如何在‘容器（container）’和‘内容（content）’之间取得平衡，并植入所处‘环境（context）’是当代博物馆建筑的一大命题。”[5] 由于一切活动的核心是陈列品，所以在博物馆空间中，以何种方式展现陈列品成为空间设计的本质问题。

特殊的造型和柱网排布，在某种程度上限制了含山凌家滩博物馆展示空间的布置。不规则形状的展厅，会对展品陈列产生一些影响。而且建筑外立面开口不多，也影响到展厅内部的自然采光。考虑到凌家滩出土的大部分文物均为小型玉制品，本身对空间尺度的要求不高，也并不过多依赖自然光线。通过处理，可以让环形球面建筑表皮与结构主体之间的缝隙放大，自然形成光线漫射的薄腔体。光线通过在曲面上多次反射投射到展厅内部，可以提供基本的背景照明，这对较低频率使用的地方博物馆节能有积极意义。重要展品的集中照明需要通过人工光源来解决。有较高存放要求的文物展品，需要绝对避免紫外线照射，被安排在半地下空间的展厅内，和展品库房共用恒温恒湿的空调机房。

长期以来，文物遗产的保护和文物展品的展示营销在学界就是一对矛盾的共生体。文博专家觉得文物需要避免一切不必要的外界参观，以利于文物的保存和保护，由此观点出发，博物馆保存、修复、研究文物的功能被强化；旅游开发的学者官员则认为要让文物被尽可能多的人认识了解，这样有利于开拓旅游市场，提高知名度，增加参观收入，才能对文物保护进行更大规模的财政投入，从这一观点出发，博物馆在城市中的形象以及展览方式的创意则更具吸引力。成功的博物馆建筑是调和这一对矛盾的积极场所。它既可以为文物的保存、修缮、记录、整理、研究提供专业化的空间和良好的技术平台，又可以让普通市民与文物进行直接对话和交流，让不同阶层和身份的人在同样的平台上体验和思考，让媒体和观众在亲切宜人的环境中深入解读文物本身的艺术内涵和历史价值，并让这种内涵和价值进一步的传播，文物才能真正成为全人类的遗产。

5. 尾声

凌家滩文明的发现和发掘把江淮流域文明史向前推进了几千年，为今天提供了大量珍贵的历史遗存和艺术作品，让我们生活世界的想象空间进一步延伸，给我们浮躁迷乱的内心以宁静的文化追思。这一切都值得感动和由衷喜悦。事实上，艺术创作是一种文化寻根的过程。瑞士建筑师麦克利（P. Maekeli）说他师承瑞士依山傍水的传统农舍，画家丁绍光也强调他作品中的形象来自于长时期云南的生活经历，以色列国家博物馆的造型更是被设计成以色列国宝“死海残卷”发现时半埋在地下的陶罐形象，从而成为新颖别致的国家文化象征。“正是在博物馆建筑形式被不断探索的今天，正是在博物馆功能作用被重新讨论的今天，对本土文化的爱护与扶持，更是至关重要的。”[6]

我自己也不经意触碰到远古文明的意义，带着自身的体验参与了不同形式却同样脉络的文化空间构建。在有着东方文化痕迹的个体经验融入现代文明的过程中，我们收获了思想，发现了意义，创造了感动。正如著名美籍犹太裔建筑师李布斯金（Daniel Libeskind）说：“城市是由人类的梦想建立起来的。有时候，我们会忘记这一点。”[7] 今天我们要做的，就是让所有人重新认识这一点。

本文图片由 CITYCHEER 提供，照片由程雪松、江健拍摄

参考文献

[1] 沈栖 . 写给“世界博物馆日”[EB/OL]. 东方评论，（2007-05-19）.http：//pinglun.eastday.com/p/20070519/ula2842349.html.

[2] 王路 . 关联的容器——当代博物馆建筑的一种倾向 [J]. 时代建筑，2006（06）：22-27.

[3] 王裕昌 . 博物馆建筑的若干理论思考 [J]. 社科纵横，2004（06）：140-141.

[4] 阳洋 . 信息化与艺术化——信息时代西方博物馆建筑外部形态特征解读 [J]. 南方建筑，2003（01）：72-74.

[5] 王路 . 关联的容器——当代博物馆建筑的一种倾向 [J]. 时代建筑，2006（06）：22-27.

[6] 黄琪 . 从博物馆陈列实践反观博物馆建筑——以瑞士三个艺术博物馆为例 [J]. 中国博物馆，2005（01）：78-82.

[7] 丹尼尔 · 李布斯金 . 破土：生活与建筑的冒险 [M]. 吴家恒译 . 清华大学出版社，2007-12-01.

1	2	3
4	5	6

1. 凌家滩玉龙
2. 展览空间分析（贡博云绘制）
3. 含山博物馆
4. 总平面（单烨绘制）
5. 表皮细节
6. 方案模型

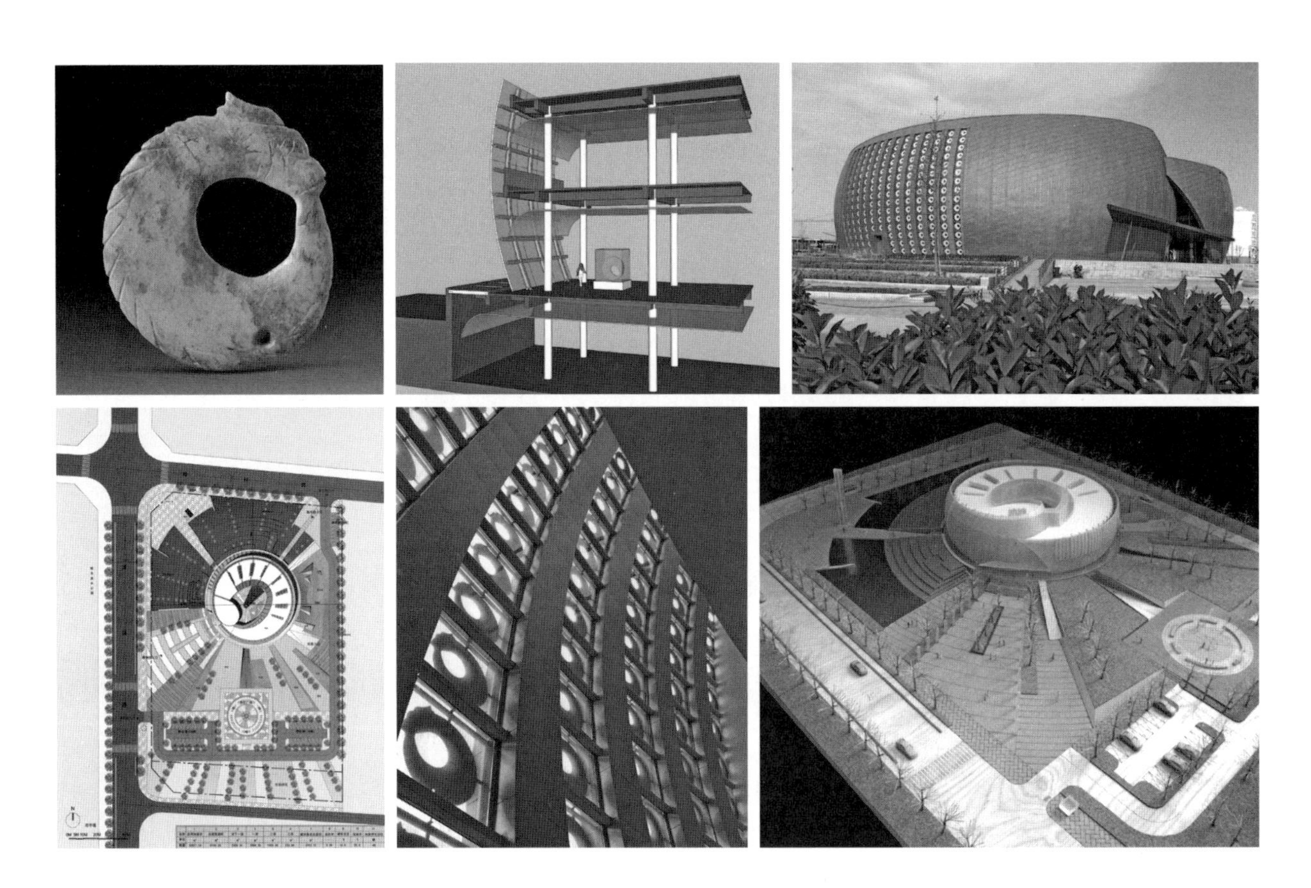

1	2
3	

1. 地下展厅入口
2. 主入口
3. 总体鸟瞰

3.3 变革中的时代 · 开放性的论坛 · 时装化的建筑
——2015 米兰世博会中国馆方案设计

一个统治者会运用某个场馆来反映他的意志以及对未来的理想，这从建筑上也看得出来，例如国会、首相官邸、纪念碑等都是。执政者经常将发展方向、领导人的理想投射在巨大的建筑物上，因此建筑可说是象征时代的精神。如果说巨大建筑是硬件，博物馆可说是体现统治意识的软件的代表。展示的内容及方式包含了领导人的理想。

——野岛刚《两个故宫的离合》

1. 竞赛的背景

2015 年米兰世博会是继 2010 年上海世博会后第一届国际展览局（BIE）认证的 A1 类世博会，是后世博时代中国参加的第一届高级别大规模海外世博会，也是中国首次在海外以新建馆（过去都是改造馆）的形式建设中国国家馆。与上海世博会的主题“城市，让生活更美好”相反，米兰世博会的主题是“滋养地球，生命的能源”[1]，围绕农业和粮食展开。据此，中国国家馆以“农业、粮食、食品、环境、可持续发展”为线索，把主题确定为“希望的田野，生命的源泉”。

2015 年米兰世博会在地球环境发生显著恶化和人类生存发展方式面临艰难抉择的关键时刻举办，以“滋养地球，生命的能源”为博览会主题，是直面现实困境的勇敢回应。在环境和资源两大问题的边界束缚下，在人类生存和发展面临极限的条件下，在世博会的舞台上反思人类发展历史长河中出现的无知和肤浅，积极交流取得的成果和经验，谋求共同繁荣的智慧和力量，应是本届世博会题中之意。

米兰世博会中国馆组委会于 2013 年 7 ~ 10 月委托相关招标代理公司组织了米兰世博会中国馆的方案竞赛，在国际展览局的相关规章制度和 2015 年米兰世博会简章指导下，致力于评选出具有“民族性、唯一性、专题性、可持续性”[2] 特征的标志性建筑方案。

2. 变革中的时代——文化转型

2.1　世博会的作用和世博文化在发生深刻变化

从 1851 年到今天大约 160 年时间，世博会的作用和内涵发生着深刻的变化。第一届伦敦世博会，物质产品相对匮乏，交通运输不够便利，各个参展国家把本国的名优特产品放在一起进行展示和销售，世博会是商品展销会；1967 年蒙特利尔世博会，信息传递相对缓慢，科技进步引领时代发展，科技实力体现国家实力，苏联馆向游客展示了宇宙飞船进入太空的神奇景象，世博会成为科技成果发布会；2010 年上海世博会，在物质产品极大丰富、信息交流无比通畅的背景下，人类面临类似的生存和发展困境，各个参展国家围绕“城市，让生活更美好”的主题，沟通和交流各自城市建设和经营的理念，共同探讨城市化面对的问题，世博会是一个开放的论坛。让世界各国携手互动，探讨和交流共同面临的全球和地域性问题，寻找突破的路径和解决方法，已经成为新时代世博会的核心责任和不二选择。

世博会发展过程中经历的这些变化，除了受到物质资源和技术条件的影响以外，还受到世博文化本身的诱发。从交流商品，到交流信息，到交流话题，沟通交流始终是世博会永恒的主题，是世博文化得以延续的重要支撑。

2.2　中国作为参展方的心态和愿景在发生变化

在世博会历史上，1876 年中国第一次以官方代表团身份参展，新中国成立以后至今共参加了 14 届世博会，但是直到 2010 年才第一次以主办国身份来举办世博会，时隔 134 年终于迎来亲密的牵手。事实上，一个多世纪以来，世博会始终以欧美等发达国家为中心，包括中国在内的发展中国家长期处于世博舞台的边缘。随着中国重新走向复兴，从 2002 年上海申博成功，到 2010 年成功举办世博会，这期间经历了 2005 年爱知世博会，中国完成了从被动参展到主动办展的心态变化，从世博会观众到东道主的身份变化。作为亚洲国家举办世博会，中国为看客日渐寥寥的世博会贡献了 7000 万参观者，中国自身也在角色变化中认识了外部世界，改造了自己的内部世界，丰富了对世博规则的掌握，对城市化进程的了解，也提升了与世界各国沟通交往的能力。进入后世博时代以后，中国必定会以更加包容、平和、自信的心态参展。

2.3 参观者的心理和诉求在发生变化

早期的世博会建立在对外贸易基础上，参观者往往对琳琅满目的海外商品带有猎奇的心态。后来，世博会进入科技化、信息化时代，参观者来看世博会，更多的是为了获取知识，了解世界。进入新世纪以来，世博会成为一个讨论问题、交流观点的平台，参观者来参观世博，更多的是参与主题的思考，与围绕主题的展览进行互动。从这个意义上来说，今天的参观者，已经能够以更加平等的身份、客观的立场和积极的心态参与世博会，参观者也期待就世博主题与世博主办方、参展方进行更有建设性的沟通，就关心的话题进行有深度的交流，通过参观展览获得愉悦而难忘的精神体验，而不仅仅是被动的获取商品和知识。

传统静态、封闭的展览条件下，以竞争性和招徕性为特征的展览方式带给观众的观展体验无疑是疲惫而焦虑的；在新的展览理念引导下，平和与开放的心态无疑应当主导场馆的氛围。轻松、舒适、适合游憩和交流的展览环境反而更能打动参观者。展览主办者和参观者交流的语境从传统说教和灌输式的单向交流正在走向更加平等包容的双向互动交流，分享和启发式的分享交互体验成为参观者乐于接受的交流方式。

2.4 中国的经济社会发展在进行显著转型

随着社会经济的不断发展，随着中国对世界的日益了解，随着中国走向现代化的进程不断加速，中国社会正在从保守走向开放，从怀疑走向自信，从铺张走向节约。经济结构的重大调整、增长方式的快速改变、资源驱动的难以为继、大国崛起的内忧外患、公民社会的逐渐成形都使得以创新为核心的转型发展成为历史必然的选择。社会变革反映在世博会中国馆的建筑设计上，形式语言从 1889 年巴黎世博会的仿古建筑，到 2005 年爱知世博会的传统民族符号，到 2010 年上海世博会的国家权力象征，到 2012 年丽水世博会（A2 类专题世博会）的海洋元素表皮。这一变化的过程虽然偶有反复，但是基本方向不会改变。

经济上贫穷落后的时代，参与世界博览会倾向于展示悠久灿烂的历史文化，通过古老文明曾经有过的成就获得国际角色的存在感,从历史传统中选择文化符号标签来标示自身;作为亦步亦趋的参与者，中国以配角的地位参与世博会，并未试图在世博会的舞台上、在与世界各国的对话中寻求对于人类重大发展问题的话语权；在以主人公角色主办 2010 年的上海世博会上，中国试图在国际舞台上展现强有力的自我定位，展现自信、崛起的国家形象，并且以“城市，让生活更美好”为主题，立足自身城市化的语境，积极寻求与世界各国的交流与对话；在后世博时代，在环境资源受限、增长方式转变的语境中，在新一届中央政府“节俭办博”的理念指导下，面向 2015 年，中国更加踊跃地参与国际对话，和世界各国就人类发展共同面临的问题进行平和、包容的交流沟通，厉行节约，在可持续发展理念引导下，关注世博文化内涵，以不铺张的投资建设成本呈献给世界一个象征转型和创新国家形象的世博中国馆。

2.5 展览建筑审美也在发生巨大变化

1851 年伦敦世博会的水晶宫，代表了当时最先进的钢结构玻璃幕墙技术；1958 年布鲁塞尔世博会的原子球，则是把当时科学最新发现的原子结构模型进行跨尺度呈现；2000 年汉诺威世博会的荷兰馆，把农业灌溉、中水处理、雨水收集、新能源利用等技术集成在一个开放的空间中进行展示，是对可持续问题的生动诠释；2010 年上海世博会英国馆则把塞有植物种子的亚克力管插满建筑表面，形成一个“蒲公英”的建筑意象，传达了“礼物”的美好祝愿，实现了世博场馆建筑的人文美学回归。由此可见，展览建筑审美在由一味强调科学技术走向心理意象的营造；在由新材料、新信息的实践，走向回归人文的集成；在由静止封闭，走向变化开放。

3. 开放性的论坛——演绎主题

3.1 开放主题

首先，中国馆主题“希望的田野、生命的源泉”本身具有开放性。这一主题不仅与米兰世博会主题“滋养地球，生命的能源”相结合，较好地涵盖了农业、粮食、食品、环境等方面议题，而且概括出“希望的田野”这一具体形象，使得世博主题变得鲜活生动。同时，这一主题无论是在历史内涵还是时代特征方面，都能够进行多角度的解读和多方位的演绎。“田野”是我国悠久农业文化和农耕文明得以传承和发扬的依托，也是当代粮食安全、人民温饱问题得以解决的凭借，还是未来农村改革得以实现的抓手，更是中国为世界做出更大贡献、创造可持续发展环境的宝贵财富。因此，中国馆主题内涵隽永，外延丰富，具有广阔的解读空间。

其次，中国馆主题展示的线索也具有开放性。总体展线可以通过三条分线索进行展示，分别是：

自然的馈赠、智慧的反哺、民以食为天。[3]“自然的馈赠”意味着自然文明孕育中国，“智慧的反哺”意味着农业科技改变中国，“民以食为天”意味着健康饮食丰富中国。以中国为参照，与农业文明和农耕文化有关的历史和当代叙事都被这三条线索串联，并且获得发散性的演绎。

再次，中国馆主题展示的内容也具有开放性。以上三条线索分别对应九个方面的展示内容。“自然的馈赠”可展示的内容包括：幅员辽阔、物产丰饶、风光旖旎；“智慧的反哺”可展示的内容包括：技术创新、文化创新、理念创新；“民以食为天”可展示的内容包括：食以安先、中华佳肴、健康饮食。这三条线索、九个方面内容涵盖了农业、粮食、食品、环境等与主题相关的各个方面，但是紧紧围绕着对于人与自然之间的关系的思考，这种思考不妨概括为敬畏自然、师法自然、顺其自然。[4]

3.2 开放设计

首先,中国馆的设计理念具有开放性。由米兰世博会主题“滋养地球”和米兰世博会中国馆主题“希望的田野”联想到土壤，无论是“地球”还是“田野”，表面都覆盖着土壤，土壤孕育和生长植物、动物和所有生命,是生命的源泉;土壤还承载着人类丰收的喜悦、栖居的家园和未来的希望。于是,以“土壤”这一文化意象为核心,以“守望土壤”为主题,构成了本方案设计的概念起点。“守”意味着“热爱”和“保卫”,“望”意味着“认知”和“期待”,“守望土壤”可以解读为对土壤、大地、田野、地球的“认识和了解，热爱和戍卫，期待和梦想”，层层递进的情感主线连接起人与自然。

“五色土”把抽象的土壤进一步具体化。五色土源于中国,象征着神州大地,辽阔疆土。东方青土、西方白土、南方红土、北方黑土和中央黄土不仅具有浓烈鲜明的视觉特征，而且蕴含着故乡故土的乡愁情怀。在世界的舞台上演绎“守望五色土”，把这一珍贵的本国文化记忆呈献给世界，以国际化的形式表达“守望五色土”的意境和氛围，并进而传递出中国人民对“滋养地球，生命的能源”的内涵式理解。

其次，整个设计过程是开放的。全过程始终贯穿建筑、展览、室内、景观园林、视觉传达、电影等六大专业合作和碰撞，是跨领域和文化的交流过程。建筑是最重要的展品，也是中国馆理念的核心载体，更是各种展览交流活动得以呈现的空间容器。展览是目标，演绎着世博会与中国馆的主题。室内设计与品牌形象相结合，界定各功能空间的视觉系统特征。景观园林是表达展览主题的重要手段和媒介，本身也构成展览的重要部分。视觉穿插于空间中，为空间功能定位和展线结构展开服务。电影是除建筑以外最重要的展品，它的脚本内容与影院空间相互交融，彼此增色。这些专业部分在大的设计理念统领下，必须以互相统筹、步调协调的方式整体推进，同时又保持各自的专业特点，满足各自技术要求。

再次，设计语言具有开放性。整个中国馆设计，并不拘泥于中国传统语言和特定的专业技法，而是多学科、跨文化的交融和碰撞的结果。以建筑设计语言为例，钢结构网格和玻璃容器表皮的做法不仅结构清晰、简洁，有临时建筑的特点，消解了传统建筑稳固恒久的特征，也吸收了装置设计的艺术语言；把自动扶梯设计成多媒体的“时空隧道”，接纳了展览设计的语言；在建筑屋顶设计田野，转换了景观农业的设计手法；底层的中餐厅包裹青花瓷表皮，既是对中国传统文化的表达，也具有工艺美术专业的特点；脉动的具有情节性的参观展线设计，融合了新博物馆学的理论和实践成果。

3.3 开放建筑

首先，展线结构是开放的。参观中国馆建筑的过程是一次开放式体验。“守望五色土”方案中整个展线串联起九大展览节点：建筑主体，历史长河，庆典广场，时空隧道，屋顶花园，天地影院，主体展区，青花餐厅，北京世园。其中除了时空隧道、天地影院和青花餐厅因为特殊的功能要求和展陈要求相对封闭以外，其他的六个节点都是开放与半开放的，这样由展线结构组织起来的展览体验是基本开放的，参观者在整个参观过程中可以看到世博园周边的风景、闻到花卉和农作物的清香、感受到米兰春夏季干燥的气候和凉爽的清风、体会到展品、环境和心灵的互动。

开放的展线也符合当代世博展馆建筑特征和潮流。比如 2000 年汉诺威世博会的荷兰馆，2005 年爱知世博会的日本馆，2010 年上海世博会的藤头案例馆以及 2015 年米兰世博会的奥地利馆等。在气候条件比较优越的地区，采用尽量减少人工干预气候的方法，可持续的逻辑上可以获得更多的比较优势，同时也能够舒缓参观者的心情和参观节奏，让绿色生境与人工展示有更好的结合。

其次，展厅空间是开放的。“守望五色土”方案中，主要的展示空间包括：屋顶花园序厅和“自然的馈赠”展区，二层的主展区“智慧的反哺”和“民以食为天”，以及离开中国馆时路过的推介 2019 北京世园会的“绿色生活、美好家园”展区。二层主展区是半开放的，其他展区均为全开放。这样参观者在欣赏展览时，不会有封闭空间的闭塞感，而是可以在米兰的旭日微风中获得关于“农业”、“希望”、“生命”等世博话题的体验。二层主展区大约 1500m^2，空间内部不用设空调，通过建筑立面上的“五色土”容器遮阳，较好地践行了世博会“回归自然”、“可持续发展”的生态理念。屋顶花园展示农耕田野，水田、麦田、稻田、茶田、葵田等代表农业景观的田野形态在此呈现，在米兰炎热的夏季还可以起到隔热的作用；底层的“绿色生活、美好家园”展区在约 1000m^2 的范围内集中展示北京园林景观，并以果园、花园、草药园、盆景园、美好家园等五方园集中体现中国和北京的园林内涵，传递“北京欢迎您”的展览意图。

再次,主体建筑具有开放的形体和表皮。主体建筑底层由钢结构柱架起 7m,俯仰之间,创造出“守望”的意向,而且呈现出开放性的形体姿态。底层架起的灰空间作为等候观演区使用,不仅起到遮阳的作用,减少对基地空气流动的阻挡，拓展了视线，而且增加了开放性的室外农作物展览面积。架起的建筑主体呈方形，外表面覆盖着钢结构网架，由约 4 万只圆形“五色土”容器填充 10cm × 10cm 的网格，形成开放而又具有丰富质感的建筑表皮。透明容器过滤光线洒向地面,形成斑驳的光影,可以有效地遮阳,而且在立面上形成凸出凹进的起伏效果，创造出独特的表皮美学。建筑内部的参观者也可以通过网格间隙眺望室外园区景色。

最后，建筑的共享服务空间有开放性。建筑内部的共享服务空间包括入口等候区、垂直交通空间、贵宾室、餐厅、厨房、纪念品商店、办公区、卫生间等，除了贵宾厅、厨房和卫生间等有特殊私密性需求的空间以外，其他所有共享服务空间都突出开放性。空间的开放性体现在视线的通透、光线的进入和空气的流动等几方面，以保证空间与自然的交融，体现人与自然和谐共处的理念。而这里的空间开放并不是以牺牲实用功能为代价的,比如占地面积约 800m^2 的餐厅,既是“民以食为天”的展览延续,又是中华美食文化的鲜活体验，更是中国馆服务的窗口形象，未来将外包给专业餐饮企业运营。餐厅外部设室外就餐区，内部设夹层包房区，以体现中餐开放与私密兼具的特点。

4. 时装化的建筑——表达个性

4.1　临时建筑

相对永久建筑而言，世博会国家馆是临时建筑，生命周期为大半年。结束后需要被拆除，材料需要可回收，场地需要被复原。在国外参加世博会建造场馆，如同展览布展一样，建筑建造的速度和建筑拆除后场地复原的速度要求都很高，这就意味着建筑主体结构应当尽可能简单、轻盈。“守望五色土”

方案采用规则建筑造型、9m柱跨的模数制轻钢结构体系可以适应这种效率要求。另外，建筑拆除后的主体材料可以回收利用，这也大规模地节约了海外办展、垃圾处理的高昂成本。建筑表皮上盛装五色土的玻璃容器，可以作为纪念品销售或者馈赠给参观者，既可以把“五色土”文化传播到欧洲和世界，更极大减少了材料回收成本。

4.2 视觉建筑

世博会是一场秀，世博会国家馆在约200个场馆中应该自我表达，把握住参观者到来的短暂时光，让人难忘。打动参观者的视觉——动眼，是国家馆建筑设计的基本要求。造型和表皮材料是中国馆建筑吸引参观者眼球的主要媒介。“守望五色土”方案采用架空的规整方盒子造型，表达“托起土壤”的触觉感受同时，意在返璞归真，以单纯质朴的造型语言从复杂张扬的博览建筑群中脱颖而出，创造不同的视觉体验。屋顶花园的起伏错落和底层架空部分造型多变与主体造型的简洁形成对比，加强了建筑的展览表现。盛装五色土的容器覆盖的建筑表皮可以摆放出凹凸起伏、阡陌纵横的立面造型图案，让人联想到田野和大地，通透轻盈的包裹也让内部空间的图景渗透到室外，立面的质感更加丰富生动。明亮晶莹的玻璃容器与粗糙原始的土壤形成对比，也强化了建筑表皮的戏剧效果。另外，在场地空间景观园林的处理上，也着力强化主体建筑的视觉表现力，烘托展览氛围。

4.3 品牌建筑

展览建筑通常要有明确的品牌形象，便于商业化运作和推广。世博会的国家馆建筑形象会高频率出现在各种媒体和宣传资料中，受到商业品牌的关注和追捧。国家馆的视觉标志也是国家馆建筑形象的抽象印记，其图案会与国家馆的商业合作伙伴的企业标识一起出现，从而为赞助企业进行品牌推广。很多世博国家馆的建筑造型语言抽象单纯，形象具有标识性，这也就便于被广泛传播。“守望五色土”方案考虑到展览建筑这一特点，同构化进行建筑设计和视觉形象设计，中国馆的品牌标识体现出中国馆建筑底层架起、方正造型、土壤表皮等三个特点，采用红、绿、黄三色象征中国、自然、丰收的文化内涵。这一标识还可以被转化成为具有标识特征的二维码，并把农耕劳动的人物形象融于其中。吉祥物“田田、园园”的创意设计也来源于建筑的开放展览对象和展览空间——屋顶五垄田和地面五方园。

4.4 体验建筑

在昙花一现、游客如织的世博会中，一个成功的国家馆建筑，需要给参观者带来非同寻常的参观体验和难以磨灭的灵魂记忆。在“守望五色土”中国馆方案中，无论是天地影院中天幕、地幕、人幕和全息幕四维呈现的震撼影视体验，还是主展厅中调动色香味觉感官带来的逼真展览体验，无论是建筑和标识一体化、纯粹化、时尚化带来的给力品牌体验，还是建筑内外部情感和理性交织带来的丰富空间体验，无论是田野、园林等景观在有限空间内集成浓缩、与展览交融带来的优美风景体验，还是开放建筑、开放展览、开放话题等环节带来的舒适开放体验，把全方位的体验整合在有限的时空中，以扣动参观者心灵。最重要的是，这些体验并不是以生硬、粗暴的姿态强加于参观者的，而是与设计主题有机交融，与设计理念丝丝入扣，并潜移默化进入参观者的脑海和内心的。这种体验方式并不跋扈，也不激烈，在纷繁缭乱的世博舞台上，却有可能获得较好的成效。

5. 结语

最终，经过两轮方案竞赛，“守望五色土”方案在专家评审中，以极微弱的分差，获得第二名。清华大学出具的“麦浪”方案获得第一。虽然遗憾这个方案未能代表中国在米兰建造实施，但是业主和专家一致认为该方案国际化的表达、谦虚平和的姿态、准确生动的主题演绎和合理化的建造拆除模式，给大家留下深刻印象。作为主持方案设计及深化全部过程的一员，笔者认为中国在目前的社会文化转型期，在极力张扬国家形象和平等参与世界议题两个不同方向上，会有越来越多的思考，也会产生更多不同的取舍和选择。“守望五色土”方案不仅推动了这一思考的可能，而且其建筑学和展览、景观、媒体、视觉等多学科交融和互动的状态，其跨文化实践的过程，也代表着学科的开放度和建筑实验性可能所及的领域。

本文图片由 NITA 和上海大学上大建筑设计院有限公司提供

参考文献

[1] 2015 年意大利米兰世博会中国馆组织委员会 .2015 年意大利米兰世博会中国馆设计施工技术规范 [S],

2013-07.

[2] 2015 年意大利米兰世博会中国馆组织委员会 .2015 年意大利米兰世博会中国馆设计施工技术规范 [S]，2013-07.

[3] 2015 年意大利米兰世博会中国馆组织委员会 .2015 年意大利米兰世博会中国馆设计施工技术规范 [S]，2013-07.

[4] 荷兰 NITA 设计集团，上海大学上大建筑设计院有限公司 .《2015 米兰世博会中国馆设计方案》文本 [S].2013-09.

<table>
<tr><td>1</td><td>2</td><td>3</td></tr>
<tr><td colspan="2">4</td><td>5</td></tr>
</table>

<table>
<tr><td>6</td></tr>
<tr><td>7</td></tr>
<tr><td>8</td></tr>
</table>

1. 华夏五色土（程雪松，李露绘制）
2. 吉祥物——田田、园园（陈斐绘制）
3. 世园会 Logo（陈斐绘制）
4. 展馆和开放空间效果图
5. 模型（表皮）
6. “民以食为天”展区（创捷传媒提供）
7. 4D 影院“天地人”（创捷传媒提供）
8. 屋顶田园展区效果

3.4 东方情韵　世界表达
——跨文化展览环境设计实践与思考

即便是最忠实原作的翻译也是无限地远离原著、无限地区别于原著的。而这很妙。因为，翻译在一种新的躯体、新的文化中打开了文本的崭新历史。

——雅克 · 德里达（Jacques Derrida）《书写与差异》

1. 引言

一切展览活动都起源于人类炫耀的本能。从求偶时的啼鸣，到欢聚时的表演，乃至招徕时的秀逗，大抵都可以归结为这种炫耀的表达。现代展览以传播为主要目的，意义、价值和观念通过展览活动得到扩散，展览和生活的关系也日益密切。就传播的对象和内容而言，现代展览可以分为商业展览、文博展览和国际会展等类型。其中国际会展活动尤以国际展览局（BIE）审批、注册的世界博览会、世界园艺博览会和米兰三年展最受关注，因其事关人类发展的明确主题——如世博会围绕人与科技，世园会围绕人与自然，三年展围绕人与创造——得到各国政府的响应和瞩目，尤为重视理念的传播、问题的探究、文化的交流。

中国参加世界性的展览活动经历了从参与到主办再到协同的渐进发展阶段，参展角色也经历了边缘—中心—同心的变化。尤其是经历了2010中国上海世博会和2015意大利米兰世博会，我们开始意识到世界博览会并非力量炫耀的舞台，而是交流对话的开放论坛。沉淀千年的东方哲学需要通过平等友好的沟通获得体现，并得到互信和认同。作为主要沟通形式的展览设计语言，需要通过国际化的表现形式和缤纷的设计色彩进行传达，从而彰显意义，延伸传播力。

荷兰NITA设计集团（简称NITA）自从1999年进入中国以来，一直活跃在国际大型展会设计的前沿。从展览型公园、绿地设计，到展览场馆策划、规划，再到展会景观提升，始终坚持跨文化的思考和表达，把东方传统文化和哲学通过国际化、现代化的形式进行呈现和传递。本文通过对其相关作品的整理解读，提供一个面向未来的国际展览设计新视角，推动此领域从理念演绎到表达方式的进一步拓展。

2. 展览公园

长期以来，以世博会和世园会为代表的大型国际展览会被认为是城市谋求转型发展的着力点和依托。自从1999年云南昆明举办A1类世园会后，我国相继于2010年举办A1类上海世博会和即将于2019年举办A1类北京世园会，其他由地方政府举办的A2、B1类展会更是不胜枚举。这些大型国际展览会由于在展期内承载了千万级参观客流，需要创造性解决微气候疏导、人流疏散、变化的展览支撑系统、多样化的展线组织、与城市可持续的融合等关键技术问题。同时作为开启城市进步之门的钥匙，环境中的自然山水、地标构筑、历史遗产都将融入展览，成为最重要的时空展项。

黄浦江畔世博公园是NITA于2006年赢得国际竞赛并完成深化设计、2010年进行管控实施的大型展览公园项目，是世博会期间世博园核心区内的公共活动区和标志性景观区，是能容纳高密度客流的展览型绿地，也是与城市绿地系统衔接的中心城区大型滨水公园。它位于浦东卢浦大桥下，占地29hm^2。设计把握了上海泥沙冲积成陆的特征——“滩”的形态整合水体、道路、设施、绿化等要素，把握场地窄长略弧且因防洪要求从江面向城市道路自然抬升的特征——“扇”的意象组织扇骨状引风林引导江风，以“滩”和“扇”的两层空间设计结构，实现了具有显著中国江南水乡地域特征的扇面山水景观构成。用渐变的植物色彩对应不同层级的空间能量，唤醒了潮汐涨落的宇宙原力，回归了上海“滩”的形态意象。而且公园疏林草地、带状花卉的形式（这一点更接近欧洲园林的特征），解决了夏季导风、视线通透和交通疏散的具体问题，符合场地功能和人群活动的需求。“‘世界的品位，中国的韵味’是公园设计的魂魄所系。”[1]

2019北京世园会选址策划和概念性规划设计，是一次关于京派都市文化国际性表达的探索。世园会选址在北京延庆八达岭长城脚下，围栏区面积约503hm^2。为了回应延庆河谷地优美的自然环境和地方发展园艺产业的需求，把时间要素纳入规划思想，采用会前素颜、会中浓妆、会后卸妆的动态规划理念对应保护环境、举办盛会、建设新城的三大设计目标。同时把国粹京剧脸谱中的色彩体系纳入展览规划，分别用不同的色系来表达不同的展览服务体系，如：装配式道路铺装用黑色系，可更换的植栽花卉用绿色系，多媒体展览互动设备用蓝色系，服务性建筑构筑用黄色系，非永久性的展园用红色系等。这些缤纷的色彩在盛会期间展现了北京热烈欢快的表情，而会后展览服务体系拆除，盛会妆容褪去，又还原绿水青山的自然环境。规划设计重点厘清了园艺博览会和园林博览会的差异，园艺更加轻松开放，贴近生活；园林更加内敛厚重，承载文化。园艺和戏剧、园艺和色彩相结合的处理方法不仅突出体现了中国传统特色，而且浓墨重彩的效果也形象表达了“园艺中的生活、自然界的展演”这一世园会特点，喜庆而又生动。

2014 年 NITA 赢得了江苏省园博会整体概念规划竞赛，2016 年完成了它的核心区设计实施。园林大省江苏在本届园博会中以“真山真水新园林”为主题，选址在苏州吴中太湖之滨，总规划占地面积为 236hm^2。规划理念从象形文字“山、水、园”的笔画意境出发，以“山”为骨（交通）、“水”为脉（水网）、“园”为肤（展园），建构了整个园博园的展览空间，同时把太湖和东、西山自然风景以及吴中村落民居人文风景都纳入展览，呈现出生动立体的新园林风貌。规划没有采用传统园博会的单一游线结构，而是采用主辅双线结构，主线串联了入口区、山主题区、水主题区、园主题区、江南民居主题区、郊野风光主题区等六大主要片区，辅线则围绕生产中的园艺、生活中的园艺和生态中的园艺展开，采用大三环快速游线和小三环深度游线相结合的方式，提供给游园者多样的选择和丰富的体验。

以上几个展览公园案例，既有建成作品，也有概念方案，其共同特点在于极力挖掘地域文化和传统文化精华进行抽象的构思和形象的表达，把握高密度客流展览公园的核心技术要素，与概念意象巧妙契合，把周边自然山水吸纳入园，作为主题性的特色展项，并且以现代斑斓的图案形式和色彩语言进行全面呈现。

3. 展览场馆

在大型国际展会中，展览馆（园）是人流、物流、信息流聚汇的焦点，不仅浓缩了许多游客的观展体验，而且被认为是关于展览主题的第一件展品，寄托了主办国的理解和想象，更需要获得参展国的认同和期待。其中，世界博览会的国家馆建筑承载了国家形象观念的变迁。中国馆设计就经历了从传统建筑或者器物形象向时装化建构形象的转变,从记录永恒性到凸显媒介性的转变。当代世界展会中，国家馆更需要在介质建筑和传递价值之间找到平衡点。在新常态下，地标性已经不再是衡量场馆建筑的单一维度，场馆装载的内容、场馆的会后可持续性和结构规模上的弹性需求受到更集中的关注。

2011 年完成设计方案、2012 年实施建成的荷兰芬洛（Venlo）世园会（FLORIADE）中国馆（园）占地 1500m^2，以苏州拙政园中的远香堂为雏形，结合亭、半亭、迂回长廊、曲桥连亭、太湖叠石、漏窗、山墙、园路铺装、池塘、植栽等，体现“融入自然舞台，体会品质生活”的世园会主题。为了在江南私家园林的空间型制中展示中国最具代表性的园艺产品和园艺成果，精心挑选了 6 种主题花卉分时段进行了 6 次主题展览，分别是牡丹、杜鹃、绣球、盆景、荷花和睡莲、菊花和大丽花，不仅保持了私家园林本身的空间完整性，而且通过花卉的生命感营造出不同时令的风景意象，从而形成一个“四维”的生动展台。国际园艺生产者协会（AIPH）前主席杜克 · 法博（Doeke Faber）称这里“能感受到平和，感受到和谐，感受到中国”[2]，是“最具特色的国家展园”[3]。中国馆（园）因为受到广泛认可而获得世园会最高奖——绿色城市奖。会后中国馆（园）不仅被保留并作为礼物送给荷兰，而且被改造成一个抑郁症患者的康复之家，以其独特的东方和谐形式为荷兰造福。

2013 年完成的米兰（Milan）世博会中国馆概念及深化设计方案为了回应“希望的田野、生命的源泉”的中国国家馆主题，以“华夏五色土”的理念为设计切入点。在 4590m^2 的狭长用地上，主体建筑并未追求夸张的造型，而是以腾空架起的立方体朴素形式确保充足实用的服务空间和展陈空间面积。立方体表皮上覆盖盛装五色土壤（取自中国）的玻璃瓶，形成建筑立面起伏斑斓的独特效果，表达了华夏儿女与祖国母亲血脉相依的情感渊源。参观者先在架空层排队，然后通过直达屋顶的自动扶梯来到开放的空中田园展区，再拾级而下依次参观梯田影院、主展区和青花瓷餐厅，体验“自然的馈赠、智慧的反哺、民以食为天”等分主题，最后经过“2019 北京世园欢迎您”主题景观区离开。展线结构清晰，展览内容充实，展览形式紧扣主题，设计表达深沉隽永，不落俗套。会后装有五色土的玻璃瓶可以和特色植物种子一起作为纪念品出售，让来自中国的祝福在世界各地生根开花；轻钢结构建筑主体可以拆卸循环利用，中国馆从而完成它生命周期的价值，场地重新归零。这也较好体现了“节约办博、可持续发展”的理念。“五色土”方案在形态上较为内敛，虽然在当年国际竞赛中评委最终选择了更加外向的“麦浪”方案实施,但是“五色土”的展览意象和内涵得到主办方中国贸促会的较高评价,认为“其国际化的表达、谦虚平和的姿态、准确生动的主题演绎和合理化的海外建造拆除模式”[4]，代表未来国家展馆设计方向。后来在中国馆实施方案的顾问咨询工作中，设计团队也坚持把中国传统元素和民族文化符号用现代形式进行表达的理念，极力避免时尚现代的中国馆被诸多复古符号拼凑杂糅的倾向。

2015 年完成的 2019 北京世园会核心场馆的策划咨询研究，重点梳理了世界园艺博览会发展的整个历史脉络、北京世园会展览体系的组成、展览规划的分区布局、核心展馆和展园的定位、园艺储备区的服务体系等问题，重点从主题演绎、功能布局、分区流线、展陈要点、空间结构、设备需求、造型意象、生态节能、后续利用等方面诠释和论证了五大核心场馆的必要性和可行性，为下一步相关深化设计工作的开展奠定了较为扎实的基础。其中国际馆（即主场馆）展示的主要内容包括：部分园艺大国（如荷兰、日本等）的园艺、参展预算有限或本国地理位置特殊、气候极端的国家（如冰岛、东非等）的园艺、首次或较少参加国际展览、海外展览经验较少的国家园艺。中国馆展示的主要内容包括：中国的园艺发展历史、中国的高科技园艺新品种、相关园艺知识的普及和传播等。其他演艺馆、生活体验馆、植物馆等也分别界定了其内容、功能、规模、形态和后续利用建议。在造型上，这些场馆也应该有别于传统的封闭式或者地标式设计，以开放、通透、绿色为主题引领新的生活方式和审美潮流。比如由北京建筑设计院创作、NITA 顾问设计的植物馆方案中，就以中式盆景为设计意象，把种植多纬度植物的大型温室穿插并列在园墙围合的圆形场地内，让室内外植物既分隔又交融，通过步行桥串联参观者的游线，形成"拢天地为圆、化山水入梦"的新中式空间意境。围绕世园会的内涵主题和五大核心场馆的展陈特点，还为每个场馆策划设计了代表各自特点的园艺产品作为吉祥物。作为世界园艺生产者协会（AIPH）主办、BIE 注册的 A1 类国际级展会首次在中国北京举办，需要把国际展会的规范要求和中国对未来人居方式的憧憬和诉求有机结合，这也是本次咨询研究的主要意义所在。

以上展馆设计和咨询研究案例，聚焦于对世界级展会的核心场馆进行策划、规划、设计和运营方面的思考。随着中国以崛起的大国形象越来越频繁地出现在国际舞台，一方面展馆应匹配这一形象，承载世界和国人对中国的想象；另一方面展馆也不能再沉湎于怀旧复古的历史情结，或者固守传统的地标建筑思维，而应该更多关注展陈的内容和主题、场馆全生命周期的运营维护和后续利用，以及具有当代性的崭新国家内涵的传达和拓展。

4. 会展提升

除了国际性的展览，还有关于特定议题的国际性会议论坛，同样需要通过形态、图案和色彩创造空间焦点。作为相关国家首脑云集的活动，重要空间需要国际化的表达，展览效果需要与媒体宣传和镜头画面相契合。为了营造节庆的气氛和缤纷的效果，用柔性缤纷的花卉植物作为会议现场的装点和提升是较为理想的材质媒介，不过在使用上仍需遵循季节和气候的客观规律，尽量避免盲目追求视觉效果、运用反季节鲜切花卉的极端做法。

2014年完成的APEC峰会北京雁栖岛环境提升设计，结合了雁栖岛主体建筑的唐风汉韵，提出了环境提升国际化、多彩化、可持续的策略。其中，国际会议中心主广场带状简洁的花田图案成为整个设计中的亮点，既烘托了国际会议氛围，又营造了生态、多彩的会议环境；具有荷兰特征的花田景观携手中国建筑风格的设计语言，融合了轻盈和雄浑，缤纷和清雅，现代和古朴，诠释了本届峰会“携手共圆亚太梦”的主题，赢得了国内外元首和来宾的好评。

2015年完成的上合组织峰会郑州郑东新区如意湖环境提升，是在山寒水瘦的隆冬季节做的景观设计。在以郑州会议中心为核心的5km^{2}的区域内，设计通过在黑川纪章规划的如意形水系重要节点装饰花环、花门、花径、花球等景观，丰富了如意的工艺细节，强化了如意的蜿蜒姿态，演绎了“万国光彩，和合天下”的设计主题。同时采用交替呈现的红黄蓝纯色花境，传达了开放多元的会议氛围。总体设计严格控制了鲜切花用量，力图呈现一届坦诚、务实、热烈的盛会。

大部分国际会展活动的环境提升，都是在设计实施时间极为紧迫的情况下进行的。前期设计通常并不知晓主游线的安排，也难以精确预测会议当天的天气情况和景观气氛。因此，会展提升需要对现场环境迅速做出回应，把握地域和历史文化中的重要特征和脉络，以简洁、有效、易行的手法，结合媒体和安保等要求，进行国际化的演绎，使会展环境面貌得到全面的提升。

5. 结语

在国际交流日益频繁、渐成常态的今天，在中国已经成功举办多次世界级展会，即将举办2019年北京世园会和2022年北京冬季奥运会的背景下，国际大型展览会的举办已进入新的发展阶段。一方面中国已经告别贫穷落后，正在迈向全面复兴；另一方面在国际舞台上，中国也在扮演举足轻重的角色，参与、推动甚至引领新的理念价值和国际潮流。在此客观条件下，NITA参与的国际展览设计更多地致力于深入理解展览举办地的历史文化，将它与东方式的哲学思考和世界性的表现形式相结合，并最终在国际舞台上精彩呈现，引起各国观众对展览主题的关注和认同，进而促进各国人民对影响人类未来的议题进行有效的沟通和互动。

这些作品和经验也表明，现代大型国际展览设计需要相关设计师和设计团队不仅要有丰富的展览设计经验和深入细致的执行力，还应具备“两脚踏东西方文化”（林语堂语）的跨文化思辨能力；不仅要有对于时代潮流、国际语境敏锐的感悟力和表现力，更应具备坚实丰厚的本民族文化哲学底蕴。鲁迅说过：“外之既不后于世界之思潮，内之仍弗失固有之血脉，取今复古，别立新宗。”[5] 在以中国为文化主体和价值载体的国际展览会中，“东方情韵，世界表达”应当是未来演绎和设计的切入点和归宿，坚守现代性与民族性相统一的文化立场是时代赋予设计师的使命。

本文图片由 NITA 提供

参考文献

[1] 戴军 . 2010 年上海世博园区绿地景观 [M]. 北京：中国建筑工业出版社，2010.

[2] 潘治 .“中国园”惊艳亮相 2012 荷兰世界园艺博览会 [N]. 新华网，2012-04-04.

[3] 张引潮 .2012 荷兰世界园艺博览会“中国园”正式开园 [J]. 林业经济，2012（05）：57.

[4] 程雪松 . 开放的世博展览空间设计 [J]. 公共艺术，2014（03）：42-51.

[5] 鲁迅 . 鲁迅全集 [M]. 北京：人民出版社，1981.

2019 北京世园会方案鸟瞰效果

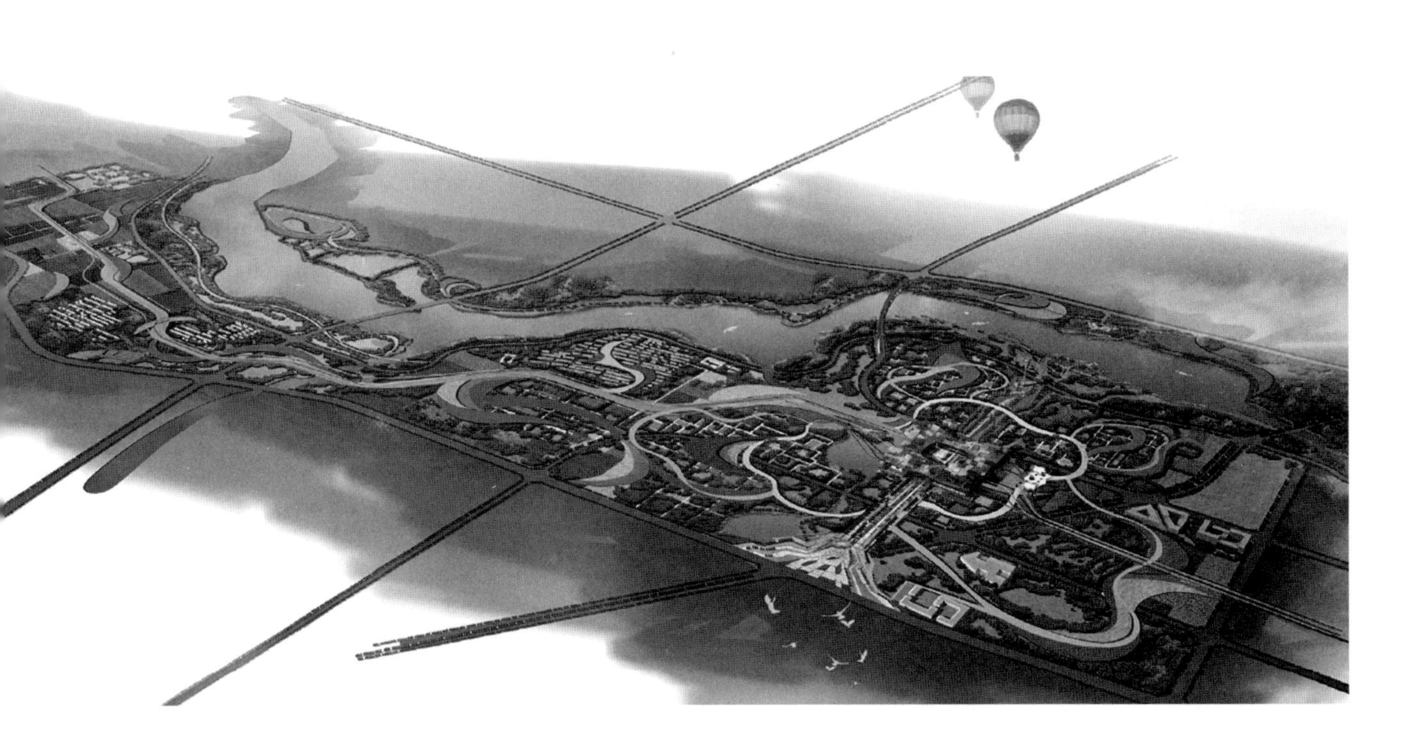

1	3
2	4

5		
6	7	
	8	

1. 2019 北京世园会方案概念草图（Niek Roosen、贺炜绘制）
2. 脸谱向展览体系的演变（程雪松，计璟绘制）
3. 世园会吉祥物设计（计璟绘制）
4. 会前、会中、会后空间演变（程雪松、计璟绘制）
5. 场地肌理（王冰绘制）
6. 世园会核心建筑效果图
7. 肌理表达（王冰绘制）
8. 空间层次（王冰、胡轶绘制）

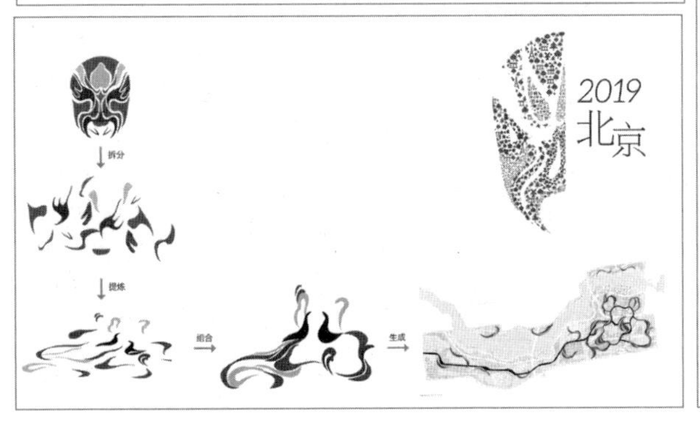

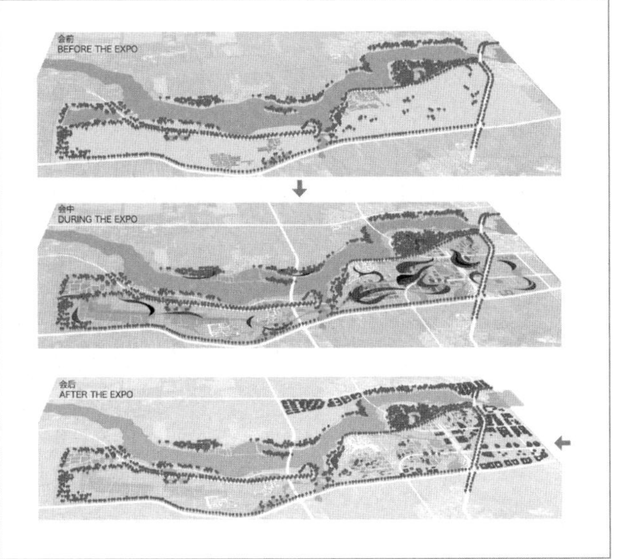

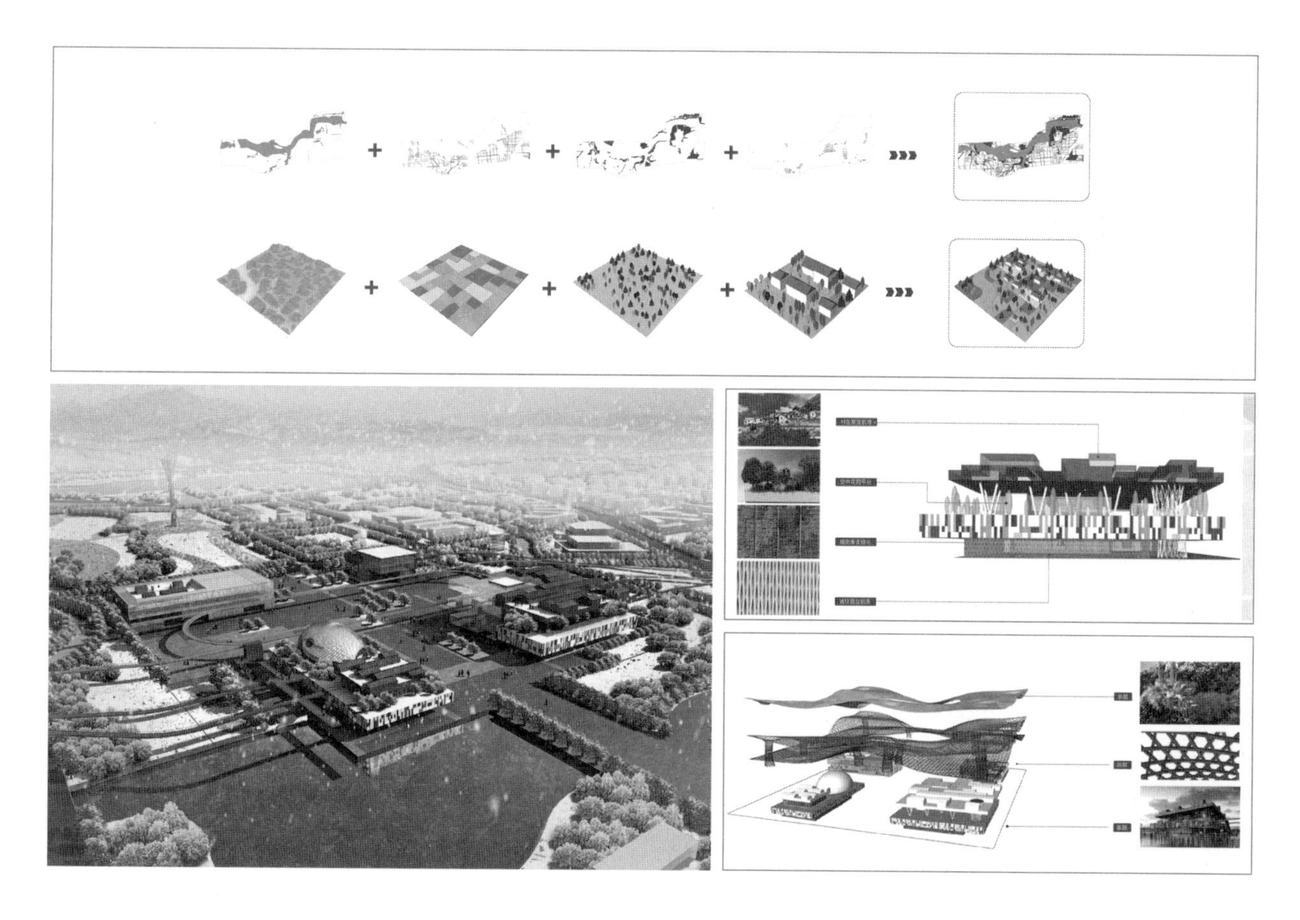

3.5 展览化城市

所有这些宣言的共同之处在于完全集中强调纪念性和表面化，强调建筑作为一种权力的象征。而与之相应，规划几乎完全没有在意更为广阔的社会目标。这就是为了进行展示的规划，作为剧场的建筑，设计的意图就是要给人留下印象。

——彼得·霍尔（Peter Hall）《明日之城》

全民直播时代，空间从生活背景走上“晒光阴”的前台，成为随时互动的屏幕秀场，空间的深度感被扁平化消解，整体感被碎片化取代，城市正在从生活化走向展览化。

许多世界城市的重要空间，已经被各色媒体消费，成为名片化、符号化的存在。纽约的时代广场，高密度的大小显示屏、霓虹灯和川流不息的人潮，让你呼吸急促、心跳加速，当你在大屏幕中寻找自己时，好像整个世界的聚光灯都在聚焦你的身影；当你在第五大道漫步时，刹那间混淆了现实和虚拟的界限，各种本应在屏幕上出现的品牌和大片成为建筑的皮肤，一起涌到你的身边，你面对的好像是整个消费主义世界；从拉德芳斯沿着香榭丽舍大街走向卢浮宫，沿途一处处节点地标都让你忍不住自拍，乘船沿着塞纳河漫游，两岸的所有奇观都让视觉尽享饕餮；站在鹿特丹的天鹅大桥边，可以感受昔日世界第一大港的风采，骄傲的欧洲桅杆高高耸立，仿佛还在追述世园会的前尘往事；东京的六本木，如同是一条张牙舞爪的垂直空中街道，高空的美术馆、剧场、教堂和硕大的蜘蛛雕塑、穷形尽相的街道家具，都在开启你的发现之旅；汉堡音乐厅，冰山般的造型傲然耸立，又如同港口的浪涛汹涌，直通八层天台的巨型自动扶梯、俯瞰海港的高空露台和层峦叠嶂的中央观众厅，都在表达汉堡崛起的信心。所有这些世界各地的超级地标，无一例外地展示着城市发展的功绩，营造着超级城市博物馆，把主人变成看客，把来访者变成传播者，把主角变成群众演员。

中国改革开放以来四十年发展比西方有过之而无不及。奥运城市北京和世博城市上海都是炫耀的大舞台。北京奥林匹克公园沿着京城龙脉徐徐展开，鸟巢和水立方的建筑表皮早已成为时装化的存在；

上海陆家嘴的天际线不断被改写，东方明珠、金茂大厦、环球金融中心和上海中心次第登场，更高不是梦，技术不是事儿，高层建筑下的穿堂风声成为最劲的背景音乐。世博园更是世界上最昂贵的舞台之一，永久建筑貌似临时，临时建筑却成为永恒。其他如举办 G20 峰会的杭州、举办园博会的苏州，甚至举办互联网大会的乌镇，其城镇空间都在变得越来越布景化、装置化、浅表化，在高地价、高房价、高租金的价格高位，城市舍得进行大刀阔斧的削骨拉皮，化昂贵的妆容，只为了镜头前的惊鸿一瞥，为了转发的流量和粉丝的点赞。“明星荧荧，开妆镜也；绿云扰扰，梳晓鬟也；渭流涨腻，弃脂水也；烟斜雾横，焚椒兰也。”[1] 正是当下展览化、舞台化城镇空间另一面的生动写照。

展览原本是作为一种传播途径和交流方式，是以人的接受为核心的信息交互过程，包括策划展览、设计展览、呈现展览、评价展览、延伸展览等环节。如今它早已从封闭的传统展厅空间，走向开放的现代城市空间。当下城市决策者和运营者通常认为：展览活动是激活城市空间的重要手段；展览会是提升城市影响力的重要依托；展览空间是进行城市更新的重要载体；展览文化是塑造城市魅力的重要媒介。展览作为一种诱因、途径和目标促进城市的振兴，也在改变城市面貌。

展览的本质是猎奇、炫耀和传播，这是根植于人性深处的动力之源。以上海为例，随着每一片区域被关注，其估价便会被拉升，为了于国于民有所交代，其展览化经营的结果便无法避免。反之亦真。为了拉升估值，也需要进行展览化的城市建设，从而吸引流量，衍生价值。

· 展览活动是激活城市空间的重要手段

举办两年的“上海城市空间艺术季”①不仅把上海城市空间艺术的相关案例进行集中性的呈现，更大的作用在于激活了原本衰败的城市空间。比如徐汇滨江的一系列空间展示活动，把原本荒芜的油罐空间、煤码头、飞机修理库、冲压车间等改造成艺术馆和画廊，并把黄浦江沿线的户外场地更新为集展览、休闲、活动为一体的城市文化开放空间。今年的城市空间艺术季将延伸到浦江东岸，伴随着东岸慢行体系全线贯通，把新华、民生等码头仓库区域和杨浦大桥下的工业仓储空间转化为公共艺术走廊。江边的塔吊、粮仓、大型设备均将实现艺术化再生，与滨江开放空间一起紧扣时代脉搏，拥抱市民生活。当然，要想激活整个城市，不能仅仅着眼于浦江两岸的滨水核心区，更需要关注社区、绿地、街道和商业空间，比如 2008 曹杨公共艺术展和曹杨新村地区居民的互动，又比如在大多数商展策展人心目中 K11 地下展廊和月星环球港博物馆已经成为上海商业展览最佳举办地，有着可靠的“票房”保证。未来越来越多的民间展、开放展、商业展将会补充和完善老旧的学术展和官方展体系，形成展览网络在时空中的协同，打造设计之都和展览城市。

· 展览会是提升城市影响力的重要依托

举办世界级大型展会是城市影响力提升的手段。2010年，为期半年、参观人数达到7000万、超过200个国家和非政府组织参展的上海世博会，不仅把上海黄浦江边的大型工业用地置换出来，而且为黄浦江创造出世界级的文化水岸，将上海的城市影响力极大提升，让上海从区域城市迈向世界城市。今年，国际展览局BIE特许世博会博物馆永久落户黄浦江边，这也让世博文化扎根上海，让城市剧本乘着世博的翅膀声名远扬。同样，上海时装周、上海电影节、上海马拉松、上海方程式等国际节事活动也在打造自身影响力的同时，推动城市的国际化。另外，其他城市如杭州通过举办G20峰会、南京举办青奥会、郑州举办上合峰会等都完善了城市基础设施建设，美化了城市环境，增进了城市管理能力，提升了城市的世界影响力。当然，我们还应看到，上海不仅需要提升城市软实力、改造软环境来打造世界一流节事活动，同时也应当开创属于自己的独特的城市庆典，由跟从走向协同，并进一步走向引领。

· 展览空间是进行城市更新的重要载体

著名建筑师赫佐格和德默隆（Herzog & De Meuron）历时15年打造的汉堡音乐厅就是在旧仓库基础上改造更新的世界级地标。上海目前已经进入城市发展的增量严控、存量盘活阶段，大量陈旧的工业遗产和里弄住宅都有待转型更新，适应新的城市发展需要。而产业空间向展览空间的改造，正是城市更新的极佳手段。比如原上钢十厂冷轧钢车间被改造成上海雕塑艺术中心，原南市发电厂被改造成上海当代艺术博物馆，原龙华机库修理车间被改造成余德耀美术馆，原机库冲压车间被改造成西岸艺术中心，原上海大学延长校区食堂被改造为国际文化交流中心。近期，由于宝钢搬迁，原型钢厂、碳钢厂和高炉正在进行新一轮的城市更新策划研究，其中基本明确的一个重要项目就是上海美术学院美术馆的引入，未来这座美术馆即将给城市东北角带来更美轮美奂的展览，给宝钢艺术城的开发提供强大的文化引擎。当然从现状来看，上海的城市更新还受限于一些惯性的历史保护观念和严苛的政策管理约束，缺乏具有颠覆性创新思维的世界级地标。这种地标并不在意于追求更高、更大，而是追求更加高感应力的艺术化表达。

· 展览文化是塑造城市魅力的重要媒介

展览是一种文化交流活动，威尼斯双年展、卡塞尔文献展、米兰三年展等世界级大展，不仅吸引了世界各地的艺术家、评论家和游客到访，而且为举办城市塑造了永恒的魅力。近年来，中国举办的深港双年展、上海双年展、北京设计周等活动也在亚太地区产生了一定的影响力。尤其是上海双年展，举办20年以来，不仅在艺术界和公众之间搭建起沟通的桥梁，受到国际艺术界的肯定，而且推动了原上海美术馆分化为中华艺术宫和上海当代艺术博物馆双馆，并且和上海设计展一起永久落户上海当代艺术博物馆。当然，走过风雨沧桑的上海双年展近年来影响力和引领性略显疲弱，在各种各样的大型展览乃至商业展览夹击中显得缺乏可持续的动力。只有创新，惟有创新，才能让双年展品牌不断拓展深化，而不是满足于仅仅请几个圈内影响力较大、但是不熟悉中国文化的国际策展人就能满足见多识广、眼光挑剔的上海市民。

未来的城市以活力、魅力和可持续发展能力为目标和标准，展览行为、博览会、展览空间和展览文化正在为实现这一目标提供支持。展览及其衍生活动和空间在很多层面组织和提振了城市，丰富了城市功能，改变了城市结构，重塑了城市面貌。从展览的视角观察城市空间的各种可能性，有助于我们对未来城市空间演变的现象、机制、条件和方法获得更全面的认识，从而进一步为新时代塑造健康、和谐、多元、宜居的城市。

本文图片由 CITYCHEER 提供

注释

① “上海城市空间艺术季”是由上海市城市雕塑委员会主办，上海市规划和国土资源管理局、上海市文化广播影视管理局、上海市浦东新区人民政府共同承办的大型公共艺术展，意在挖掘和展现日常生活空间之美。

参考文献

[1] 杜牧 . 杜牧诗集 [M]. 上海：上海古籍出版社，2014.

1 | 2 3 4 | 5 6

1.“双拼别墅”红木展厅（尊木汇提供）
2. 新海派家居展示空间
3. 手工艺街
4. 独栋别墅红木展厅
5. 宝山红木艺术公园规划总平面图（程雪松、胡轶绘制）
6. 宝山红木艺术公园鸟瞰效果（程雪松、胡轶绘制）

艺术手工街

四、环境设计教学

Environmental Design Education

艺术学体系下的环境艺术设计专业自从1983年创立，到2013年在教育部专业目录上更名环境设计，其本来目的旨在解决与人类情感和内心相关联的环境塑造问题，同时弥补工科建筑学教育以技术和物为研究对象的欠缺。然而长期以来环境（艺术）设计依附于美术学的招生和教学体系，自身设计学一级学科的体系完整性和问题导向性未得到有效的彰显，加之大多美术学院人才培养重人文、轻科技，以至于培养出的设计师群体在面对快速、大量的城市物质环境塑造问题时显得捉襟见肘。在互联网浪潮冲刷一切行业、专业壁垒不断被溶解、艺术品位开始引领设计语境的背景下，环境设计专业中艺术与科技加速融合的特征日趋明显，人为设置的专业鸿沟不断弥合，设计学科呼唤回归初心、回归本原。本章选择了5篇笔者在教育教学一线亲身体验、实证调研而成的文章，涉及美院背景下的环境设计专业建构、教学思考、家具设计、室内设计以及城市公共艺术的主题，强化以学生为核心的参与式教学，教师作为组织者身体力行的倡导式教研，以及以问题为导向的实践性教改，根本核心在于强调心物相融合哲匠互动的整体性、过程性的教育。

4.1　上海美术学院环境设计专业特色研究

在学校教育结束之时，他应该已经自立，眼界开阔，博闻强记，从善如流，并且充满热情；形而上学方面的训练使他的感官更为敏锐，而他的心灵拥抱美好的事物，无论这是独特的美还是普遍的美；最初是一名工人，到最后，一直都是一名工人；他的心灵善于感知机会，知道机会所在的方向，并衡量自己是否有能力适应这些机会；如果不太适合自己的机会找上门来，则有足够的远见将其拒绝；有足够的勇气拒绝这样的机会，并等待适合自己的机会来临。

——弗兰克 · 劳埃德 · 赖特（Frank Lloyd Wright）《建筑师》

1. 引言

自 1984 年开办至今，年过而立的上海大学 · 上海美术学院环境设计专业充分发挥院校综合优势，针对社会需求，强调以“艺术修养和人文情怀”为核心、以“职业素养和专业能力”为方向、以“工匠精神和创新意识”为灵魂的人才培养模式和特色，同其他院校错位发展，培养人才具有一定的优势和较强的社会竞争力。2016 年底，本专业作为上海市第一轮评估高校的第一批“素颜迎评”专业，在专家组评审中取得优异成绩，为下阶段发展确立了方向和坐标。总结梳理专业发展旗帜和脉络，优化提升专业发展结构和水平，在社会关注度显著升温而艺术设计教育思潮杂冗的现实状况下，显得尤为紧迫和必要。

2. 历史沿革

1983 年，原上海市美术学校并入上海大学，成立上海大学美术学院，建立“工艺美术系”。1984 年，开设“室内设计”专业方向；1986 年设立“环境艺术设计”专业方向，即上海美术学院环境设计专业的前身。20 世纪 90 年代后，随着浦东大开发和上海城市格局的拉开，设计行业发展迅猛，对设计师的专业要求逐渐清晰规范。1998 年原“工艺美术系”更名为“美术设计系”[1]，作为直接投身城市建设的专业，“环境艺术设计”专业受到院校高度重视，得到大力发展。2013年，教育部本科目录调整，以综合性、专业性更强的“环境设计”①代替原先名称，并作为设计学科、公共艺术学科的重要组成部分，被列入上海大学“211工程”重点建设学科专业。

多年来，环境设计专业立足上海，依托上海大学多学科综合优势和美术学院人文艺术特长，与其他设计学专业及美术学、艺术理论等学科一同在公共艺术平台上交叉融合，成为美术学院服务社会的中坚力量。环境设计专业秉承“都市美院”[2]传统，在服务上海都市公共空间环境建设的同时也不断从都市中汲取营养，在培养环境设计专业人才过程中，形成“立足艺术、服务都市”的特色。

3. 学科背景

设计是当代最重要的艺术形式之一，是重塑国家经济、文化形象和社会结构的重要力量。上海为建设文化大都市、设计之都、全球科创中心和世界城市，更加关注设计的力量。塑造当代中国新型城镇化进程中的生活方式、文化品位、都市生态系统，正是上海美术学院设计学科的研究和实践方向。

上海美术学院设计学科围绕都市课题从三方面开展工作并取得了一系列成果。首先是当代都市生活方式设计研究，以中国当代都市化进程中的公共文化、公共空间以及社区重塑等方向为重点，研究经济转型背景下都市生活方式的变迁和再造；其次是都市跨文化设计研究，以世界上的都市设计为课题，研究当代中国设计的国际化与本土化问题；第三是都市设计资源研究，通过非遗、文创方面的系列课题，研究现代与传统、全球与本土的资源转化与互融模式，完善都市文化生态系统。

上海美术学院设计学科由环境设计（含会展设计）、建筑设计、城市设计、视觉传达设计（含数码艺术设计）、产品设计、设计学理论等专业方向组成，门类比较齐全，学科特色明显，形成了与文艺同源、与都市同构、与时代同行的良性发展态势。

4. 专业特色

4.1 艺术修养与人文情怀

根据上海大学“十三五”规划和“双一流”建设要求，本专业培养人才致力于艺术修养和人文情怀的提升，使其能够为“上海优先发展的现代服务业、文化创意等产业”效力。从经济社会发展诉求来看，毕业生仅仅满足功能性的设计要求是不够的。随着全社会对建成环境中美学和情感的认同不断提升，我们的专业教学必须关注艺术修养和人文情怀的培育，通过强化史论、造型训练和工艺素养等课程来实现这一目标。

· 历史基础

艺术史是设计学教学中不应或缺且亟待加强的方向。对于艺术史的谙熟是一个设计师知识架构中的重要组成部分，也会成为设计实践的基石；艺术史是人类的文明史，其进程包含整个人类社会发展的脉络，它能够使设计师的创造具备深沉的历史况味；浩瀚的艺术史料典籍、丰富的艺术形式语言给设计师提供设计素材，意大利新理性主义建筑师阿尔多 · 罗西（Aldo Rossi）就认为一切造型语言都可以在历史中找到[3]，设计类型学应运而生。

本专业依托艺术理论学科，把中外美术史、工艺史及建筑史三部分内容融入专业教学，贯彻画家、匠人和工程师的思维导入，使专业教学具有更浑厚的基础和更丰富的语境，也让学生思考的维度更加开阔。在艺术史教学中，还要求学生以多元化、时代性的角度解读历史，思考当代设计的深层内涵与底层逻辑，研究通过设计创造使历史活化。另外室内设计史、造园史和家具设计史等分支课程也提供有兴趣的学生选学。

· 造型能力

造型训练作为设计学专业的传统基础课程，旨在对学生平面和空间造型能力进行培养。设计素描、设计色彩、装饰图案、三大构成等方面的造型训练，一以贯之地被加强；油画、水粉、铅笔写生、钢笔速写、水彩效果图等不同介质的手绘训练，也成为本专业区别于其他院校的特色课程。通过训练让学生掌握不同介质的造型方法，在表现形式上不拘一格；同时提升学生的审美品位，观察和发现生活之美的能力。值得一提的是二、三年级夏季学期的写生课程。小写生立足上海和周边城镇，要求学生用钢笔等单一介质表现海派文化物象；大写生远赴塞外边陲，要求学生通过采风、体验、深入生活，以跨文化视角来领略异域风情，用综合介质完成主题创作。大小写生前后衔接，相互补充，训练学生提炼对象、概括造型、立体表达的能力。

· 工艺素养

以上海为代表的大都市在强调城市管理专业和效能的同时，造成人文精神的缺失；在快速城市化过程中，千城一面的现象比比皆是，造成城市人文个性的缺憾；科技高速发展带来城市环境的工具化倾向，造成人文情感的缺乏，需要呼唤人文价值回归。首先应当回到“人”本身，关注身体和灵魂，关注各种感官体验。过去我们单一强调视觉体验，随着网络时代心理时空的急剧扩张，更要强化触觉来激活身体。穿插与身体感知相关的选修课程（如玻璃工艺、首饰工艺、陶艺等），唤醒身体和大自然的连接，深入理解材料和技艺之美。依托美院公共艺术学科平台和都市手工艺优势，在提升综合设计能力的同时强化学生的工艺敏感力，拓宽艺术视野，滋养艺术心灵。

4.2 职业素养与专业能力

作为实践型专业，我们还将行业对人才的要求放在首位，对接行业需求。在服务行业的同时，提升学生的职业素养和专业能力，形成以行业为导向的专业发展特色。本专业采用企业导师参与教学、实际项目导入课程、专业教师带教基础课等举措来强化这一导向，形成学校教育和行业发展之间的桥梁。

· 企业导师参与教学

为了让学生获取及时的行业资讯，得到接地气的专业训练，聘请活跃在行业前沿的领军人物以及企业中的优秀设计师参与教学，让学生直接把握行业发展动向。将这些艺术家、设计师、管理者聘为兼职导师，把一线的实践经验、市场动态、设计趋势甚至竞争规则等在象牙塔内无法获取的知识技能进行传授，以期让学生对行业和职业情况不陌生，毕业后能较好地融入社会、服务社会。来自上海科技馆、上海市政设计研究总院、“台湾”博物馆协会、欧洲设计协会等机构的设计师和学者以及美院杰出校友们先后站在本专业讲台上，和学生进行深入地沟通和交流。

有别于通常教师单独面对多个学生的局面，专业教师和兼职导师组成导师组，以“一人担纲、多点支撑”的方式协调行业资源进入课堂，让学生获取多元信息。同时聚焦原创设计、情感设计、自主设计等核心问题，通过策划、管理、设计、实施等价值链延伸，塑造具备职业素养和专业能力的设计师。

· 实际项目导入课程

与其他工科院校“功能先行”不同，和普通艺术院校“视觉先行”也有别，本专业教学采取“理念先行、体验先行”的策略进行教学研究和设计实践，把科研与教研打通，把项目转化为课题，以“项目导入”和“问题引入”的形式把现实社会需求纳入教学实践。

本专业主要对接城市公共空间的更新和提升，这是最具自由、民主和话题性、公共性的空间，空间的族群化和主题性、传播特质和交互症候正在不断拓展和演化，公共环境也在不断变异和转型，而传统的环境设计培养体系尚无法产出适应这种变化的优质人力资源。

本专业培养毕业生直面前沿需求，采取“项目导入、课题教学”的方式，精准对接城市公共空间建设。目前本专业毕业生已经参与完成了若干重要的城市公共空间设计项目，如上海自然博物馆展览空间设计、上海轨道交通站点环境设计、2015 米兰世博会中国馆场馆和展览设计、上海浙北绿地苏河湾公园景观规划设计等最初就是引入课堂的实践性项目，项目的实施取得了较大的社会反馈，在业内和学界都产生了影响力。

· 专业教师带基础课

本专业基础课包括设计素描、设计色彩、三大构成等内容，过去通常由美术老师来负责，近年来开始尝试由专业教师参与，从而把专业发展眼光带入低年级本科生的教学培养。专业教师较多强调理性的分析能力、逻辑的推演能力、缜密的判断能力，在基础课程中重视画面组织的设计感、艺术表达的目的性和空间、材质、工艺研究的针对性。这些内容过去并非基础课教学的重点，但在我们的教学中得到加强，为未来的基础课—专业课无缝衔接创造了条件，也为学生专业学习理清思路。绘画出身的学生不再继续按照高中美术学习的方法进行盲目训练，而是按照社会对设计师的要求有指向性地打牢基础。该教学模式在 2016 年设计学科“原力觉醒”教学展览上得以呈现，受到兄弟院校和业界同仁的关注。

· 加强师生产学融合

本专业以美术学院公共艺术技术实验中心为依托，结合校外实践基地，为教师、学生提供相关的实验、实践机会，加强产学研的融合。在校外实践基地里，专业教师和企业导师共同指导学生，让学生在企业和项目的熔炉里锻造。专业教师引导研究思路，企业导师指点解决实际问题，从而保证教学方向正确、教学目标可控、教学成果有用。正如习近平总书记在全国科技创新大会上指出“广大科技工作者要把论文写在祖国的大地上，把科技成果应用在实现现代化的伟大事业中”，教学、研究和产业发展充分对接，从而“增加纸变钱能力，提高钱变纸质量”[4]。一年级的社会实践与企业考察课程、四年级的设计行业实习课程，都提供机会让学生获得专业提升和职业拓展。

· 展览促进教学

本专业较早设立“会展艺术与技术”方向，结合会展特色，采用“以展促学”的方式，推动教学质量提升。学院设立课程展、教学案例展、优秀毕业作品展等多层次展览，激励师生把教学成果以展览形式呈现，对学生学习是一种鞭策，也让学生从展览专业角度重新考察自己的作品，进行跨界提升。在会展教师的帮助下，学生会自觉思考展示效果、灯光、空间、材质、尺度甚至影像等在图纸层面不会涉及的问题，也会在美术馆看展时带着问题思考作品如何呈现。环境设计不同于视觉领域其他专业，作品难以实施，而设计展览触及专业的深层次问题，即：设计如何说服客户？设计如何打动观众？带着这样的思考，学生容易对自身专业角色有更清晰的定位。

4.3　工匠精神与创新意识

今年两会李克强同志在对全国人大做政府工作报告中指出“要大力弘扬工匠精神，厚植工匠文化，恪尽职业操守，崇尚精益求精，培育众多‘中国工匠’”[①]。设计师作为高端服务业的参与者，供给侧改革的先行者，“工匠精神”的实践者，专业能力和职业素养日益成为全社会瞩目的问题。本专业力求把“工匠精神”要素——专注力、坚韧性、精细化、手作能力以及创新意识——融入教学安排和课程建设当中，从多个教学环节的设置和评价角度确立专业人才培养标准。

· 专注力

在信息芜杂的现代社会，需要更强的专注力来持续投入专业研究。针对过去课程教学内容分散，学习时间碎片化的情况，采用集中式的 workshop 训练方法，把原本分散的课时集中完成，以确保学生和老师能够持续有效地针对问题进行思考，强化沉浸式训练，解决教学投入的时间深度问题，提升教学质量。暑期实践课程和毕业设计课程被作为重点来执行，也兼顾学生暑期实习和毕业班就业，课程时间周期压缩，但时间浓度有所增加，师生针对相关研究主题的互动得到加强。

· 坚韧性

专业工作者面对变迁的社会、日益复杂的设计要求，需要有攻坚克难、百折不挠的勇气和韧性。针对传统灌输式的教学，本专业采取“以问题为导向（Problem Based Learning）”的教学方法，让学生把目标问题化解为若干个子问题，逐一研究解决。比如建筑原理和室内设计原理等综合性课程就采取这样的方法。学生进行一个复式公寓的改造，核心问题是在哪个空间解决垂直交通，垂直交通落在不同空间会带来不同的入口玄关处理、不同的餐厅布置、不同的卧室安排等一系列问题，这些问题进而又会和使用者的家庭结构、使用习惯、生活方式等问题相关联，同时会涉及结构、采光、设备等技术问题，这些大小问题需要学生沉下心来逐一解决，畏惧困难或者缺乏耐心都难以完成教学任务。

· 精细化

现代主义建筑大师密斯 · 凡 · 德 · 罗（Mies Van der Rohe）说：“上帝存在于细部之中（God is in the detail）”，细节决定设计成败。为了让学生深入理解细节的意义，专业教学让学生制作不同比例的环境模型来研究细节。建筑模型从 1∶200 到 1∶100，室内模型从 1∶50 到 1∶30，家具和细节模型从 1∶5 到 1∶1，不断深入的模型训练对于培养学生的空间感和尺度概念有明显效果。随着空间细节不断放大，学生能够理解整体性的尺度链，思考工艺细节对空间的影响。比如室内技术设计要求学生制作 1∶50 和 1∶30 的剖面模型，深入研究装饰装修的构造问题，并进而制作 1∶1 的家具，能够接受一定强度的使用，保证结构受力，让学生理解实用、坚固、美观的共生关系。

· 手作能力

理解材料，熟悉工艺，用触觉去思考设计问题，需要大量的动手训练和实践。大部分艺术专业学生有手工艺训练基础，再通过一系列模型制作课程锻炼学生的手作能力，拓展学生以模型建构空间的方法。“学生在有限时间内完成模型的设计过程，就是小规模地体验一次空间建造过程，……可以自己体验触觉性的建造方式，从而脱离简单的图纸视觉表达，深入到空间营造的问题本身。”[5] 所有的环境设计展览都要求学生制作概念模型、工作模型和一定精度的成果模型并进行过程展示，让学生把手作能力自觉变成一种设计语言，模型制作过程就是学习和表达的过程。这也避免了学生单纯追求设计结果而忽视过程的弊端。

· 创新意识

创新的基础是试错，实验和失败是实现创新的路径。在教学中发现学生设计思想中与众不同的质素，鼓励其牢牢把握，反复推敲，完善落地。这需要教师具有广阔的知识视野，对学生作品中的创新要素有敏锐的洞察，同时要进行合理评价，宽容失败；另外还需启发学生的逆向思维，从“应该这样”向“为什么不能那样”转化；最后通过强化理论课、素养课的教学让学生获得跨界知识，启发创新。创新能力培养在本专业所有课程教学中都反复强调，积极执行。创新意识和工匠精神并不矛盾：工匠精神不是故步自封，抱残守缺；创新也未必是全面推翻重来，更需要在原基础上进行更新和改良。理解这一点，就能让学生的创新实践从自发走向自觉。

5. 结语

2016 年 12 月 11 日，上海大学 · 上海美术学院正式挂牌成立，掀开了上海美术与设计高等教育新的篇章，环境设计专业建设和发展也面临新的机遇和挑战。在多年办学过程中，本专业形成了一定的优势和特色，但也存在困惑和瓶颈。面对社会转型发展的风起云涌，面对国人的文化和情感需求日新月异，面对城市环境更新进入族群定制化、网络虚拟化和空间碎片化的新阶段，环境设计专业人才培养还难以适应未来的社会高速发展，跟国内外同类优势学科专业相比还有差距，专业建设仍然筚路蓝缕。在师资力量较为匮乏、研究领域仍显局限、教师的知识范围还有待拓展、学科融合还需进一步深入的条件下，我们更需认清专业发展方向，厘清发展思路，夯实发展基础，强化自身特色，为我国环境设计专业人才培养模式进行务实的探索和实践。

本文图片由上海美术学院提供
由李松合作撰写

注释

① 2016 年 3 月 5 日，李克强总理作政府工作报告时首次正式提出“工匠精神”。

参考文献

[1] 蒋英 . 新老美专：上海历史上的两所美术专科学校［J］. 艺术探索，2015（04）：89-94+5.

[2] 章莉莉 . 都市美院计划——探索创意产业与设计教育之路［J］. 创意与设计，2010（08）：23-26.

[3] 阿尔多 · 罗西 . 城市建筑学 [M]. 黄士钧译 . 北京：中国建筑工业出版社，2006.

[4] 吴喆华，傅闻捷 . 上海大学校长：高校要增加纸变钱能力 提高钱变纸质量 [EB/OL].（2017-03-16）.http：//china.cnr.cn/yaowen/20170316/t20170316_523660632.shtml.

[5] 程雪松 . 以“参与、实践、艺术”并重的教学构建环境艺术体验性教学新体系 [J]. 装饰，2009（01）：100-102.

<table>
<tr><td>1</td><td>2</td><td rowspan="2">5</td></tr>
<tr><td>3</td><td>4</td></tr>
</table>

1. 首饰设计—宁晓莉
2. 陶瓷作品—张硕
3. 室内技术设计—王秀秀
4. 陶瓷作品—张硕
5. 家具设计作品—夏威宇

4.2　参与 · 实践 · 艺术
——构建环境艺术体验性教学新体系

在每一件手的作品中所包含的每一个手的动作都贯穿着思的因素，手的每一举措皆于此因素中承载自己。一切手的作品都根植于思。因此，思本身是人最简单因而也最费力气的一项手艺活，如果它被适时地完成的话。

——海德格尔（Martin Heidegger）《思想是人类最简单也最费力气的一项手艺活》

2008年4月，上海大学美术学院05级环境艺术专业同学在美术学院公共艺术展厅举行了他们的课程设计汇报展，这也是环境艺术专业进行教学改革以来的一次全面的改革成果展。这次展览的成果形式与以往美术学院设计艺术展的传统平面形式有所区别，以大量的三维模型设计实物为主，以壁挂式二维设计图纸为辅，三维模型也一改过去模型设计以辅助表现为目的的小比例装饰化制作方式，大量采用1∶30、1∶20乃至1∶10的概念性空间和细部模型形式，空间研究的目标也转向观察现象、解决问题，这些都反映出广大同学在空间艺术学习过程中，开始深入和务实地思考空间问题，并自觉把空间设计问题和造型问题、技术问题、社会问题放在同等重要的层面上统一思考、统筹安排的倾向。

长期以来，我们环境艺术专业的教学研究始终踯躅在一种彷徨状态，整个教学系统的主干课程由“室内设计”和“室外环境设计”两个方向组成。“室内设计”课程多年来主要沿用老中央工艺美院环境艺术和装饰教学模式，并部分参考工科院校建筑系的教学体系；“室外环境设计”基本是借鉴园林学校景观设计专业的教学思路。由于专业本身的复合型和交叉性，也因为环境艺术体验的复杂性和不确定性，可以说每所高校对该专业的理解和教学实践均存在一定差异。经过笔者在上海市主要高校的调研，并与北京、西安等地兄弟院校的教师深入交流，深深感觉到，在大部分开设环境艺术专业的院校内，都或多或少存在着教学资源分散，教学重点不突出，培养思路不明确的问题，以至于环境艺术设计专业教学无法把握自身定位和方向。在快速城市化的今天，在重产品和指标、轻系统和内涵的高等教育整体氛围下，我们传统的美术学院也彷徨迷失，跟随着国内其他建筑或设计学院的脚步，亦步亦趋。该专业学生不断反映在学习过程中的问题有，面宽点多，课程时间偏短，而需要深入研究的技术性内容难以把握和消化，自身长期以来的美术积累也无法在环境艺术学习中得到应用和实践机会，设计艺术学的专业特点不明显。相对而言，视觉传达设计、装饰壁画设计和动漫艺术设计平面化特征较强，适合个体操作，容易传承传统艺术教学实践模式。从市场回应来看，毕业以后，很多环境艺术专业学生常常会感到自己所学专业性不强，虽然有良好的绘画基础和弥漫式的知识结构，但是在激烈的社会竞争中仍然缺乏优势。就社会需求而言，虽然市场对我们的环境艺术毕业生需求量很大，但是大部分学生走上工作岗位以后，往往从事施工图设计和绘图员、效果图制作等方面的工作，很少能够参与到该专业核心领域的策划和设计工作，大家只能利用自己良好的美术技能，成为相关设计机构中的低端工作者。

现代设计起源于西方，与工业化进程有密切的关系。现代设计观念中许多重要的思路和方法与材料、工艺、产品等联系紧密，并且随着生活方式的嬗变、落后生产方式的解体、市民社会的崛起、网络化与生态观的发展、多元文化的繁荣、制造业和商业的兴盛，以前所未有的速度和方式渗入我们的思维与生活。当代中国的美术学院在厚重的人文氛围下介入并且拓展设计教育，面临着来自传统文化观念以及主流的普世价值发生重构的挑战。在今天的设计课堂上，教师再也无法以一套刚性的设计思维体系去约束学生的想象空间，无法以抽象的、推演的、静态的价值判断去影响学生的选择。教学需要寻找沟通的平台和开放的形式，需要动态的过程和穿越纷繁世界的目标以及清晰的真实的力量。

看清了这一点，针对教学中出现的问题，我和我的同事们自2007年下半年开始，逐步在教学中引入新思路、新模式，从室内设计方向的部分课程入手，进行教学改革。我们希望全面研究学生的就业诉求、专业理想、职业技巧和技能同社会需求和变革之间的关系，进行新的课程设计，为广大青年美术类学生向职业设计师转变，创造更好的高等教育平台，同时利用艺术类专业强大的人文传统优势，构建起多向度、个性化、以学生为根本、以创新人才塑造为目标的教学体系。教学改革的核心问题是如何使学生通过体验式学习，掌握知识，增长能力，培养兴趣，积累经验。教学改革主要任务是解决课程学习的“参与、实践和艺术”三方面问题，目标在于让学生深度参与课程改革的全过程，获得对教学课题的全面体验，主动策划设计方向，亲手进行设计成果的模型制作，艺术地解决实践中产生的问题，并亲身参与展览的设计。

改革从三方面入手进行：

首先，在课程设计中引入真题，给学生全真的设计体验，从而提高他们的参与热情，强化体验设计教学。过去的设计课程当中，设计题目大多采用假题，由任课老师根据自己经验制定，假题的训练内容比较注重设计的类型问题和普遍性问题，而忽视设计的动态问题和个体差异性问题。比如，我们过去用 90m^2 以下房型考查学生对小户型居住空间的理解，却忽视空间的区位、户主的需求，以及房型的结构、高度、朝向等具体而实际的内容，这样的结果，容易导致学生对设计理解的抽象化和设计手段的单一化，也容易造成设计过程的简单化。他们对小户型的理解就简单停留在 90m^2 这样一个数字基础上，而缺乏从社会学角度对人深层次紧凑居住问题的思考，也无法现实地为具体服务对象制定形态上的设计目标。在本次教学改革中，我们以《居住空间设计》课程为实验载体，引入真题，选定上海大学旁边的居住小区"当代高邸"中某顶层复式住宅为现实的场地空间。现实的业主为某青年艺术家，他有现实的居住需求：一间较大的工作室进行自己的漆画艺术实践，一间小房间作为刚出世的儿子未来的卧室（目前可以机动使用），一间书房给做研究工作的妻子。在这样的需求控制下，学生进行设计的主动性和目的性明显增强。而且他们可以自由和业主交流，能经常进行实地考察，从而真实地考虑居住问题。在这里，剪力墙、柱、隔墙、风管、煤气管、进水管、下水道等抽象技术要素都成为生动具体的空间限制，惯常于艺术思维的广大同学通过这样的设计过程体验，能够具象地理解空间的物质组成，并获得第一手的动态基础资料，实事求是地思索技术和功能问题，充分理解设计作为手段而不是目标的现实含义。让我们欣喜的是，在经历理性思考和现场的感性知觉以后，学生呈递上来的设计成果仍然丰富多彩，不拘一格，且颇具可操作性。比如，在这套复式住宅楼梯位置的选择上，有同学参照业主想法把垂直交通和餐厅结合起来处理，也有同学另辟蹊径把卧室减小，节约出空间留给楼梯，还有同学干脆把餐厅放在原来次卧室的地方，独立出来，垂直交通和玄关结合处理，这样获得的使用空间各有特点，又都能付诸实施，完全超出住宅主人的想象。还有同学根据建筑物处于下风向，易受外部餐饮建筑厨房油烟侵袭的问题，提出双起居室的设计概念，南起居室日照较好，但是不宜经常通风，主要用于白天会客；北起居室通风较好，有一定私密性，可以考虑多种活动。这样一来，设计思考延伸到户型设计，乃至建筑以及规划设计，大家考虑问题的综合性和深入程度有了很大提升。值得一提的是，通过现实空间的考察和设计，同学们对尺度的把握明显增强，在设计室内家具和装饰图案时，也更加关注比例和细节。

其次，采用模型手段进行设计教学，培养学生从平面到空间的设计方法。过去，我们常常强调图纸的重要性，针对美院学生理性制图能力较差的问题，课程的大部分时间都被用在纠正学生的制图规范上，但是忽视了教学目标中最关键的空间环境设计能力的培养。结果是我们的学生最终对空间设计的认知仍然停留在二维图面上，并且教学安排上也没有充足的课时保证他们去完成标准的规范制图。他们反而把设计理解成枯燥单调的绘图练习，对造型与结构和图纸之间的关系疏于考量。事实上，在艺术设计的多项分专业中，环境艺术教学最大的难点就在于无法使学生完整体验设计到实现的全过程。装帧一本书籍，制作一部动画短片对每一名学生个体而言都可以独立实现，可是真正设计一个空间，并将其建造实现，产生效果，不仅牵涉经济、技术和劳动协作等基本问题，且周期之长，耗费精力之多，都超出现代设计教育课堂的能力极限。这也是格罗比乌斯的包豪斯①和赖特的塔里艾森②在设计教育史上影响巨大的原因。

在本次教学改革中，我们以《室内技术设计》课程为载体，把题目确定为美术学院卫生间改造设计和装修节点大样模型设计，让学生制作 1：30 乃至更大的室内空间模型和细部节点模型，这样，学生在有限时间内完成模型的设计过程，就是小规模地体验一次空间建造过程，对于材料、构造方式以及水电空调管道铺设有了更为具体和形象的认识。通过模型设计的实践性教学，学生可以自己体验触觉性的建造方式，从而脱离简单的图纸视觉表达，深入到空间营造的问题本身。“模型思考也是一种触觉思考，手指对空间和材料的感知，很多情况下可以和大脑媲美。”[1] 自己选择模型材料，自己决定构造方式，自己调整空间效果。习惯于线条和色彩艺术表现的美术学院学生在面对材料组合的艺术表现问题时，开始发现环境艺术的专业性所在，也表现出极大的兴趣参与这一新形式的建造艺术。有一位同学在基本解决结构和管道问题的前提下，大胆向西方传统哥特空间发起挑战，用束柱、扶壁、拱券为基本造型语言，设计了一个很特别的卫生间。撇开哥特风格用于卫生间设计的合理性不谈，他的执着和自信给教师留下深刻印象。他的模型用硬质灰卡纸制作，在把哥特的特征性构件如实表达以后，这个同学深切感受到哥特空间的结构理性和浪漫主义有着至深的关联，也进一步理解了结构骨骼系统在空间表现上以建构 [2] 方式传达的可能性和必要性。

再次，我们更加强调设计现场踏勘和设计案例调研。过去，由于缺少真题，我们基本上没有现场踏勘这个教学环节。过去的案例调研，由于没有结合现场踏勘，调研作业更加类似于综述，学生们从网络和杂志上搜集了许多图片，以此来代替对真实空间的体验，没有具体的分析和切实的体会。我们意识到，虚拟体验冲击艺术教学的本质性原因在于，数字化生活在改变着人类的全部生存空间。越来越多的设计师依赖电脑画草图，依赖网络获得信息，依赖数字化手段完成沟通与交流，却忽略了作为人本身的基本体验和眼—脑—手联动的整体设计方法。我们试图把教学培养目标定位于，塑造对材料比较熟悉、对场所能够感受和分析、对现实的空间生存问题能努力获得综合性答案的新一代设计师。因此，现在我们更加强调设计的现场感、真实感和动态性，学生必须花精力去熟悉和研究不断变化的现场情况（包括场所周边情况、业主的需求变化、技术难度条件、造价控制等），同时有针对性地搜集相关案例进行归类、整理和分析。最终的调研报告是为设计服务的，因而目的性更加明确。

调研的另一目的在于训练学生对环境整体的感受力和对细部敏锐的鉴别力。在商业空间调研的过程中，大家通过参观南京西路世界一线品牌 LV、CHANEL、DIOR 等专卖店的调研，清晰地了解了优质品牌在环境整体包装中精心营造的形象氛围，而这些整体感来自于严格的比例控制、独具品味的材料应用，以及精心的施工。比如 LV 的标志性方格图案，在它的橱窗设计中是通过双层黑白玻璃方格表皮的巧妙安排实现的，视觉效果细腻、柔和、典雅，在不同的距离下观察，产生的视知觉是不同的，在特定的距离下，会让人产生眩晕感。而 CHANEL 的橱窗背景材料，采用的是银灰色金属线和白色条状泡沫织物混合形成的，给人的感受，既清新，又别致。这些美的感觉，都是无法通过印刷品和文字传递和表达的,这也正是环境艺术的价值所在。同学们开始有意识关注原本在图纸层面容易忽略的细节，并且自觉地研究比较材料表达和构造表达的不同出发点和价值。

从全国范围来看，以清华大学美术学院和中国美术学院为代表的十大美院的环艺教学重人文和艺术，轻逻辑和产品，培养出来的学生具有形象思维能力强，研究型设计的深入能力相对较弱，理念落实的技巧缺乏等问题；以同济大学、湖南大学等为代表的偏理工科综合性大学重逻辑和分析，轻体验和整体，培养出来的学生理性思维能力强，然而整合感知和高品质细部设计能力不强。可以说，目前我国大多数城市和地区的整体空间环境品质不高，主要归因于我们缺乏掌握最新环境设计理念和方法、真正高素质的设计师队伍，归根结底是缺乏思路明确、方法得当的建筑和环境艺术教育体系。在中国环境艺术教育领域出现的这一系列问题，在近年来召开的多次环境艺术国际国内会议上都受到与会专家的热烈讨论。在 2008 年 5 月 22 日东华大学召开的环境艺术国际研讨会上我有幸听到作为该专业创始者之一的郑曙旸教授的观点，他从艺术体验而不是单纯艺术作品的视角出发，强调了环境艺术体验中“以时间为主导”[③]感受途径和理解方式。他的这一观点提供我们理解环境艺术教学的新契机，即环境艺术作为诸多艺术形式的一种，其特征在于，它是整体的，而不是局部的；是复合感官的，而不是视觉的；是深入体验的，而不是旁观的。

这次教学成果展览的作品主要来自《建筑原理》、《居住空间设计》和《室内技术设计》三门课程的学生设计。在这些作品中，倾注着教师和学生共同付出的心血和情感。尽管教学条件比较简陋，教学体系也并不完善，师生之间关于教学问题的思考还需要创造更多交流机会，但是通过这些并不十分成熟，却真实质朴的空间模型和图纸作品，我们感到教学改革的思路和方向正日益明确，同时也发现教学中仍然存在的问题，并力争在今后的教学实践中尽快调整。十年树木，百年树人，设计人才的培养是一件千秋的事业。在由“中国制造”向“中国创造”的呼声日益强烈的今天，在奥运会、世博会的契机呈现在每一名中国设计师面前的时候，设计教育工作者能够感受到压力。当然，一次教学改革的效果并不会立竿见影，设计人才培养的责任也需要全社会的努力，但是我们相信，只要专注持久地把握住改革的方向，不断地突破创新，深入挖掘环境艺术专业的内涵，真诚地对待每一次生动的教学体验，我们必将为我国环境艺术设计人才培养，探索出一条可行的道路。

本文图片由程雪松提供

注释

① 现代设计史上现代主义建筑大师格罗皮乌斯创立的强调体验式设计的著名学校。

② 现代设计史上现代主义建筑大师莱特创立的强调体验式设计的著名学校。

③ 郑曙旸 2008 年 5 月 22 日在东华大学逸夫楼的演讲标题。

参考文献

[1] 程雪松 . 展示空间与模型设计 [M]. 上海：上海大学出版社，2007.

[2] 肯尼斯 · 弗兰普顿 . 建构文化研究——论 19 世纪和 20 世纪建筑中的建造诗学 [M]. 王骏阳译 . 北京：中国建筑工业出版社，2007.

1	3
2	4

1. 小住宅建筑设计模型 作者：蒋斯珈
2. 小住宅建筑设计模型 作者：沈丹逸
3./4. 居住空间设计模型 作者：范文苑、姜琼、王亦非

4.3　从容身之所到安心之境
——上海美术学院家具设计课程实践与反思

大审美经济时代的到来，技术美学的出现和兴盛，人们在日常生活中对于产品和环境的审美体验的追求，正是适应了这一时代的要求，正是为了从物质的、技术的、功利的统治下拯救精神。

——叶朗《从中国美学的眼光看当代西方美学的若干热点问题》

1. 引子

家具是服务于人生活的器具，人通过家具完成多种日常活动。家具具有空间性，是可移动的建筑，它在建筑空间和身体空间之间形成衔接，“搭建人类与建筑之间的活动平台，通过形态与尺度在建筑空间和个人之间形成的过渡关系”[1]。家具具有亲体性，是结构化的衣服。它塑造着人体的姿态，保护人的身体免遭环境不利因素伤害，其中也包括帮助人体骨骼和肌肉对抗重力。家具也具有审美性，它影响着空间的艺术格调和文化品位，打动着人的感官体验。历经千年沧桑，家具仍然是生活环境中与人关系最紧密的产品，尽管今天我们的生活正在受到屏幕媒介的冲击。可以说，家具与人体之间具有天然“黏性”，小到室内家具，大到街道家具，正在成为信息时代人类重新审视自己身体、改造城市的有效手段。

在上海美术学院环境设计专业教学中，“家具设计”属于专业必修课。但是有别于产品设计，环境设计中的“家具设计”教学目标并非要求学生精确掌握家具产品设计、打样、制造等产业链流程的专门知识技能，而着重需要培养学生带着产品思维进行环境设计的创作能力，能够兼顾身体体验和审美需求塑造环境作品。通过二维图纸的思考研究和身体力行的建造感受，深入理解空间容器的材料性、工艺性和社会性特点，建立身体体验——空间——心灵认知三位一体的自我培养目标。制作一把椅子，定义一种生活方式，一种“坐”的可能，成为实现这一培养目标的必要环节，成为教学中让学生体验家具工艺、家具空间和家具美学的实践载体。

如同衣服和建筑一样，家具也是人身体的延展。家具在与身体的互动中，模拟身体形态，塑造身体姿态，刺激感官状态，与身体形成牵扯勾连、无法分离的纠缠。梅洛・庞蒂（Maurice Merleau-Ponty）认为“我在我的知觉中用我的身体来组织与世界打交道，由于我的身体并通过我的身体，我寓居于世界。”[2] 以下试以座椅设计为例来说明。

2. 容纳身体的“场所”

椅子不仅是一件坐具，更是一处容纳身体的“场所”，一方安放四肢和躯干的小小天地。椅子的空间性和近体性让它比建筑更吸引人、更贴近人。总体来看，座椅设计通过身体器官的模拟、身体姿态的引导、运动方式的拓展、行为活动的影响等不同着眼点来塑造与身体的关联，并最终形成特定的“场所感”。而与建筑不同的是，这种场所感因为“坐”的行为姿态而更具有可知可感的张力。

2.1 形象构思模拟器官

很多设计师会从身体器官形态中寻找椅子造型的灵感，因为人体作为自然造物的奇迹，本身就是研究和学习的样板。西班牙艺术家萨尔瓦多・达利（Salvador Dali）设计的红唇椅以艳丽的红唇造型向传奇女星梅・韦斯特（Mae West）致敬，西班牙设计师佩德罗・莱耶（Pedro Reyes）的手掌椅则以独特的手语造型纪念日本男优加藤鹰。这些名留青史的家具艺术品把人的器官形象和“坐”的身体体验联系起来，仿佛家具就是身体的一部分，又好像它已化为感官，在触碰抚摸我们的身体，跟身体对话。在美术学院的人物写生课堂中，眼睛、嘴唇与手指是最传神的描绘对象，也是精细刻画的重点，大部分情感和力量都通过它们传达出来，因为它们是心灵感受外界事物的触点和通道。所以这些感觉器官形态也成为家具形象设计的重要灵感来源。

显然学生们意识到了这一点，他们也尝试从身体部位和器官形象中发掘创意源，来表达自己的设计主张。比如张薇从古代侍女头发样式得到启发，把专业教室里的废旧绘图椅进行改造，利用彩色电线进行编织捆扎，设计制作了“发髻椅”，远看果然很像峨冠高髻的唐代美人，姿态雍容，古意盎然；张宜君采用包装纸为材料，设计制作的“高脚椅”则更显时尚。它既像脚弓峭立的美足，又像行走江湖的战靴，精心设计的企口穿插纸板构件不仅加强了整体造型的结构稳定性，而且分隔出摆放小物品的实用空间，具有粗犷中透出妩媚、素朴中显露时尚的视觉效果。无论是古代侍女温婉的发髻，还是当代潮人时髦的美足，都赋予了座椅器官化的身体意识，座椅在这些作品中已经成为人身体的独特组成而存在。

2.2 造型语言引导姿态

“坐”是一种臀部着物而止息的姿态，在座具的引导下，这种止息状态又可以生发出各种各样的坐姿。意大利设计师加埃塔诺 · 佩谢（Gaetano Pesce）设计的“UP5 唐娜”沙发，毫无顾忌地展示了女性肉感的体态，让人感觉如同躺坐在母亲温暖浑厚的怀抱里；丹麦设计师芬 · 尤（Finn Juhl）从酋长的刀刃、马鞍和盾牌造型中汲取灵感设计了酋长椅，其扶手采用皮革包裹铁片，形态轻盈飘逸，人可以将双腿斜跨上面，以奔放不羁的自由取代了正襟危坐的拘束；建筑大师勒 · 柯布西耶（Le Corbusier）设计的 LC4 躺椅，把起伏弯曲的钢管框架和生铁支架结合在一起，躺靠的角度可自由调节，疲惫者可获得彻底放松的愉悦。值得一提的是其抛弃装饰、关注功能、暴露结构、表现材质的手法与勒 · 柯布西耶的现代主义建筑观也如出一辙；另外像中国明代的圈椅，就是让人把双臂和手自然搁在椅圈和扶手上，双脚踩在踏脚枨上，引导人的坐姿，渊渟岳峙、平和端庄，符合儒家所倡导的为人之道。所以，坐具的造型和构造方式引导着坐姿，让人体呈现出不同表情的姿态。

另外坐具的构造部件名称也往往来源于不同的身体姿态。比如明式家具研究者王世襄曾经撰文探讨古代家具“束腰”和“托腮”命名的出处[3]，他认为这两个词都来源于建筑称谓，“束腰”来自于建筑基座的“束腰”，“托腮”则源于建筑出挑部分的“叠涩”，经过后代匠师误传误读，变成“托腮”。其实，无论是“束腰”、“托腮”还是“搭脑”等，都是身体姿态的形象表达，把人体部位和家具部件经由力学和人体工学而产生的协同关系通过语言符号称谓惟妙惟肖地展现出来。

生长在休闲时代的 90 后学生们对身体坐姿的理解更趋风格化，甚至具有人格化特征。费陈丞对家乡安吉的竹材料情有独钟，运用加热弯曲技术设计制作了竹躺椅，椅身和脚凳可分可合，合并形成一条符合人体背部形态的完整曲线，分离则形成互相守望的两个有趣装置，让人躺的姿势能产生多种可能性，同时简洁的线构成语言和乡土竹材料结合，产生一种既坚守地域文化、又拥抱现代文明的效果；来自台湾师范大学的交换生李明颖设计制作了“乡村椅”，椅座和椅背之间、它们与主体结构框架之间适度分离，不经意间露出金属连接件，形成一种不修边幅、悠闲不羁的手工感觉；加大的椅座略微悬挑，粗壮的椅足向内收分，让人自然想要盘腿或者蜷缩而坐，纹理丰富、木节暴露的椅身更显田园气息；李嘉馨的“互文椅”则把实体和镂空的两把椅子按45° 交角镶嵌纠缠在一起，实体椅子中规中矩，外貌普通，虚体椅子剔透空灵，但是无法落座。它们相互支撑和依靠，你中有我、我中有你，如同道家的“阴阳”。椅子看上去摇摇欲坠的姿态让人很难选择坐的方位和角度，也许这正是设计者想传达的哲学思考：“我”需要选择合适的方式同自己相处，肉身和灵魂才能共同塑造真我，正如我也要审慎选择和这把椅子相处的方式一样。的确，在时空碎片却又万物互联的时代，人与人、人与物、甚至物与物的相处都变得艰难，只有打破工具化的藩篱，才有可能形成一种良性的互动，给身体和心灵一种恰如其分的止息方式。

2.3 构造方式拓展运动

摇椅的出现被认为受到摇篮和摇摆木马的启发，它反映出人体有节奏地摇摆晃动的需求，甚至有资料表明这种节律性慢摇可以增进身体健康。弯曲木技术的发明和推广也丰富了摇椅的设计品类，拓展了摇椅的设计方向；转椅和滑轮椅的发明则反映了人体进行更大幅度、范围活动的要求。气压棒、转向轮和转轴构造为人运动方位的拓展提供了构造上的支持。

王长言的摇椅灵感来自拉尔夫 · 瑞普森（Ralph Rapson）的快摇椅（Rapid Rocker）设计，但是她以水曲柳硬木代替弯曲层压木和软垫，用榫卯木结构代替金属连接件，塑造了一把造型简洁大方、工艺朴素细腻的摇椅。与其他摇椅相比，它显得更加结实硬朗，充满阳刚之气；兰瑞钰的“水管椅”采用铸铁水管和木板为原材料，以线面造型为构成要素，形成一个类空间装置的作品，椅座木板可以灵活拆卸，它在不同的摆放状态下给人提供不同的使用方式，直立时可以做圈椅，躺倒时可以做架脚凳，虽然体感未必舒适，但是多样化的使用方式也让人体有了多种活动的可能。

2.4 功能考虑影响行为

瓦格纳（Hans Wegner）的经典作品侍从椅把座椅靠背设计成为衣架造型，提供人们挂衣服的方便，而坐面反向拉起形成的造型则可以用来挂长裤，椅座下方露出来的三角形盒子能够存放小物件。这一深入考虑功能需求、略显幽默的设计如同装置作品，让人脑海中常常浮现出一个人起居就寝的生活场景，虽然生活空间局促，生活设施简陋，但是行为方式仍然要保持得体优雅，难怪它还被称作“单身汉椅”。

李忆雯把照明和摇椅结合在一起，为织毛衣的母亲打造了一款“灯椅”，拳拳孝心随着氤氲光线弥漫；金倩惠的“玄关椅”把放拖鞋的搁架、放伞的洞口和座椅整合在一起，为居家玄关空间配备了一把多功能的“长凳”，体现了对生活的体察入微和兴味意趣；简爱则设计制作了两把可咬合的“双人椅”，给情侣和伙伴提供了相对阅读、相互切磋的亲密空间。这些设计在妥善考虑椅子的各种延伸功能的同时，也让使用者有了更多行为方式的可能，“中国人把功能叫作用途，也就是指引道路。如同毛笔给我们指引一条书写之路、围棋给我们指引一条对弈之路”[4]，座椅巧妙的功能设计给我们指引了一条栖居静思之路。

3. 安放心灵的“境域”

除了容纳身体，巧夺天工的椅子更是安放心灵的“境域”。因为它能够通过打动人的心灵的知觉，扩张本身有形有限的“坐”的空间，塑造关联情感和智识的无形无限的环境领域。有时候不可思议的是，一套大房子能让人容身却无法安心，而一把小椅子却能做到让人身心皈依。这一悖论式的现象背后是“情”和“境”的关联或者割裂。因此，在设计和制作一把动心动情的椅子时，需要考虑触动感觉的材质、启发感知的符号、激活感受的自然灵感和塑造感动的极致体验。只有通过这些设计手法，才能突破局限的物理和生理空间，代入更加丰富包罗的心理和文化空间。

3.1 独特材质关联感觉

仓俣史朗善于用漂浮、空灵、纯净的设计语言打动人的感官。他设计的座椅“月亮有多高（How high the moon）”用铬镍钢网编制而成，冷硬、纤弱的造型和质感仿佛让人看到冷月的清辉，甚至能感到森森寒意；他的另一件作品玻璃椅通体采用六块玻璃拼接制成，似是无形，却又有形，在光线的穿越里和影痕的摇曳中定义了自身。仓俣史朗的椅子作品挑战了人们正常的视觉经验，看似没有受到地球引力和材料应力的影响，在与光线的游戏中仿佛失去了体积和深度，如同一幅平面作品般打动了视觉，以纯粹、素朴而又飘逸的方式对峙着喧嚣纷扰的世界，给人留下非常深刻的印象。

美国建筑师弗兰克 · 盖里（Frank Gehry）设计的“轻松边缘（Easy Edges）”系列椅用 60 层左右的硬纸板弯曲成流畅的线条，挤压和绵延向上的造型带来一种生命力量，而生态化的材质运用也让人有更好的抚触感；以色列设计师让 · 阿拉德（Ron Arad）设计的好脾气椅（Well Tempered Chair）用四片弯卷的钢皮制成，它没有骨骼和肌肉，只有冰凉的钢铁皮肤，和随时准备恢复形变的弹性特征结合在一起，产生一种滑稽戏谑的奇特效果。感觉一坐上去就会被弹起，但是弄不清是因为铁皮太凉还是因为材料的弹性形变使然。

闻依依对于单元化的模块一直抱有兴趣，她的“乐高椅”把168个塞满海绵的彩色正方体布袋缝制拼接在一起，组成一张完整的沙发椅，明丽的色彩和模块化的造型远看像放大的乐高玩具，身体接触的感觉也因为软质材料的使用而变得慵懒且舒适。张欣的“插花椅”则更像一瓶孤芳自赏的插花。她使用了竹子、纸板和线等材料设计制作了这个作品，带给人并非刀砍斧劈的强烈视觉体验，更多是清新高洁、袅袅婷婷的细致身体感觉。夏威宇的“绳椅”则更有冷兵器的特点，采用钢筋和麻绳这两种粗粝的材料，经过锻造、焊接和编织，形成了一件粗细、黑白、松紧、硬软线条对比强烈的作品，线构成的造型模糊了空间感，对比材质的运用强化了作品的张力，精心设计的松弛绳结带来田园吊床般的闲适，黝黑坚硬的钢筋却又仿佛在强调无法逃离的钢筋森林，切割着背景的天空。这些设计者都从材料本身的性能出发展开设计，在与材质的近身肉搏中塑造出作品自然萌发的生命力。

3.2 符号装置启发感知

里特维德（Gerrit T Rietveld）作为风格派的核心人物，大家比较熟知的是他的施罗德住宅和红蓝椅，更加符号化的闪电椅是他的另一件代表作品。这把椅子的靠背和椅座、支撑等被抽象成了四块板组成的转折平面，远看仿佛一道锋利的闪电划破天空。这把椅子忽略了坐者的舒适感，为了转折处的坚固、尖锐甚至采用锯齿状的燕尾榫连接，视觉上带给人一种工业时代机器美学的洗练之感，同时符号般清晰简单的造型让人看它一眼就再也难忘。这道闪电在20世纪早期，宣告了一种革命性的设计语言，即功能合理、结构简洁、造型单纯，并且推动了一个现代主义的新时代。

王延青解构和重组了贝聿铭的苏州博物馆建筑符号语言，白墙和黑瓦、三角形山墙和菱形花窗、虚的园林和实的建筑，这些符号语言被设计者巧妙地捕捉并融入这把“苏博椅”的设计，从而带给人另一种认知苏博的视角，既熟悉又陌生；朱菡萏的“胡琴椅”把胡琴的形象进行简化抽象，琴轴、琴弦、琴筒构造化为靠背和椅座，被刻画成点、线、面组成的类装置作品，坐在六棱柱形的琴筒椅座上，耳边仿佛真能传来喑哑的胡琴声，如泣如诉；钟婷婷的“自行车椅”则受到张永和的“席殊书屋”自行车轮上的书架启发，把两架废旧自行车进行解体，做成一把酒吧椅，龙头、车座和脚踏的错位安置把骑行和娱乐体验融合在一起，虽然端坐不太舒适，但是作品呈现出后工业时代对于慢行交通工具的怀旧感，也体现出设计者对于单车文化的迷恋。

3.3 创意自然激活感受

欧内斯特 · 雷斯（Ernest Race）于 1951 年设计了羚羊椅，它宛若羚羊般活泼的造型、鲜明的色彩、浓郁的异域风情都传达出一种热情积极的情绪。其中椅腿末端圆球状的处理来自物理学原子结构的发现，展现出设计者技术乐观的态度。伊利尔 · 沙里宁（Eero Saarinen）设计的郁金香椅（Tulip Side Chair）最大的特点是把传统椅子的四条腿改变成一个圆盘形基座，从而颠覆了椅子四平八稳的习惯形象，造型上显得更加亭亭玉立、轻盈灵动，宛若一朵婉约开放的郁金香，在它自己的世界里，自由舒展，自在兴现。"这样的美淡而悠长，空而海涵，小而永恒"[5]。座椅的人工形象仿佛具有上帝造物的天然特点，带给人清新优雅的审美感受。

仇一帆利用红白两色 PVC 塑料管黏结了一把公园长椅，形态模拟雪橇犬，这些长椅可以两两嵌插，形成数只雪橇犬首尾相连、嬉戏玩耍的场景，姿态生动、饶有趣味，这把"狗咬狗椅"后来参加了 2014"为中国而设计"环境艺术大赛并获奖；许妍婷的"宠物椅"不仅模拟了宠物狗的造型和材质，而且椅座下留出的空间更是成为宠物狗的温馨小窝。这些源于自然造物的椅子设计，建立了人与动物之间温暖的情感联系，激活了人对自然的鲜活感受。

3.4 极简体验塑造感动

丹麦设计师维纳 · 潘东（Verner Panton）设计的潘东椅（Panton Chair）开创了一个崭新的时代，这把一次性模压成形的强化聚酯塑料悬臂椅堪称世界之最，它反常的悬挑力学特征挑战了人们的视觉体验，它高贵妩媚的身姿宛若长裙拖地、孤芳自赏的美人让人惊艳，它抽象雕塑般的造型又重塑了人们对椅子的认识。这把时尚独特的椅子带给人的体验是极致而又丰富的，既端庄又性感，既神秘又奔放，既娴静又狂野，难怪 1970 年时尚杂志 NOVA 介绍潘东椅时用的标题是"如何在你的老公面前跳脱衣舞"。

王海婧把一块靠背板插入一个两面贯通的椅座箱体，以精湛的技艺创作了一把"箱椅"。整个作品采用面造型构成，材质单纯，简洁通透，干净利落，没有任何多余的装饰，只在靠背板边缘处进行了自上而下渐变式的细微弯折处理，以确保背板不发生滑动，也加强了背板的刚度，更好地支撑背部受力。背板抽出后椅座箱体可以作为一张小茶几使用。极简的美学、力学的性能和多功能用途在这把椅子上融汇成一体，让人赞叹设计者的智慧和用心。陈若愚的"漂浮椅"则试图用玻璃和混凝土两种材料打造一把透明的禅修之椅，创造出一种材料上的非常规性。一方混凝土通过点式螺栓的支撑安放在玻璃板上，三块玻璃板围合混凝土椅座，形成既晶莹透明又有围合感的空间。设计者采用建筑化的材料语言设计家具，椅座宛若楼板，扶手和靠背的玻璃宛若幕墙，带来了作品的反常尺度体验，同时脆性的钢化玻璃成为受力构件，材料和造型交接处的工艺也力求做到最精纯，又带来反常的材料体验，而这种外表低调冷漠、而内在却追求极致化的状态也是设计者想传达给人心灵的一种别样体验。这件作品也获得了 2017 年上海学生艺术设计展高校组的铜奖。何晓翔捕捉了被人忽视的房间角落空间，采用倒角的手法设计制作了一把三角形的“角落椅”。这件剖面感十足的作品似乎具有自我叙事的意味，与其说它像一把椅子，不如说更像建筑角落里一个自我绽放的空间，空间躯干上一个自我呈现的切片，一个窥豹之管，一片知秋之叶，把一处不为人知的角落点亮。

4. 结语

以上这些案例清晰地传达出家具和身体之间坚固的同盟关系，美轮美奂的人工家具蕴藏了自然造化的独特能量，也成为设计师和艺术家慧眼独具、匠心独运的灵感之源。“正是身体给那些来自抽象的概念和逻辑形式的字词提供更为丰富的反馈、内涵和意义，也正是身体使人们能够进入或能够感受一种难以想象和难以表达的复杂的场景和境地。”[6] 设计师在身心参与、物我交融的设计过程中，也通过手中的作品，反观自己的内心，体会身心与自然互动、与天地交流的状态。建筑设计、城市设计的尺度太宏大，让人迷失自己，平面设计、数码设计又仅仅冲击视觉，压抑了身体其他感官的通道。这也正是家具设计的迷人之处，让人触得着自己，又须不懈突破自己。设计师在与自我（身心）、自然的纠葛牵连中，发现自然的奥秘，打磨生命的力量。

2017 年 5 月，普利茨克建筑奖获得者王澍在中国美院美术馆策划了“不断实验——中国建筑国美之路”展览，一楼大厅的陈列品就是被称为“椅 · 房”的家具装置作品。在教师的指导下，一年级受过木工基础训练的大四学生重新以“木工设计师”的姿态进入课程设计，在向鲁班特质回归的过程中，探讨椅子和房子的某种交织关系。同椅子一样，每一个“椅 · 房”空间都具有空间性、近体性和审美性的特征，同时又具有建筑和家具的交互性、身体体验和心灵认知的融合性特征，教学的实施者和参与者无意于“让家具或者建筑能成为一个独立的构成，而是让两者相互讲述对方的故事，着力于探讨家具与建筑之间微妙的边界。”①学生们在这种小规模建造中，对空间、材料、工艺、表达等问题的理解更加深入，师生也更进一步领略到环境设计专业的内核：它“作为诸多艺术形式的一种，其特征在于，它是整体的，而不是局部的；是复合感官的，而不是视觉的；是深入体验的，而不是旁观的。”[7]

本文图片由程雪松提供

注释

① “不断实验——中国建筑国美之路”展览，摘自“椅房”课程宣言 指导教师：蒋伟华 等。

参考文献

[1] 任仲泉 . 家具的概念创新策略 [J]. 设计艺术，2006（04）：43-44.

[2] 岳璐 . 道成肉身——梅洛 · 庞蒂身体理论初探 [J]. 文艺评论，2009（05）：2-6.

[3] 王世襄 . “束腰”和“托腮”——漫话古代家具和建筑的关系 [J]. 文物，1982（01）：78-80.

[4] 程雪松 . 争论私密性——作为公共艺术的公共卫生间设计研究 [J]. 建筑学报，2006（05）：64-66.

[5] 朱良志 . 生命的态度 [J]. 天津社会科学，2011（02）：95-103.

[6] 张之沧，唐涛 . 论身体思维 [J]. 学术研究，2008（05）：30-35.

[7] 程雪松 . 以“参与、实践、艺术”并重的教学构建体验性环境艺术教学新体系 [J]. 装饰，2009（01）：100-102.

上海美术学院 2017 年家具设计教学案例展现场

座椅设计：
左起第一排：丁　婕、王海婧、钟婷婷、范　燕、何晓翔
左起第二排：简　爱、李嘉馨、李婧婧、李明颖、林古凤
左起第三排：王　蕾、费陈丞、王延青、闻依依、吴佳欣
左起第四排：蔡亦超、张　薇、张　欣、张宇婷、朱菡苕
左起第五排：王长言、金倩惠、张宜君、郭莉华、张贝鋆

4.4 争论私密性
——作为公共艺术的公共卫生间设计研究

现代的新座右铭是:“如果你体验到了什么，就记录下来;如果你记录下了什么，就上传;如果你上传了什么，就分享。”

——尤瓦尔 · 赫拉利（Yuval Noah Harari）《未来简史》

公共卫生间的设计长期以来是被艺术家和建筑师忽略的领域。艺术家因其管线复杂，技术功能要求高，且难以受到大众视角关注而将其忽视；建筑师则通常由于建筑和装修的界限而难以涉足这个空间的视觉设计领域；环境和室内设计师虽然愿意正视公共卫生间设计，却碍于绝对私密性向人群直接开放造成的伦理困难，无法将公共卫生间的设计进行到底。

公共卫生间的设计过程本身是一种揭秘和袒露，是将人群心底的欲求揭示出来并以空间形式使之呈现的过程。空间在这里不仅是各种私密事件发生的场所,也是无数信息传递的载体,更是私密性本身。莫霍里 · 纳吉（Moholy Nagy）所说的“空间作为身体的延展”，在这里可看作小便器的高矮和轴距，是有关正常使用的容忍度，也是对无形心理生理需求的探测；马桶厕位的长宽高度，既是绝对私密心理空间大小的量度，而且随着时代的变迁，极有可能撩发多功能的使用；洗脸盆相互之间及其与化妆镜的距离，牵涉使用者占据个人盥洗空间的程度；甚至卫生间入室门的开启方向和角度，也在很大程度上影响着私密性的产生和传达，通常，我们称之为“视线干扰”。梳理海德格尔（Martin Heidegger）以来的空间研究脉络，我们建立起基本的空间生存理念:“生存在世也可以称作生存的空间化，事实上是空间建构了生存者而不是生存者创造了空间。”从这个意义上说，公共卫生间的空间设计关系到我们的私密性生存，值得探索。

从功能角度看，公共卫生间主要是满足人群大小便和盥洗梳妆的要求。我们可以进行大体上的区域划分，即坐便区、梳洗区，男卫生间有小便区，强调无障碍设计的卫生间还有残疾人专用区域，讲究一点的卫生间有前室、等候休息区、管理用房和工作间等。功能不是限定，不应当被狭隘的理解成一种规定化的场所或者空间格局，功能更是一种“生存发生和展开的方式——一个由此获得特定生存情态的生存切入点”[1]。中国人把功能叫作用途,也就是指引道路。如同毛笔给我们指引一条书写之路、围棋给我们指引一条对弈之路，卫生间的功能指引了一条私密性生存之路，生存因之发生展开，充满着生存应当经历的各种可能性。

从历史上看，公共卫生间的发展演变自古以来经历了多个阶段。起初人们并没有私密性的需要，一抔黄土或是一块沙地就可以完成空间的划分，界定出区域的范围。从很多动物的习性上可以追溯和想象上古人类的如厕过程；随着社会的发展，私密性的要求逐渐加强，通过限定很弱的矮墙、茅草或篱笆来分隔，形成所谓的“茅茨土阶”；私有制出现以后，私密空间也成为一种需要，人们对卫生间私密性的要求越来越高，卫生间逐渐淡出主流公共空间的舞台，成为非常私人化的场所。现代社会人和人之间交往的要求越来越强烈，人的流动性也越来越大，伴随一些大型公共空间的出现，体现公共和私密双重性格的公共卫生间作为独立的空间形式受到广泛关注。公共卫生间的发展史其实是公共/私密观念纠缠碰撞的历史，从这个意义上说，公共卫生间是这种观念的空间载体，从物质的层面演绎和诠释着观念的变迁。

那么，作为一种独立的空间形式，公共卫生间的私密性究竟应当如何界定呢?

过去，我们习惯上把卫生间叫作 WC，是取 Water Closet 的缩写，它的本意是“有水的可以进行私人活动的小房间”，这个定义概括了卫生间的形式特征，却没有表达其内容要求。今天，有的政协委员提出和国际接轨，把 WC 改成 Toilet，Toilet 词典上的解释是“有进出水装置、可大小便的、梳洗化妆的地方”，显然，词义已涵盖了卫生间的使用和功能。现代公共卫生间不仅仅是一个传统意义上的地点概念，它更多地承载了人群的活动，成为一个更富有公共意义的场所。现代生活给私密性的卫生间带来多重身份，人们来到卫生间不光是为了解决生理需要，这里还是交流的场所，可以思考和聊天，甚至阅读、放松乃至宣泄。公共卫生间功能的异化，带来私密性的游移和公共性的加入，也使得这个原本单纯的功能空间拥有了文化上被阅读的多重可能性。

贾平凹在《西安这座城》中写道：“清晨的菜市场上，你会见到手托着豆腐，三个两个地立在那里谈论着国内的新闻，去公共厕所蹲坑，你也会听到最及时的关于联合国的一次会议的内容……。”龙应台把这种空间总结为“一个现代的所谓‘公共空间’——和今天的酒吧、广场、演讲厅，从前的水井边、大庙口、澡室和菜楼一样，是市民交换意见、形成舆论的场所。”[2] 作为这样一个交织着公共性的私密空间,公共卫生间设计的窘境在于,我们应当在何种程度上承认或是培育私密性？放任私密的泛滥，那么公共卫生间会成为暴力、罪恶和阴谋的场所。一个从事文化工作的朋友告诉我，社区文化馆里舞厅和网吧旁的公共卫生间经常可以清扫出安全套和吸毒用的针头，甚至发现过一个带血的婴儿。卫生间不仅保护了人的很多私密行为，也保护了人心底的欲望。这种欲望的无限膨胀，反而造成公共空间的失语。如果限制这种私密，消除一切私人活动的存在，以相当开放的空间形式对抗私密性可能带来的消极因素，那么，也许卫生间就会失去其独特性和存在意义，变得像酒吧和会所一样喧闹，失去那份宁静和质朴。

艺术家黄引在其摄影作品《性 · 别》中的探索值得关注。他通过拍摄男女卫生间截然不同的公共书写，得出结论:“公共厕所作为一个公共场所是开放的，但是它又具有暂时的私密性。这些人在公共厕所的墙壁上写下了自己的想法，这种想法最初是私密化的，当他写在了公共厕所墙壁上时就具有了私密性和公共性的互换。”[3] 据此我们不妨对私密性做如下限定:不仅在空间上有限，而且受到时间的规定。特定时空中的私密不断叠加，就构成了公共卫生间的公共。

事实上，争论私密性的目的在于维护公共卫生间的公共性。张楚在歌里这样唱:“其实这世界不过是我家，墙里面只是些生活和勾当;我已经找到了厕所和床，哪里危险哪里可以放荡。”厕所和床是真正自由的地方，是自由王国和永恒世界，可以自由地思想，自由地思考，自由地呼吸，自由地交流，是真正的公共领域。尤根 · 哈贝马斯（Jürgen Habermas）系统和原创性地研究了公共领域，认为公共领域（Public Sphere）指一个国家和社会之间的公共空间，市民们可以在这个空间中自由言论，不受国家的干涉。通俗地说，就是指“政治权力之外，作为民主政治基本条件的公民自由讨论公共事务、参与政治的活动空间”[4]。在这种不受政府侵扰的自由空间里，哈贝马斯强调，市民参与以阅读为中介、以交流为中心的公共交往。“如果说生的欲望和生活必需品的获得发生在私人领域（Oikos）范围内,那么,公共领域（Polis）则为个性提供了广阔的表现空间;如果说前者还使人有些羞涩，那么后者则让人引以为豪。”

与哈贝马斯不同，米歇尔 · 福柯（Michel Foucault）从自由被剥夺的角度研究空间。他的空间分析把社会看作由一系列分隔、排斥和对立系统正当化得以运转的产物,因此,他关注疯癫、监禁和惩戒。监狱和疯人院是被剥夺公共权力的人的集中营，他们的私密性没有保障。“监狱就是现代社会的一个生动隐喻，因为它体现了现代权力的最根本的规训特征，是现代社会形态的精确提纯，社会就是一个在规模上放大、在程度上减弱的监狱，只有在监狱这里，纷繁的社会本身才能找到一个焦点，一个醒目的结构图，一个微缩的严酷模型。而现代个体，正是被这个无处不在的监狱之城所笼罩，个体就形成和诞生于这个巨大的监狱所固有的规训权力执着而耐心的改造之中。”[5] 福柯的个性式研究批判地思考了现代空间的局限性，代表自由理想的公共空间理应颠覆规训的权力空间，缝合现代城市的心灵创伤。难怪王晓波会在国外机场厕所的四壁上看到种族问题、环境问题、正义问题，看到“让世界充满爱”、“I have a dream today”的标语，看到打倒独裁分子和解放一些国家或地区的要求。

行为艺术家张洹是一位冲出规训和改造的个体，其著名作品之一是在北京一个 $12m^2$ 的公共厕所里端坐一小时，身上涂满蜂蜜，吸引苍蝇无数。在创作过程中，有人上厕所，一到门口就走了，有的照旧如厕，看着张洹，不予理会。相对于事件本身，张洹更为关注的是逾越规训的行为和其他社会个体之间是何种关系，会在何种程度上构成对他人的影响。他把事件现场选在公共卫生间，就是因为这里对个体行为有更为松弛的包容度，可能是最接近公共领域的地方。行为艺术虽有自虐嫌疑，但张洹现已成为中国行为艺术家中身价最高的一位。

自古以来，中国关于公共 / 私密的观念始终踯躅在一种暧昧的状态中，数千年小农经济的社会基础把私有观念深植人心，“封建统治下的世俗领域其实就是古代的私人领域，它的特征是将所有活动纳入家庭范畴，这些活动只具有私人意义。”[6] 而公有制社会的实验和理想又使得公共性的话语成为一切私密的形式和外衣。结果，中国人对于私人领域、私密空间的概念和对公共财产一样模糊，我们长期以来树立的无数大公无私，或是公而忘私的形象和典型，因为公共 / 私密二元主体的一方缺失，在社会变革中显得越来越缺乏穿透感和传播力度。

我们今天的公共卫生间由于其公共 / 私密界定的两难而淡化在主流设计边缘，但是，也正是由于这种边缘性和复杂性，形成其独特魅力。相对于气宇轩昂的王宫殿宇、市政大厅，相对于崇高巍峨的教堂和博物馆，公共卫生间更是一种世俗生活的场所，它浸淫着世俗的气质和情怀，受到世俗道德的约束，被世俗的价值观所评判，但它代表着惰性和缺陷的现实，建构着泛滥的欲望，充满了生命力。

正是沉迷于这种状态，2004 ~ 2005 年我和上海大学美术学院环境艺术专业三年级的 40 多位同学一起就公共卫生间的艺术化设计进行探索和研究。我们选择了美院三楼的卫生间作为改造设计的对象，从环境和人群行为的特征入手，综合分析了卫生间的使用现状、人流量、内部照明和通风情况、洁具数量及其空间视觉环境状况，以公共艺术和公共空间设计为目标展开改造设计。通过公共艺术的形式去找回我们在公共领域失落的权利，本来是一种无奈。在“公众领地”（Public Territory）为主题的首届中国国际建筑艺术双年展的国际建筑空间艺术展里，策展人大声疾呼：“无论是作为向公众开放的当代艺术，或者是当代艺术通过公众传达交流，所要达到的目的，都是要体现我们现实社会的公共价值和公共精神，反映出当今社会政治的民主意识和多元化的公众自觉精神。”从公共艺术的要旨来看，“第一，应该努力体现公众的生存经验与他们所关注的文化问题，从而使作品的意义具有可交流性与开放性。在更为成功的作品中，作品所涉及的公共性问题还会有机纳入特定社区的公共性话语中；第二，应该恰当使用公众性的话语方式或努力表达公众的视觉经验，进而体现出平等交流与公共关怀的价值观，这样还可为不同层面的解读预留充分的空间，并拉近作品与公众的心理距离。”[7] 因此，我们希望空间设计的话语能够走出视觉艺术或者纯美学的窠臼，站立在更为广阔的社会学舞台上陈述；设计的评价也不应局限在少数派的立场上，而要吸纳更为恢宏多元的分析视角；设计的目的“不仅止在追求作品物件客体本身的风格和品质”①，更具挑战性的还是“意义的竞争”[8]，因为这是“公共艺术符码沟通、传播的议题”[9]。

朱晓炜和王一桢小组的方案，探讨了大量预制装配式卫生间时代到来的可能性。在他们的个性化单元里，个体可以完成包括大小便、梳洗、化妆在内的多项活动，这些单元可以在工厂预制，现场进行整体拼装。他们较多运用技术手段，创造极少主义空间的同时，表达了对数码时代私密生活的呼唤。他们的技术细节还需要更为专业性的讨论，不过其探索实质已指向了中国当代空间设计的某种前景。

李琴和方颖小组的方案以莫比乌斯式的连续空间及充盈细节的感性设计，创造了相当表皮化的动人场景。他们用一墙之隔的“距离（他们给自己设计起的名字）”，展示了两性之间漫长的隔阂。他们精细地研究了女性化妆的尺度要求，设计了从满足衣着要求到进行皮肤细部观察的化妆镜，这样一个尺度链在卫生间的展开无疑丰富了空间作为身体延展的内涵。

徐海伟和张琦小组的方案，把目光投向传统文字。他们的空间对称、稳定，充满阳刚之气；而散布其间的文字，与私密性的书写相结合，又显得温婉多姿。只不过，这种书写和由此引起的阅读，成为一种公共性活动，没有了地下书写的寂寞难耐，更多的是庄正堂皇的人性化交流。设计的初衷据说出自对于作为装饰性文字的钟情，而略显不足的是弱化了空间本身的多向度特征。

潘婷婷和曹敏小组的方案，是唯一把两性的平面符号和空间要素对应起来的作品，具有视觉传达的特征。向心感强烈而略带宗教意味的空间，把如厕的过程放大成为高贵的仪式，梳洗池环绕成卫生间的视觉中心，沐浴在精心控制的光线里，显得戏谑而又让人印象深刻。不足的是两个符号的交接被处理成三角形的残疾人厕位，稍嫌生硬，平面符号的空间象征性也须进一步探讨。

石韵和袁斐翱小组的方案，大胆地向传统卫生间设计挑战，男女卫生间的分隔被设计成半透明的玻璃，虽然空间格局本身新意不多，但控制在《花样年华》般色调里的空间氛围，以及关于玻璃前人影摇曳的畅想，的确穿透了公共卫生间的空间规范，把设计推向了私密性的边缘。

从公共艺术的角度进行公共卫生间设计是一种努力，是挥舞艺术枪刺对抗伦理艰难的尝试，是披着艺术铠甲捍卫公众尊严的战斗，它的物质形式覆盖下的社会学本质将是设计不断深入的批判性动力。它的研究价值超越了空间本身，形成了对自身乃至社会的反思性实践。唐纳 · A · 肖恩（Donald A Sean）认为反思性实践让“专业知识都嵌入到带着人文价值和利益烙印的评价框架内”，这让我们清醒地认识到实践在关于知识的批判中所起的作用。公共 / 私密的争论没有终结，反思性的实践也不会终结，公共卫生间的设计研究提供了这样一个契机，我们从中了解到自己的生存状态。正如米兰 · 昆德拉（Milan Kundela）所说：“存在不是已经发生的，存在是人的可能的场所”[10]。在实践中挖掘这种可能性，是设计的真正意义所在。

本文图片由程雪松提供

注释

① 夏铸九 . 争论公共性：公共空间中的公共艺术 . 上海同济大学建筑与城市规划学院讲座 . 2004-07.

参考文献

[1] 李凯生，彭怒 . 现代主义的空间神话与存在空间的现象学分析 [J]. 时代建筑，2003（6）: 32-33.

[2] 龙应台 . 百年思索 [M]. 海口：南海出版公司，2001.

[3] 黄引 . 民间“性话语”带给我们什么 [EB/OL].[2002-11-18].http：//www.cc.org.cn/old/wencui/021118200/0211182015.html.

[4] 哈贝马斯 . 公共领域的结构转型 [M]. 曹卫东译 . 上海：学林出版社 .1999.

[5] 佚名 . 福柯与哈贝马斯之争 [EB/OL].[2005-02-25].http：//www.cnxuexi.com/xiezuo/biye/3627.html.

[6] 汉娜 · 阿伦特 . 人的条件 [M]. 竺乾威译 . 上海：上海人民出版社，1999.
[7] 渠岩 . 关于“公众领地”国际城市公共空间艺术展（北京）[EB/OL].（2004-09-17）.http：//arts.tom.com/1002/2004/9/17-53025.html.
[8] 鲁虹 . 空间就是权力——关于公共艺术的思考 [EB/OL].（2004-08-04）.http：//www.eesu.com/artle_show.php?id=124007.
[9] 肯尼斯 · 弗兰普敦 . 现代建筑——一部批判的历史 [M]. 张钦楠译 . 北京：生活 · 读书 · 新知三联书店，2004.
[10] 米兰 · 昆德拉 . 生命中不能承受之轻 [M]. 许钧译 . 上海：上海译文出版社，2014.

1	2
3	4
5	6
7	8

1. 徐海伟、张琦
2. 佚名
3. 潘婷婷、曹敏
4. 李琴、方颖
5. 佚名
6. 石韵、袁斐翱
7. 杨思聪
8. 沈丹逸

4.5 现代上海城市空间公共艺术概览（1949 ~ 2009）

一座普通城市的文化，主要是看地上有多少热闹的镜头；一座高贵城市的文化，主要是看天上有几抹孤独的云霞。

——余秋雨《何谓文化》

1. 引言

公共艺术主要包括放置在公共空间供人欣赏的雕塑、壁画艺术品、空间装置，以及发生在公共空间、与公众关系密切的相关展览、表演活动。上海作为发展中的世界城市，从 1949 年建国到现在 60 多年间有着丰富的公共艺术作品。笔者和团队选取这一时期有代表性的公共雕塑、壁画和装置进行了搜集和调研，重点关注它们与环境和公众之间的交互性，以期对上海公共艺术发展的现象和脉络有客观而全面的认识。在不同时期，不同社会背景下，公共艺术的创作题材、表现形式、运用材料、表达内容、客观功能等都有所不同，反映的社会现象亦不同。参照中国现代美术史和上海现代社会发展史，笔者试选取“文化大革命”、改革开放、浦东开发开放、申办世博会这四个重要事件作为区隔节点，把新中国建立以来 60 年分成五个时段，来阶段性分析梳理上海公共艺术的发展方向和轨迹。

2. 破旧立新，效法苏联（1949 ~ 1965 年）

1949 年新中国成立，上海市人民政府确立了“为人民服务，为劳动人民服务，首先是为工人阶级服务”[1] 的城市建设方针。这时期上海市人口稠密、土地紧缺、资金匮乏，主要建设工作是破旧立新，同时积极学习原苏联老大哥的经验。一方面要清除旧社会残留的糟粕，另一方面要修建弘扬新社会新面貌的城市艺术品，比如箫传玖的“鲁迅像”、“刘胡兰像”等。随着中苏之间关系日益紧密，文化交流方面的活动也日益增多，为了学习世界上第一个社会主义国家在经济、文化、建设等方面所取得的辉煌成就，上海 1955 年 3 月在上海中苏友好大厦（现上海展览中心）前树立起了上海首座公共雕塑“中苏友好”。

“中苏友好”连底座约 15m 高，由苏联著名雕塑家凯尔别和莫纳温设计，表现了一位苏联工人手擎一杆旗帜，与一位手持一卷蓝图的中国工人并肩挽手建设社会主义的场景。人物身体重心向前，气势宏伟，造型强劲有力，让观众顿生社会主义革命必胜、共产主义必将实现的信念。后来这件作品在广州的中苏友好大厦前又原样复制了一份。雕像在“文革”期间被拆除，后来 1996 年被张海平更具装饰感的铸铜雕塑“创世纪”所取代。这同样也是一座人物雕塑，展现的是更加抽象写意的中国劳动者，与俄罗斯古典主义建筑门廊交融共生，形成一道亮丽的景观。同时在建筑中央大厅前的广场上，筑有一座 1100m^2 的大型喷水池，池内由玻璃制成的荷花 31 朵，喷水时水花如帘，水光潋滟，让整个环境充满生机。

此阶段的公共艺术作品多为纪念碑和纪念性的城市雕塑，表现人物和事件，以具象雕塑为主。它们设置在公共空间中是为了纪念城市光辉的革命和建设历史，表达对新社会的讴歌。更深远的意图则在于通过艺术形式来对公众进行意识形态教育，文艺作品的立场性和阶级性特征都非常明显。

3.“文革”艺术，领袖肖像（1966 ~ 1977 年）

1966 ~ 1976 年的 10 年“文革”期间，建国 17 年以来的文艺思想、创作形式和创作成果遭到批判和否定。毛泽东肖像成为“文革”艺术最普遍的样式。当时全国范围内主要为背手像、挥手像、戎装像三种基本形式，上海的毛主席像采用毛主席身穿戎装、手持军帽挥手致意造型，这一造型来源于 1967 年 8 月 18 日毛主席在天安门广场首次接见来京红卫兵的一张照片。以清华大学建筑系美术教研组张松鹤、宋泊、郭德菴等人为主成立毛主席雕像设计筹备组，他们把毛主席像制作过程制成资料，让各地前来的单位和个人索取。这也成为各地毛主席像的基本雏形。

1967 年 7 月 1 日，上海第二座毛主席塑像（第一座毛主席不锈钢半身塑像于 1967 年 6 月初在上钢三厂铸成）在同济大学落成，像高 7.1m，基座 3m，钢筋混凝土做成。毛主席像右手举起，拇指分开，食指和小拇指微微翘起，姿态生动。生动姿态的背后是坚强的结构力学学科支撑。雕像的背后栽植了松柏，前面是花坛和花钵。整个空间环境气氛庄严，礼仪性很强，让步入校园的学子和游人肃然起敬。之后复旦大学和华东师范大学又分别于 8 月和 9 月在校园内建立了毛主席塑像。据不完全统计，从 1967 ~ 1976 年之间，在上海各大专院校以及工厂、机关内建立的大小领袖雕塑不下二三十座。

这期间的公共艺术作品除了以伟人形象为代表的“毛泽东像”外，还有一些以工农兵、儿童为主题的雕塑，比如“儿童团员”、“草原英雄小姐妹”等。可以说此时的公共艺术与厂区、校园相结合，体现出强烈的文艺为阶级斗争和为政治服务的特征,因而在当时创造了一种“红海洋”式的新艺术景观。这个时期的艺术也被后来研究者称为中国的红色波普艺术。

4. 春回大地、观念多元（1978 ~ 1989 年）

1978 年中共十一届三中全会以后，公共艺术建设迎来发展契机。改革开放一方面是国内的思想解放，另一方面是对外开放，各种艺术思潮、流派开始传入国内，公共艺术创作呈现出飞跃发展、百花齐放的态势。在 1949 ~ 1979 年的 30 年时间里，上海大约建造了 40 余座室外雕塑。[2] 而改革开放后的 12 年中，就建了约 230 座城市雕塑和壁画，代表作品有“鉴真东渡”、“马克思和恩格斯”、“丝绸之路”、“欢迎”、“和平”、“光明”等，其中第五届全运会的标志是上海第一座大型不锈钢雕塑，为后来不锈钢雕塑的全面发展进行了较好的铺垫。

1980 年上海宝山钢铁厂的两幅壁画完成。一幅是“鉴真东渡”，长度为 4m，高度为 2.2m，由梅洪设计，俞晓夫、任丽君、宋韧绘制。壁画运用唐朝的元素，描绘了日本天皇盛情接待鉴真的场景，形象逼真。另一幅是“丝绸之路”，由肖峰设计，肖峰、魏景山、陈创洛绘制。长度、高度与“鉴真东渡”相同，壁画采用意象的手法，描绘了丝绸之路的历史场景。两幅壁画都采用丙烯材料，在艺术手法上与印象派名作“日出 · 印象”有异曲同工之妙。

“马克思和恩格斯”雕像位于复兴公园沉床花坛以北的小草坪上，是原长方形图案式草坪的南半部分，由章永浩设计。该工程于 1983 年 5 月 5 日马克思诞辰 165 周年纪念日那一天奠基，1985 年 8 月 5 日恩格斯逝世 90 周年时揭幕。雕像采用花岗岩雕成，高 6.4m，宽 3m，重 70 余吨，由三块花岗岩组成。像基平台 855m^2，通道 365m^2，均为花岗岩块砌成。雕像从一块长方形巨石上拔地而起，宛若刀劈斧凿的人脸轮廓和衣纹褶皱与巨石的棱角浑然一体，凸显出伟人思想的锐利和锋芒，也让雕像更好地融于自然。雕像旁植有苍翠挺拔的雪松、香樟和棕榈，同时设置色彩缤纷的花坛，周围绿草如茵。

上海曲阳新村是20世纪80年代新型居住小区的代表，上海在这里第一次为居民区绘制、设计壁画作品。三幅巨大的壁画主题为“和平”、“光明”、“幸福”，寓意希望中国长期和平，为人们带来光明和幸福。在1985年壁画设置于新村主干道六层居民楼侧墙，体量巨大，采用马赛克镶嵌工艺。从此壁画正式进入市民生活，真正体现了公共艺术的内涵，成为当时壁画创作的代表作品。

这一时期重要的公共文化建筑上海博物馆建成，其位于南大门外的八尊石兽为建筑增色不少。石兽造型取自上海博物馆原馆长马承源先生的巧运精思，是从数百件馆藏汉唐石刻中精选出的八件作品，再请著名雕塑家陈古魁加以放大做成模样，然后由雕塑之乡河北曲阳的石匠，依样打制成巨型汉白玉石兽。石兽中，六尊为狮子，两尊为辟邪（貔貅）。石首表情呆萌活泼，姿态圆润生动，材质洁白纯净，与博物馆的门廊灰空间相结合，既有历史况味，又以远古形象为城市祈福。

1978～1989年期间，中国经历了改革开放初期，艺术家受到纷至沓来的各种国际思潮影响，开始进行全方位的探索，公共艺术也得到空前的发展。在题材上，公共艺术从单一表现政治历史宏大场景发展到对百姓生活的具体反映；在材料上，显示出手法创作走向多元的审美取向；在艺术观念上，创作已经受到当时西方后现代主义文化思潮的影响。同时，创作者也开始考虑作品和环境之间的关系了。

5. 浦江潮涌、东西联动（1990～2000年）

1990年拉开了浦东开发开放的序幕，标志着上海城市空间发展格局的改变，从原来的临江发展，到拥江发展。黄浦江沿线公共空间的提升为公共艺术跨江向浦东蔓延奠定了基础。公共艺术的空间布局向街道、社区、园区等生活空间拓展，内容更加亲切自然。这一时期的代表作品主要有“五卅运动纪念碑”、“打电话的少女”、“东方之光”、“世纪晨光”、“五行”等。

余积勇、沈婷婷的“五卅运动纪念碑”于1990年5月30日在人民公园落成，艺术家把“五”和“卅”两个汉字进行后现代解构，采用现代雕塑形式来表现历史纪念题材，在上海城市中心尚属首例。作品体量感和空间感很强，犹如一朵巨大的钢铁鲜花绽放在人民公园，又像恣情舞蹈的舞者，甚至让人乍看误以为是美国解构主义建筑师弗兰克 · 盖里（Frank Gehry）的建筑作品，它与人民广场杂乱的建筑背景取得了一种奇特的呼应。作品采用抽象方式，以构成主义的艺术语言创造了一件具有当代艺术精神的作品。

淮海路上的“起来”位于街角花园聂耳音乐广场内，雕像于1992年10月28日纪念聂耳诞生80周年之际落成。它由张充仁设计，以音乐家聂耳指挥演奏“义勇军进行曲”为题材设计制作。铜像高近4m，人物敞开外衣，目光向着前方，左脚跨出，正展臂指挥歌唱。法国文化部长看到了聂耳像的照片也惊叹于雕塑家对音乐的理解。“起来”也成为上海人民永远怀念人民音乐家聂耳的深情表达。

1992年外滩滨水区第三次改造完成，增添了重要的公共艺术地标“陈毅像”。章永浩设计制作的这尊雕像，通体由青铜浇注，塑像高5.6m，底座用红色磨光花岗石砌成，高3.5m。塑像面朝南京路外滩方向，目光深邃，单手叉腰，再现了上海第一任市长陈毅同志视察工作时的典型姿态，显示他一路风尘仆仆、不辞劳苦的公仆形象，又具有指挥若定、虚怀若谷的大将风度。陈毅广场涌泉位于陈毅塑像南面。造型是外周正方，内圈椭圆。池内水柱随着声音喷射，时高时低，池底安装了彩色的光源，夜晚随着灯光的变换，条条水柱辉映出红、黄、蓝、绿的光束，为外滩增添了瑰丽的夜景。陈毅雕像和广场环境已经成为上海重要的文化符号和公共空间，和市民的集体记忆、文化认同融为一体。在此期间，雕塑家张海平、杨建平等还设计了“浦江之光”、“浦江儿女”等外滩系列雕塑，用艺术形象凝聚了黄浦江滨水区作为上海城市核心心理空间的内涵。

“打电话的少女”是淮海中路上的第一座铜像，主要成分为青铜，高1.70m，重约350kg。铜像中的少女左手轻插胯部，右手执话筒，飞扬的短发、短裙展现着青春的灵动与活力。创作灵感来源于艺术家何勇对生活细心的感受，他认为打电话作为人们交流信息或情感的方式，与地铁这一交通工具有相同的成分，两者都喻义沟通与交流。打电话少女具有市民特色，其创作灵感来源于大众。该作品自然、生活化的造型，巧妙融合于周边环境，在来来往往的行人中，她仿佛就是都市中的一员。2000年“打电话的少女”被盗使得该作品获得公众极大的关注，大家忽然意识到这一描摹城市普通市民的艺术作品原来已经植根于环境当中，植根于文化和集体记忆当中，成为城市生活的一部分。2006年5月24日，“打电话的少女”终于在公众的期盼中又回到了淮海中路、茂名南路地铁口。新作高度与原作相仿，但是少女形象变得更加时尚和动感。首先是头发仿佛正随风飘拂，其次短裙正被风略略吹起，第三上衣从有袖变成了无袖，短裙长度也更显“迷你”。新作并非是对原作的简单复制，随着年代的更替，少女的精神面貌有所变化，反映出新时代人物的气质特点。这一作品的价值已经不仅仅在于传神的人物刻画、鲜明的艺术风格，更在于她失踪后唤起了人们对于城市公共设施的保护意识，以及关于如何捍卫城市文明的认真思索。

90 年代中，延安路成都路高架建成，其中 PM109 号高架桥墩采取了盘龙造型。当时由于四层高架重量压身，这根桥墩特别粗大，达到直径 5m、高度 32m、桩基长度 62m。考虑到交通视觉影响和美观，由雕塑家赵志荣设计了“龙腾万里、日月同辉”浮雕。创意来源于矫若游龙、川流不息的高架造型，采用了商代青铜器上龙的侧面纹样，古朴中略显调皮。设计还考虑了腾龙图案的完整性，造型不能被纵横交错的高架所截断。

世纪大道是以时间为主题的露天城市雕塑展示长廊，已建有“东方之光”、“世纪晨光”、“五行”等大型雕塑。大道上一系列的路灯、护栏、长椅、遮蔽棚等都以充满现代感的风格精心设计。全线 9 个交叉路口被设计成简洁的几何形状，各具形态，配以不同品种、风格、色彩的雕塑作品以 9 大路口为分界点，形成了特征鲜明而又不失整体风格的 10 段景观。“东方之光”于 2000 年由法国设计师夏邦杰（Jean-Marie Charpentier）创意，北京雕塑家仲松设计。雕塑使用了 24 吨槽钢，约 400m^2 的台架及 6000m 的不锈钢管。这些钢铁材料组成了日晷的形状，突出跨世纪的时间主题，与前方的 9 根柱阵一起，形成世纪大道上的重要景观节点。它以日晷为原型，错综精致的不锈钢钢管构成了高度达 20m 的网架结构，雄伟大气，体现了我国古人的智慧和才能，也提醒人们珍惜时间，不要虚度光阴。它作为一个交叉路口的标志物，一方面与周围的现代建筑形成了完美的现代化景观，另一方面又具有通透性，不妨碍行人和车辆的视线。

值得一提的还有“浦江之光”广场旱喷泉，由景观园林专家周在春等设计。它是人民广场的中心，克服了喷泉停喷时水池不易保洁，人们又不能进入池内活动等缺点；旱喷泉把喷头、灯光、水池都隐蔽在上海版图的下面，喷头停喷时人们可以进入活动。旱喷泉下沉广场采用 3 层 9 级彩色高强玻璃台阶，夜晚形成红黄蓝三道美丽的光环，与彩色音乐喷泉共同构成绚丽多姿令人赞叹的“浦江之光”。采用新光源、声光合一的新灯具，是人民广场又一项创新设计，使整个广场大气、简洁。

随着城市格局的打开，上海城市公共艺术呈现出多样化、多元化的思想主题、表现方式和空间特征。在主题上，以人为本的原则在社会中占主导地位，公共艺术越来越贴近普通人民的生活；在表现形式上，由过去的单纯写实发展到抽象、意象、唯美、符号并存，这说明人们的审美视野在扩大，艺术形式在拓宽，艺术发展走向多元；在空间上，不再仅限于广场中心、学校和厂区门口，还延伸到街道、社区等生活空间；在材料上，不锈钢开始大量应用，甚至还有水和声光电的协同运用，是科技进步的表现。

6. 联动世界、回归人文（2001 ~ 2009 年）

世博会申办成功大大推进了上海的现代化和国际化建设，使城市的国际地位和影响力进一步提升。经济的市场化和多元化也全面提升了中国的文化“软实力”。各种新思想、新科技、新发明、新创造、新理念都得到了充分的展示，跨国界交流平台为公共艺术的发展带来了新的契机。2004 年 7 月，为促进上海城市雕塑建设朝着更有序的方向发展，上海市人民政府颁布了《上海市城市雕塑总体规划（2004 年—2020 年）》[①]。规划将上海进行区域划分，不同题材、具有不同文化象征功能的公用艺术被设置到相应的城市区域空间中去。这一阶段作品很多，并出现了一些非常具有代表性的作品，如“托起智慧的手”、“花树”、“希望之泉”、“彩蛋”、“静安涌泉”、“稻草人”等。

东方绿舟智慧大道雕塑群于 2001 年建成，这也是中国最大的雕塑公园之一。其中智慧大道是一条雕塑景观道路，长 700m、宽 25m，大道两旁矗立着 160 多尊古今中外的思想家、艺术家和科学家的雕像，神态逼真，惟妙惟肖。既有孔孟老庄等中国古代思想家，也有苏格拉底（Socrates）等西方哲学巨人；有爱迪生（Thomas Edison）等发明家，也有雕塑大师罗丹（Auguste Rodin）、音乐大师贝多芬（Ludwig van Beethoven）等艺术家，充满了历史文化气息。起始的作品是杨剑平等设计的“托起明天的太阳”，一只“大手”托举着一个红色的球体，寓意青年将是主宰未来的主人和巨人，踏着历史伟人的足迹，迎着朝阳走向新世纪。它由无数根钢筋编织而成，那些钢筋就如同人身体中的经脉，纵横交错，令人眼花缭乱。钢筋镀上一层金色，在阳光的照耀下更加璀璨夺目、熠熠生辉，具有未来感。

2006 年，由美国雕塑家胡伟伟策划与制作的“花树”，坐落在延虹绿地——西上海的门户区。它临近西郊宾馆和虹桥迎宾馆，来访的中外贵宾都会途经这里，所以作品的象征性和交通可识别性很明显。原创意象征着海纳百川、充满生机的上海城市精神。它高 16m，由 180 余朵直径为 2 ~ 2.5m 的五彩艳丽花朵组成。运用彩塑材料，以夸张和波普的手法，表现了一束被放大的鲜花形象。作品融入了现代装置艺术的概念，突破了传统城市雕塑的模式。艳丽的色彩和饱满的花冠，尺度适宜，形象鲜明，与周边嘈杂环境形成对比，表明创作者已经开始自觉地考虑作品与环境之间的协调关系了。“花树”将生活中现成的花束原样放大，类似美国当代艺术家克莱斯 · 奥登伯格（Claes Oldenburg）的雕塑作品，如巨大汉堡包、椅子等，有着后现代艺术的感觉。2009 年 10 月另一个由胡伟伟设计的“花桥花树”

在江苏省昆山市花桥沪宁高速公路（A11）上海入口处建成，在同一轴线上遥相呼应，象征着和谐共生、创新、憧憬，和延虹绿地“花树”可称之为“姊妹花”。

除了雕塑装置，艺术性的街道家具也成为公共艺术的重要组成部分。如虹口“海上海”创意园区中，由中央美院艺术家周伟担纲，创作了公共雕塑“网”、“纸飞机”和“太湖石”，运用金属材料，表现出了艺术的张力与感染力。街道家具如座椅、垃圾箱、路灯等设施，整体设计以现代人的时尚休闲生活为主题，采用高强度、耐磨损的金属材料，把多种创意元素如胶卷、管道等形象，融入雕塑化的街道家具设计中。最终完成的这些街道家具作品，有机融入创意社区环境，既具有普通街道家具的实用功能，又具有现代雕塑的创意造型，更提升了公共艺术的公共性特征。

2006 年 4 月 2 号，“彩蛋”在杨浦区五角场落成，由仲松担任设计负责，陈逸飞任艺术顾问。巨型金属蛋体这一视觉艺术的精品与中环高架市政工程有机结合，成为上海都市一景，连贯五条道路的下沉式广场成为杨浦区现代科技的聚焦点，被誉为“科技之门”。圆形的下沉式广场分别有 5 条地下通道和 9 个地面出入口与周边道路、商业设施连通。巨型彩蛋长 106.8m，宽 48.8m，高 15.8m，为椭圆形球体装饰壳，表面为钢架网格结构。“彩蛋”的闪烁霓虹将五角场的夜色点缀得格外绚烂夺目，同时灯光与音乐的有机结合，映衬在广场水池中的倒影亦真亦幻，呈现出一幅五彩斑斓的三维图景。五角场彩蛋最突出的特征在于把艺术创作和市政建设进行有机融合，用现代化的钢结构和灯光语言，标识出一个充满活力的城市副中心，改善了五角场原来杂乱、模糊的城市形象。

2007 年，在熙熙攘攘的人民广场地铁站 1 号线和 2 号线换乘大厅的天花板上，出现了一个巨型的雕塑“白玉兰”，此作品由岑沫石设计，采用上海市市花白玉兰为元素，造型上以写实为主，生动的线条结合一些棱角设计，生动地刻画了“白玉兰”奋发向上的形象。雕塑顶端露出地面部分为人民公园的喷水池，嵌有黄色花瓣形状的玻璃把地上地下分开，白天在阳光的照射下熠熠生辉。此天顶雕塑一方面提供换乘站大厅的采光，另一方面作为空间标志，给人们方向引导。设计获得了城市的认同，曾获得第十届全国美展金奖。

2001 ~ 2009 年期间的作品，主题的立意、材料的选择、造型的创意、形式的表达及艺术性的提炼等方面，都赋予了公共艺术作品更多的语言信息和生命价值，尤其是在主题上努力去挖掘城市文脉，在材料上注重生态和可持续发展。同时城市里也出现了不少海外艺术家的作品，进入一个东西方文化碰撞、交融的阶段。这与世博会的举办密不可分，上海成为展示时代文明和世界艺术的橱窗和舞台。

7. 结语

1949 ~ 2009 年期间，公共艺术作为一个新事物在中国发展迅速，上海城市公共艺术不论是在数量上的剧增，还是在创作题材、表现形式、空间环境、材料工艺、公共性营造上都越来越多样化，有力地彰显着城市文化艺术观念的变迁。

首先，在创作题材选择上，新中国成立初期比较单一，主要以社会主义革命和建设为主题；“文化大革命”时期表现为伟人肖像；改革开放后生活和商业主题逐渐占主导地位；浦东开发开放后主要以时间为主题，一方面人们开始怀旧，反思历史，解构历史，对历史有所缅怀，另一方面则争分夺秒，大干快上，呈现千帆竞渡、时不我待的昂扬主题；世博会申办后开始关注可持续发展，表现为对生态与历史主题的研究，跨文化交流更加紧密和频繁。

其次，在表现形式处理上，新中国成立初期以工人阶级形象为主；“文化大革命”时期突出伟人形象；改革开放后，城市普通市民形象丰富起来；浦东开发开放后，由过去的单纯写实发展到抽象、写意，乃至符号化并存，历史遗存经过现代性的打磨变得富有时代气息；世博申办后公共艺术作品的形式表达更强调生态、绿色和可持续发展的结合。

第三，在空间环境安排上，新中国成立初期公共艺术作品大多建造在公共建筑前方的广场中心，到了“文革”时期则出现在高校和厂区门口等重要集会地点，这两个时期公共艺术大都是放在政治化的公共空间里，供人们聚集时仰望；改革开放后公共艺术走进居民生活和商业空间，公共艺术创作者也开始考虑作品与周围环境的关系；浦东开发开放后伴随着街道改造，公共艺术作品与街道节点相结合，并沿着黄浦江两岸滨水区延伸；世博申办后公共艺术和风景园林交相辉映，出现了很多以雕塑为主题的公园，比如东方绿舟智慧大道雕塑群、静安雕塑公园等。

再次，在材料工艺选择上，新中国成立初期和“文革”时期主要是混凝土和石材；改革开放之后，材料运用逐渐多样化，有不锈钢丙烯、马赛克、岩石、纤维等；浦东开发开放到世博前，材料运用更加多元化，不锈钢开始大量运用，甚至还有水和声、光、电的运用，这是科技进步的表现，雕塑尺度和造型也更加多样，比如“花树”、“彩蛋”等。

最后，在公共性的营造上，新中国成立初期公共艺术的公共性是工人阶级的公共性，“文革”时期则是以领袖崇拜为主的公共性，这两个时期的公共性都是有限、狭隘的；而到了改革开放后，真正意义上的公共艺术作品才出现，公共艺术走进了普通市民的生活；浦东开发开放后，艺术家引导市民思考和参与公共艺术，公共艺术的公共性成为市民的公共性；申办世博会后，公共艺术的公共性是公民的公共性，人们作为时代的造就者和担当者积极主动地关注历史人文、投身社会发展。

纵观不同的历史背景和社会发展阶段，公共艺术展示了不同时代的公共审美，给人以不同的视觉感受。可以说公共艺术作品的公共性始终都决定于产生它们的时代背景。同时每个时期的公共艺术创作都是一种公共的、集体的行为，反映着普罗大众的世界观和价值观，也代表了当时的主流文化。如同建筑一样，在历史的变迁中很多公共艺术作品被拆除损毁，而又有一些被重建，总体而言，那些没有历史内涵或者审美沉淀、只重视表现形式的作品很快会被历史遗忘。

60 年间上海公共艺术的创作，呈现出一种数量不断上升，质量也在不断提升的演进趋势。公共艺术特征表现为：一方面是公共性，即大众审美的参与，另一方面是艺术性。需要强调的是，在公共性方面，我们还需要尽可能减少精英强行介入的艺术霸权状态，而要更多地走向市民参与；在艺术性方面，我们应该与社会历史发展结合，创作者需有较强的历史意识，对社会文化发展趋势要有前瞻和引领。

本文图片引自《上海现代美术大系（1949-2009）——艺术设计卷》
由李杨合作撰写

注释

① 《上海市城市雕塑总体规划》根据 2004 年颁布的《上海市城市雕塑总体规划》，到 2020 年，上海将建成重要城市景观雕塑 100 座，城雕集中展示区域 50 片，以及包括居住区、工厂企业及街头雕塑小品在内的雕塑 5000 座。

参考文献

[1] 郭公民 . 艺术公共性的建构：上海城市公共艺术史论 [D]. 复旦大学，2009.
[2] 郭公民 . 艺术公共性的建构：上海城市公共艺术史论 [D]. 复旦大学，2009.

1 2 3 4 5

1. 花树雕塑
2. 同济大学毛主席像
3. 五卅纪念碑
4. 世纪大道日晷雕塑
5. 人民广场地铁换乘厅白玉兰艺术装置（岑沫石供稿）

90
中华人民共和国万岁

五、城市与梦想

City & Dream

城市是敏感而困难的话题。人们因为效率化的原因而汇聚到城市，今天却承担着交通拥堵、资源枯竭、环境污染的风险；人们因为多样性的缘故而汇聚到城市，今天却面临着行政管控带来的单调、均质、乏味的困窘；人们因为身份和认同而汇聚到城市，今天却由于互联网的裹挟、逆全球化的反击、文化鸿沟的加剧，而遭遇着前所未有的认同危机。梦想的本质是追索初心，我们立足城市、规划城市的初心何在？这是引领本章节 5 篇文章的旗帜。这些文章涉及城市原型、主题规划、建筑表皮、特色小镇、山水城市、综合交通、城市品格等问题，形散而神不散，对梦想和家园的追索，始终是笔者孜孜寻求的出路。尤其是后世博以来的中国城市，经历了少年的迷茫、青年的癫狂和中年的辉煌，正在步入壮年的凝思——城市不仅是容身之处，更是安心之地。海子在诗中说：一半在尘土里安详，一半在风里飞扬。一半洒落阴凉，一半沐浴阳光。这也许便是梦想中的城市，城市里的梦想。

5.1 形而上的城市

明年春，草堂成。三间两柱，二室四牖，广袤丰杀，一称心力。洞北户，来阴风，防徂暑也。敞南甍，纳阳日，虞祁寒也。木，斫而已，不加丹。墙，污而已，不加白。砌阶用石，幂窗用纸，竹帘，苎帏，率称是焉。堂中设木榻四，素屏二，漆琴一张，儒道佛书，各三两卷。

——白居易《庐山草堂记》

1. 城市的原型

人人都有经营自己一方天地的经验。小到集体宿舍里的一张床，大到一个以 × 室 × 厅量度的住宅单位。如果把这样的经营放在一定的时间区间中考察，即空间的运作不是一次性完成的，而是一个持续不断的过程，那么通常的模式是从家徒四壁到空间被越来越多的细节占据，充塞于空间中的物品从最基本的满足生存的需要，到满足越来越丰富的心理生理需求。床头的一本书暗示着阅读的习惯，桌上的一支烟包含着思考的痕迹，甚至可以观察窗帘的色彩和质地，进而初步判断主人的审美品位和心理倾向。

不考虑尺度的跳跃，城市就是千万个这样的经营叠加的系统，城市建筑便是布满城市空间的若干细节。区别在于，细节本身又包含次一级别的细节，细节身后的价值取向和观念形态变得暧昧和多义。历史的延续和能指的重叠使得对城市的辨认不能如居室般简洁和清晰。

上海和巴黎都是细节充盈的城市，上海从一片滩涂成长为今天世界关注的焦点，文化的叠加和碰撞让这座城市始终以其先锋和多义卓然不群；巴黎的历史悠久，提起这座城市，人们会联想到无限广阔的外延，从太阳王的光辉到香水的芬芳，从卢浮宫冠绝天下到葡萄酒享誉世界，从奇诡深沉的萨特（Jean-Palu Sartre）到精致华美的吕克 · 贝松（Luc Besson），这座沿着塞纳河生长起来的城市也因为它的复杂和变幻莫测吸引着世界的目光。可是都市纷繁复杂，阅读城市从哪里开始呢？

完全从纯粹形式的层面阅读城市，结果又如何呢？抛弃尺度，拒绝形式背后的“都市人为事实”[1]，只是为了保持思维的明了和逻辑的可靠。有时，我们可以放弃一切，从零开始。

当城市被这样进行研究时，其独特的艺术品本质便开始在阳光下闪现。每一个造访过雅典卫城的人都无法拒绝感动，个体经验是促成感动的要素之一，还会有相当时光流逝带来的悲悯，空间变换引起的迷惘，但是，如果不是时间流逝，空间变换，如果不是卫城的艺术品们被预先卸载一些信息，而是作为单纯的艺术品呈现在你面前，感动还会一如既往吗？同样的，上海和巴黎的城市空间都包含着让人激动的要素。上海的城市空间以线性为特色，开拓和发展了海派文化的精髓，上海人精明细作的生活态度与上海城市功能的复杂和专业化具有某种同构性。在城市肌理的深处，狭窄的天空下往往隐藏着最动人的内在品质。在外滩的万国建筑当中，我们不用去寻找复古主义、折中主义、浪漫主义等当年流行于西方各国的建筑语法，便能感受到城市开放空间带给我们的冲击力。今天的浦东陆家嘴，中国乃至东方最具活力的地方，世界各国顶级建筑师竞技表演的舞台，从一个没有文脉的荒地，到如今承载着最活跃的城市画面。纷繁多变又不失简约精致的建筑形式构成上海城市空间的背景和幕布。巴黎的城市空间则演绎着欧洲城市理性和浪漫的复合。奥斯曼（Haussmann）严整精确的大巴黎规划脉络叠加在法兰西帝国恢宏壮美的城市结构上，生成今天的巴黎。沿着轴线大道从凯旋门一直走到卢浮宫，和在塞纳河左岸的寻常巷陌里踯躅，体会到的是完全不同的巴黎。

把握城市的原型，也许会带来突破。1975 年，罗伯特 · 克里尔（Robert Crier）出版了《城市空间的理论和实践》一书，他在书中系统研究了欧洲的城市，他把城市看成是街道、广场和其他开敞空间互相结合的产物。城市的街道和广场由建筑物组成线型，并由立面构成。而立面本身又拥有多种形式。城市是一个不断发展变化的客观存在，新的建筑、建筑群体和城市的产生都是老的城市生长、繁殖的结果。他认为，城市设计过程必须作为一种分组归类的方法体系，才能够把具有类似结构特征的建筑和环境归类，并在此过程中接纳和呈现特定的文化和人脑中固有的形象。[2] 在对多个城市进行分析和归纳并且对城市的生长过程作了调查之后，笔者认为，培育城市，特别是像上海和巴黎这样的国际大都市，需要寻找城市最根本的结构原型。我们把对城市原型的归纳和理解用切片和质点的方式表现出来，它们代表城市发展的历程和未来。

笔者一直羡慕和钦佩文艺复兴之前的建筑师们，一次次徜徉在古希腊和罗马的建筑和城市前，做大量的草图，探究真正永恒的造型。时髦的一句话“让历史告诉未来”点明了这样做的初衷。这意味着，形式本身包含让人感动的要素。瑞士心理学家荣格（Carl Gustav Jung）称之为“原型”——“最古老，最普遍的人类思维形式。”[3] 它们既是情感又是思想。应该强调：“这些原型并非是由遗传带来的观念，它们仅仅是人类心灵中的一些倾向，一旦被触发，就能够以特殊的形式和意义表现出来。”[4] 荣格通过大量的医疗实践发现，生活在当代西方社会中的男女，都能从他们的无意识中自发地构想出一些意象。这些意象是在远古时代遥远的地方流传的神话中的一分子，而且这些意象对个人具有深远和强烈的影响。

任何沉溺于造型研究的人对荣格的发现都会欣喜若狂，这发现试图在意识和无意识之间架起一座桥梁，虽然它有将人引向神秘主义彼岸的危险。荣格的研究是人类认识史上的一个里程碑，从此以降，宗教与科学、非理性与理性、无意识和意识的对话成为可能。

造型的产生并不神秘，城市造型的出现更有其理性的一面。在上海新南华里案例中，应对高容积率的策略是城市空间的立体化和高密度化。高层造型的甄别和选择是对高层建筑形式的探讨，也是对都市生存状况的回应和改进，更是对城市原型的呼唤。在穷形尽相的城市舞台上，任何一种造型的诞生无疑是对都市空间的挑战和补充。建筑师没有理由推卸生产和创造形式的责任，尤其是在这样一个极端消费化的城市。急速上升中的上海和世界许多大都市一样，需要形式来包装自己和推销自己，许多开发项目和城市标志、广告、公共关系、津贴和财税优惠、博览会、运动会、公共艺术等形形色色的“促销手段”一样，是城市的宣传品。为了给这个宣传品一个好的包装，建筑师被推到潮头浪尖，成为广告的策划和监制。

切片的造型无疑是对单纯城市原型的致敬和探访，也是新兴城市彰显自身魅力的有力符码。它既单纯又复杂，既骄傲又谦卑，既现代又古典，既锋芒毕露又含蓄内敛。新的城市空间也因为切片的加入，重新找到老上海那温情脉脉的线形空间。

2. 阅读城市

· 所有绘画皆是一场意外

然而，能指和所指之间仍然横亘着不可逾越的鸿沟。面对一座城市，除了天赋异秉的造型艺术家，大众如何准确把握城市意象和内心原型的种种关联？或者越过它，或者绕开它，普遍性的城市阅读方式面临抉择。

其实，一旦视城市为艺术品，线性的阅读方式就变得难以深入。罗西（Aldo Rossi）深知这一点，因此在他的城市文本里，认同、场所、设计、记忆这些重要问题始终亦步亦趋在阅读的左右。作为一个城市设计者，罗西善于编织和修补城市的结构，可是作为一个城市的访问者，受访者总是在为罗西制造一次次意外。培根（Francis Bacon）这样描述意外："所有绘画皆是一场意外。尽管，心灵深处我预先看到一些事物，然而我未能将其呈现如我当初预见的那般。尽管那儿有一张画，它转化自事实。"[5]这里，培根要求恢复创造者对作品无意识的权利，一种不合理、无法掌握的过程。阅读者之于阅读对象也存在这样的境地，尤其当他的对象和城市有关时。城市的创造者对城市的无意识是一种集体无意识，是一种无法控制掌握却能够感受触及的客观存在。它来自城市的古老记忆，来自整个社会人群的深层思想，建筑师在认识城市的过程中，逐渐深入到这种思想，并进而重新创造城市。

· 城市的变迁

可以说，《城市建筑》通篇要回答的就是罗西在《都市人为事实》一章中所提出的问题："从什么观点才有可能阅读城市，以及有多少种阅读的方式能真正掌握城市结构？城市的阅读是否可以说是一种跨学科的阅读？如果回答是肯定的话，跨学科的阅读又意味着什么呢？在所涉及的相关学科之中是否有哪一门学科比其他学科来得重要呢？"[6]这些问题出现在阅读城市的沉思中，又再现于对《城市建筑》文本的阅读中，可以说，无论是做一本书的读者，还是一个城市的读者，遭遇的迷惑是类似的。

西班牙果朵巴（Cordoba）的阿拉伯回教寺在1599年变成了巴洛克式主教堂；尼门的斗兽场由日耳曼人改造为城堡，变成有2000居民的小城市；教皇席斯汀五世（Sixtus V）有将罗马斗兽场改为羊毛纺厂的构想，虽然由于他不幸早逝没能实现。这一系列城市中的意外让人手足无措。罗西审慎地把它们纳入自己的理论体系，成为新的理解城市的契机。

理解城市的关键在于理解城市的变迁。城市造型、密度和土地使用的变化都是城市变迁的具体形式。城市变迁的内涵是生活方式的改变和社会的变迁。在巴黎的新大门设计中，Chinagora功能上展览馆到超市的变迁给我们提供了一个鲜活的脚本，它让我们了解到，城市的造型常常无法追随功能，在固定的城市背景下，常常会上演不同的戏剧。从这个意义上说，城市和剧场的确有某种拓扑学上的同构性。城市不仅作为剧场中戏剧化事件的一个背景，时空正是在超大尺度的剧场中变换。有时候，造型甚至会刺激功能的转化或者转移。因此，我们更应当把握城市中不变的常量，这种常量是我们要寻找的城市原型。城市的形式不停在变，可是原型不随时间推移而改变，相反，它会随着时间的积淀成为珍藏在人们心中的永久回忆，成为一种集体意识或者无意识。

在新南华里东块项目中，基地的特征既有上海典型的消费城市特点，基地所在的大自鸣钟地区本身也表征着一种商业化特点。据考察，这里曾经有过一个巨大的自鸣钟。现在，造型已经消失了，记忆被转化为一种地理怀念在人们的口头流传。大自鸣钟创造的是一种纪律秩序，最先出现是用来规范作息制度，而在今天的城市经济条件下，时间已经成为利润和价值计算的工具，于是，大自鸣钟实际上已演化为城市中的权力时间，成为主导城市命脉的商人阶层所控制的经济和社会政治的工具。

· 现象学式类型学

类型的内涵于是有所膨胀，成为"在三向度上进行织体编织的'一般构成单位'，是可以在时间中往返运动的事件性的点。"[7] 时间、空间和事件都成为类型的有效附着物，类型概念的开放性进一步增加。

曾经做过胡塞尔（Edmund Gustav Albrecht Husserl）助理的史崔塞（Stephen Strauss）将类型学分门别类，总结出"归纳式类型学（inductive typology）"、"推演式类型学（deductive typology）"和"现象学式类型学（phynomenological typology）"。罗西的类型学，当属"现象学式类型学"。它"既非抽象概念的组合，亦不是特征间交互关系的集中，而是对一个原型的某种彰显，同时无法保证所有类型形式都会被发现。"[8] 台湾学者季铁男认为这样的说法具有说服力，"它不走向死路，并倾向于持续寻找更多的本质而考量脉络的改变与其他的可能性，也就是说，现象学类型学是进化的，并且对探究工作开放的。"[9] 比如，里弄改造"新天地"这一事件便是某种"脉络的改变"，它彰显出来里弄城市的某种特质。现象学无法回避"场所"的概念。舒尔兹（Christian Norberg-Schulz）认为："场所是出发点，也是我们探讨结构的目标。一开始场所是以一种既有的且透过自发性经验的整体性呈现出来。最后经过对空间及特性的观点分析之后便像是一个结构世界。"[10] 舒尔兹用场所概念为我们的空间探索界定了一个范围：世界自场所始，由场所终，场所本身所包含的结构主义特质使外在经验和内心关照合而为一。于是我们今天面对陆家嘴东外滩，内心常常会奔涌复杂的情感，除了对新生活的渴望，还包含心灵与世界的某种撞击和对话。难怪罗西在《独特性元素和范围》一章中动情地说："当我们去收容所时，才会感受到痛苦是件具体的事情。痛苦存在于墙壁里，庭院中，走廊里。"[11]

至此，我们的思考从造型来到场所。

· 寻找场所精神

当笔者重新回到对城市的思考时，便开始对身边的建筑现象变得敏感而多疑。

笔者能够体会世贸中心双塔倒掉对建筑界的悲剧意义，可即使是雅马萨奇（Minoru Yamasaki）在世，他也未必比今天的纽约人更加悲痛欲绝。双塔成为政治牺牲品造成的悲哀，远比灵魂失去附依的情境、回忆没有延续的场所引起的心灵孤寂微弱得多。关键问题在于，这一空缺将会如何去填补，至少，纽约的轮廓线总不能永远不上电视。重造双塔的计划显得生硬而软弱，听之任之又过于冷漠。两位美国艺术家协同两位建筑师曾经提出了建立光之塔的建议，至今让人记忆犹新。人的确没有办法不活在意象的世界中，意象的世界同时也塑造着人类的精神家园。艺术家们的计划实现，是艺术对人的最大贡献。之后不久，“零地带”的重建又进行了超豪华阵容的设计招标，参赛的明星建筑师纷纷提出了他们美轮美奂的设计构思。最终，波兰裔美国人里伯斯金（Daniel Libeskind）勇拔头筹，获得了这块世界上最敏感地方重建的任务。他的方案重新编织了曼哈顿的天际线，让这块记忆中伤痕累累的土地重新有了自己灵魂的依托。

同样是敏感区、核心区的建造，中国国家大剧院的情形则截然不同，安德鲁（Paul Andreu）是以胜利者的姿态站立在占世界人口五分之一的中国面前。这个法国建筑师丝毫不会畏惧他的诸如“我就是要割断历史”之类的话可能引起的反感情绪，因为他深知：这个压抑已久的民族现在正需要一些极端性的话语，包括极端的造型，或许反而可以证明她的包容和开放。笔者个人对这个“天外飞蛋”并无好感，它不仅割断了历史，而且割断了空间。它对城市的开放性值得质疑，它作为一个城市片断存在能否为整个地段发挥效用的问题，它对城市交通的梳理又达到怎样的程度，最重要的，它割断了历史，却不知能不能重新创造历史。

罗西在热那亚做的一个同样机能的建筑，和国家大剧院相似。这个名为卡洛菲利斯的歌剧院（Carlo Felice Theater）也是通过竞标获得，其基地的命运也一样在数十年的争吵中维持原状。基地所在的加里帕蒂广场（Piazza Garibaldi）对热那亚来说正好比天安门广场之于北京。罗西的策略是以一个高耸的舞台塔楼和建筑屋脊上纤细的玻璃尖塔确立公共剧院新的形象，有效地调整建筑体量、位置和内部交通，使得城市中心广场的形象清晰再现，广场和街道的关系纲举目张。更重要的是，罗西把他对意大利文艺复兴城市传统的理解运用在建筑的建造中，“它的文学修辞式的戏剧性同时指涉了帕拉第奥和布莱希特。”[12]

在上述的现象中,敷地的命运变化是意指的焦点。每一次类型的调整都和历史有关,或者明确地说,和事件有关。事件的身后，是对场所感的认同或者质疑。

把对原型的探索和场所的思考灌注到设计当中，是笔者关于城市设计思考的中心内容。

· 一张类型学的图例

一个偶然的机会，笔者在报上发现这样一则广告。42 个“提手”边的汉字堆积在画面的一侧，表达着微差的意义。广告带来的冲击效果不仅由画面的构成方式决定，汉字的结构形式和表意方法使我们这些以汉语为母语写作和阅读的人也惊叹不已。其实，这些符号之意味深长并不亚于一个城市片断，制造规则，挣脱规则，类比事实，消解事实，我们从中读出一部艰辛的人类探索的历史。

本质地看，这些汉字正是一张类型学的图例，类型的归纳和推演过程在其中都有所体现。

“型”的“类”和“类”的“型”可以概括建筑类型学的实质。前者的重点在分类，后者的重点在造型。分类是人类用理性知觉客观世界、建立秩序的手段。类型学的先驱迪朗（J.N.L.Durand）做了大量这方面的工作。“类化的力量在于将直观的与创造性的洞察力自动地注入于类化的过程与在变迁的社会文化状况中进展的适应力以及其不可避免的具体理解。”作为新理性主义类型学代表人物的罗西似乎更注重后者，而且其“型”的产生蕴藏更多对历史和内涵的类比性思考。我发现这样一个事实，罗西在《城市建筑》的外文版序言中反复提到卡纳雷多（Giovanni Antonio Canaletto）所绘的威尼斯透视图。图中帕拉第奥（Andrea Palladio）设计的黎亚多桥、巴西里卡教堂和艾黎卡第宫聚集在一起，它们“构成一个类比的威尼斯”。[13] 这里，罗西真正把形而上的城市描述和设计结合在一起，“设计过程的元素都是既定的而且在形式上也极为明显，不过元素的意义则因设计手法才会显现，透过设计手法才能赋予作品真正的、出乎意料的和原创性的意义。”[14] 对此，结构主义文艺理论家罗兰 · 巴特（Roland Barthes）指出，“技巧是一切创作的生命”[15]。从这个意义上说，汉字也是在对自身的复制、否定和重构中丰富着汉字世界。

城市的自身也在进行大量的复制、否定和重构，只不过，它借建筑师之手完成这一切。当把自己放在城市伟大变迁的工具这样一个位置时，就会在更为理智与平和的心态下进行城市设计。城市设计绝不是建筑师依靠直觉构思的艺术品，而是综合分析城市的多重矛盾和发展趋势在相应的时间节点对城市变迁做出地综合性选择。著名学者赫伯特 · 西蒙（Herbert A.Simon）指出:“在城市规划和设计中，具体形体的设计与社会系统的设计的界限几乎完全消失了。”所以说，我们应当在一种社会协作的条件下探寻设计的答案。我们并非闭门造车的手工艺者或者进行抽象文化思考的诗哲，我们的设计应当在城市中进行。

3. 相关问题讨论

· 文学

在思考穿越了认同、场所、设计、记忆等相关问题之后，我们重新回到城市。

其实，对一个苦苦思索城市本质的建筑师而言，在每一桩个案面前，很可能都会抛开先验的方法信条，转而投靠心灵的召唤。比如说，一面墙，使得天空和大地的水平特征得以展现，而墙上开洞则制造着窥伺的欢悦，一个屋顶关联着光明和黑暗的记忆，而一根立柱则叙述着力量、稳定的体验，柱的造型甚至与性有关。笔者当然无意颠覆科学的逻辑性和严肃性，但逻辑和严肃只是认知世界的众多态度之二，从结构的整体性来说，也许文学更具力量。舒尔兹说："诗有办法将科学所丧失的整体性具体表达出来。"[16]

从张爱玲、王安忆笔下的上海到巴尔扎克（Honore de Balzac）、雨果（Victor Hugo）笔下的巴黎，城市的品格和特征一一展现。比如说，王安忆在《时空流转现代》的结尾这样描述我们的城市："站在一个高处，往下看我们的城市，乡镇，田野，就像处在狂野的风暴中：凌乱，而且破碎，所有的点、线、面、块，都在骤然地进行解体和调整。这大约就是我们的现代生活在空间里呈现的形状。而在生活的局部，依然是日常的情景，但因背景变了，就有了戏剧。"[17] 短短几行字，将现代生活的激荡和碰撞，城市空间的重组和变化，都刻画出来。甚至人与城市空间关系的转变，也进行了描述，让人荡气回肠，感慨万千。

· 主题的退场

宋代大诗人苏轼曾经写过一篇很著名的文章《赤壁赋》。他在湖北黄冈城外的赤鼻矶游览，谈到周瑜大破曹操的故事，并且借题发挥，咏物抒情。其实，破曹操的赤壁在湖北省嘉鱼县东北长江南岸，并不是苏轼游的赤壁。在苏轼的笔下，赤壁的主题适时退场，只留下一个"月明星稀，乌鹊南飞"的时间，一个"西望厦口，东望武昌"的地点，一个"舳舻千里，旌旗蔽空"的场景，和一幅"挟飞仙以遨游，抱明月而长终"[18] 的画面。

在"无厘头"电影《大话西游》中有一段话："曾经有一段真挚的感情放在我的面前……"语言宏

大叙事的背后是叙事者不在场的事实。德国摄影家施特鲁特（Thomas Struth）把他镜头下表情冷漠、甚至有点悲凉的都市空间称为都市的“下意识的场所”，他关心的是从现代都市街道这个都市的“下意识的场所”所自然显现的现代生活意识、审美意识与意识形态如何成为一种可视的东西。笔者想说的是，在城市的宏大叙事背后，也许城市自身早已有了不在场的证明，那么城市的听众将如何捕捉城市的下意识，使城市的故事延续呢？

本文图片由 NITA 提供

参考文献

[1] 阿尔多 · 罗西 . 城市建筑学 [M]. 施植明译 . 北京：中国建筑工业出版社，1992.

[2] 罗伯特 · 克里尔 . 城市空间的理论和实践 [M]. 上海：同济大学出版社，1991.

[3] 申荷永 . 荣格与关于分析心理学的两篇论文 [M]. 北京：中国人民大学出版社，2012.

[4] L. 莫阿卡宁 . 荣格心理学与西藏佛教 [M]. 江亦丽，罗照辉译 . 北京：商务印书馆，1999.

[5] 弗朗西斯 · 培根 . 艺术的不可能性 [M]. 曹明伦译 . 北京：人民文学出版社，2006.

[6] 阿尔多 · 罗西 . 城市建筑 [M]. 施植明译 . 台北：博远出版公司，1992.

[7] 王澍 . 时间停滞的城市 [J]. 建筑师，2000（96）：39-60.

[8] 季铁男 . 建筑现象学导论 [M]. 北京：中国建筑工业出版社，2008.

[9] 季铁男 . 建筑现象学导论 [M]. 北京：中国建筑工业出版社，2008.

[10] N. 舒尔兹 . 场所精神——迈向建筑现象学 [M]. 武汉：华中科技大学出版社，2010.

[11] 阿尔多 · 罗西 . 城市建筑学 [M]. 施植明译 . 北京：中国建筑工业出版社，2008.

[12] 卡洛 · 菲利斯剧院 [J]. 世界建筑导报，1997（04）：12-17.

[13] 季铁男 . 建筑现象学导论 [M]. 北京：中国建筑工业出版社，2008.

[14] A. 罗西 . 城市建筑——葡萄牙文版序言 [M]. 施植明译 . 台北：博远出版公司，1992.

[15] A. 罗西 . 城市建筑——意大利文第二版序言 [M]. 施植明译 . 台北：博远出版公司，1992.

[16] R. 巴特，袁可嘉 . 结构主义：一种活动 [J]. 文艺理论研究，1980（02）：4.

[17] 王安忆 . 现代生活 [M]. 昆明：云南人民出版社，2002.

[18] 人民教育出版社中学语文编辑室 . 古代散文选 [M]. 北京：人民教育出版社，1963.

1	3
2	4

1. 智慧城市、海绵城市、遗产城市分析（胡轶绘制）
2. 海绵城市分析（胡轶绘制）
3. 总平面（程雪松、胡轶绘制）
4. 功能分析（程雪松、计璟绘制）

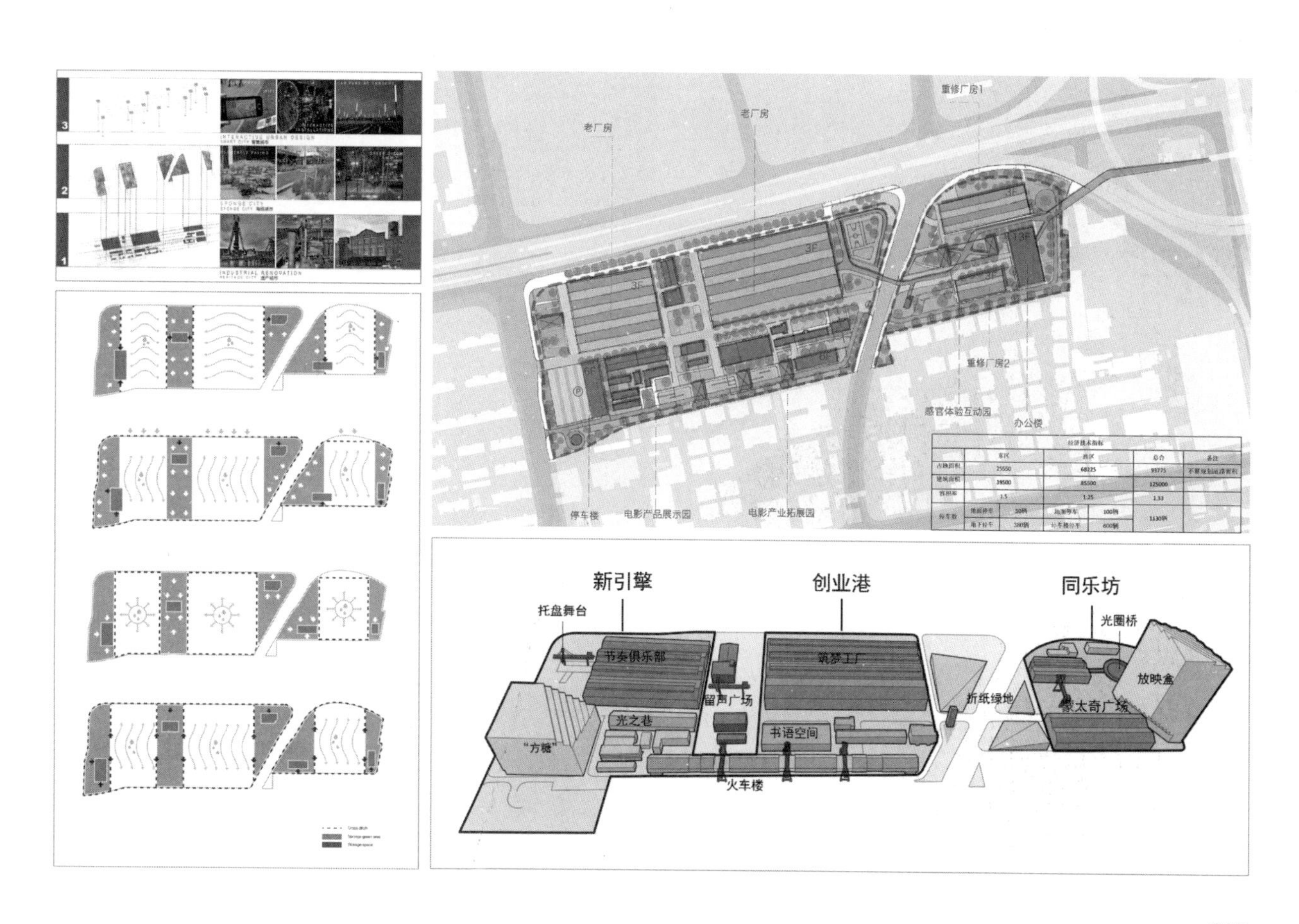

经济技术指标						
	东区		西区		总计	备注
占地面积	25550		68225		93775	不算规划道路面积
建筑面积	39500		85500		125000	
容积率	1.5		1.25		1.33	
停车数	地面停车	50辆	地面停车	100辆	1130辆	
	地下停车	380辆	停车楼停车	600辆		

1	2
3	4
5	

1. 概念鸟瞰图（程雪松绘制）
2./3./4. 工业遗产改造效果（周纯媛绘制）
5. 现场照片（项柯来拍摄）

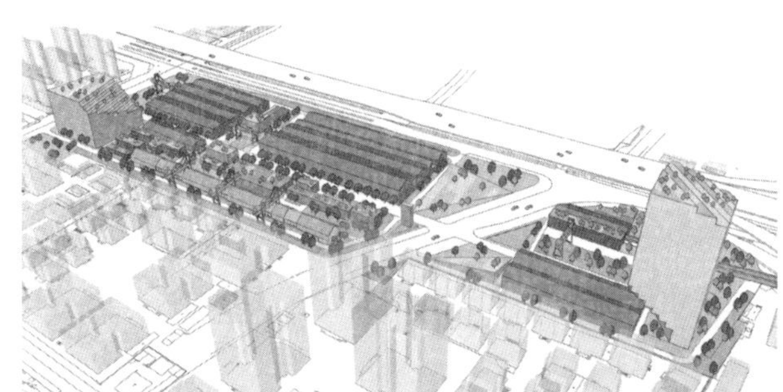

5.2 画皮 · 画骨 · 画心
——建筑表皮中的结构艺术表达

如果流动空间真的是信息社会的支配性空间形式，未来几年，建筑与设计很可能必须在其形式、功能、过程与价值方面予以重新定义。事实上，我的论点是，古往今来的建筑都是社会的“迂回未成型的行动”，是社会深层趋势经过中介的表现，那些趋势无法公开宣扬，但强大到足以模铸在石头、水泥、钢筋和玻璃里，以及在居住、买卖或崇拜这些形式的人的视觉感知里。

——曼纽尔 · 卡斯特（Manuel Castells）《网络社会的崛起》

1. 引言

当代建筑世界，建筑表皮受重视程度与日俱增。图像建筑学背景下的建筑师早已意识到建筑表皮在媒体、杂志上的传播力，自觉把表皮设计作为创造建筑形象至关重要的因素和环节，比如上海华东建筑设计研究院专门成立技术研究中心，组织建筑师和工程师团队进行关于建筑表皮的设计研究和实践；特殊效果的材料和肌理的建筑表皮不仅可以为开发商带来品牌和产品的营销成功，也能为相关新兴材料产业带来机会；当代商业图景下，很多表皮设计模糊了建筑的物质性，淡化了结构和内部功能，只要材料和关键工艺确定，便很容易被复制，成为可以被到处安插的标杆和时尚的流行纹样，在越来越模式化和快捷的现代社会中成为没有源头的母题。比如时尚品牌 LV 的双层玻璃表皮店面。

2. 溯源

表皮开始独立于结构而存在，源于现代建筑史上的技术革新。现代主义大师格洛皮乌斯（Walter Gropius）设计的法古斯工厂，被人们誉为欧洲第一幢真正意义上的“现代建筑”。外墙与支柱脱开，形成大片连续轻质幕墙。幕墙由大面积玻璃窗和下面的金属板裙墙组成，室内光线充足，缩小了同室外的差别；房屋四角没有角柱，充分发挥了钢筋混凝土楼板的悬挑性能。法古斯工厂以后，以自由平面和立面为特征的现代主义建筑美学成为可能。表皮独立于结构有了自身的物质和技术基础，表皮自身的荷载可以由出挑楼板来支承，也可以另行建立一套附着于建筑的结构体系，来支承表皮荷载，楼板仅起到稳定拉结的作用。这种处理,完全对立于古典建筑厚重的墙体、坚实的转角和线脚深陷的窗体，反映出新时代的空间美学。

德国19世纪继辛克尔以后最伟大的建筑师和建筑理论家之一哥特弗里德 · 森佩尔（Gottfried Semper）是从哲学和文化层面系统研究阐述材料表皮的人。他从人类学的观点出发，提出原始茅屋四要素，分别是：火炉、基座、构架/屋面、围合性表皮。其中，他特别强调了围合性表皮（德语 die Wand）和厚重墙体（德语 die Mauer）的区别。虽然两者都具有围合的意思，但是前者又与德语的“服装”（Gewand）以及动词“修饰”（Winden）有关。森佩尔将“绳结”（Knot）视为人类最初的结构物，认为它构成了游牧部落帐篷建筑文化及其纺织材料的基础。“绳结”和“交接”在德语中分别被称为“结点”（der Knoten）和“缝合”（die Naht）,在现代德语中,它们都与“连接”（die Verbindung）的概念有关[1]。于是，通过语言的媒介，森佩尔发现了建筑表皮和编织结构间深层的脉络联系。他的理论第一次把“面饰”或“表皮”与空间相关联，从而质疑了结构统治空间的传统理念，对今天我们讨论当代建筑表皮与结构的关系，进而思考其深层表达，具有重要的价值。

3. 结构

事实上，我们在这里讨论的结构，包括三个系统，其一是指建筑本身的支承结构，包括梁、板、柱、墙等体系；其二是指表皮通常附着的楼板结构，大多数高层建筑表皮幕墙都是依靠楼板进行力的传递；其三是指建筑表皮自身的受力结构，即幕墙所依附的钢结构或铝合金框架体系。在当代建筑舞台上，随着建筑体型结构的日益复杂化，以及建筑表皮材料工艺运用的日新月异，表皮对内部结构的表达也呈现差异化的面貌。建筑表皮与建筑结构之间表达与被表达的关系也存在一个发展的过程。一，表皮在技术上和哲学上开始独立于结构存在，这时候由于表皮处理还受到一些结构因素的制约，因此很多时候会被动地表现出内在的受力情况，比如表皮横向划分常常与建筑层高和开窗高度有关；二，随着技术进一步发展，表皮完全可以独立于建筑结构存在，表皮自身的结构体系甚至可以与建筑内部的梁板柱体系根本无关，这时候，表皮本身“面”的特征常常被刻意强化，建筑的实体感和内部结构表达被弱化甚至完全否定，表皮上的虚实分割成为纯粹的装饰图案，成为结构表达无关的外部城市界面；三，当代建筑学现象中，又开始出现建筑表皮的图案分割体现或暗示出内部的结构情况，表皮的结构脉络不一定和建筑本身结构体系完全吻合，但是二者存在某种程度的关联。表皮不是受结构所限，而是主动对内部结构构造进行表达，并最终成为一种符号和文化暗示。建筑师主动在表皮上对内部空间和结构进行表达，既是建筑艺术本身稳定性、恒久性和抽象性的内在要求，也是建筑师面对后现代浪潮，重新寻求自身定位与价值，让建筑重新回归建造的探索之旅。针对不同的表皮生成机理，建筑师和结构工程师应该根据具体情况进行理解把握，分析计算，不应该生搬硬套。

4. 案例

· 悉尼歌剧院

丹麦建筑师伍重（ Jorn Utzon ）在 20 世纪设计的澳大利亚悉尼歌剧院，如今已成为国家的象征和骄傲。歌剧院的薄壳和肋拱结构，长期为人称道，尽管从专业的眼光看来，壳形屋盖无论在概念层面还是力学计算层面乃至于技术工艺方面都是非常棘手的问题。事实上，伍重是用预制混凝土模块形成曲率不同的拱肋片段，来拼接最终的球体表面，以此来获得建筑曲线的精确优美。作为钟情东方瓷器艺术的建筑师，伍重在壳体表面采用一种产于瑞典赫加奈斯（ Höganäs ）地区的米白色面砖，以增加壳体表面的光泽，并将面砖之间的接缝处理成粗糙无光的效果。伍重认识到，要使这一具有编织肌理的表面材料达到最佳效果，面砖与预制混凝土壳体之间就必须是一个整体。最终的做法是将面砖和预制混凝土壳盖浇注在一起，然后再将壳盖与肋架结构固定在一起，这样就有效回避了难以克服的人工施工误差。伍重的探索，开启了表皮的结构性表达的先河。伍重所追求的最佳效果，其实是在考虑施工工艺前提下表皮肌理的本真性表达，是对工艺文明的严谨再现，对材料精确表达的尊重。

· 北京央视新楼

荷兰 OMA 事务所和央视新楼从设计完成之初就饱受诟病，其完全无视传统城市文脉的建筑姿态，漠视基本高层塔楼结构理性导致的一再突破预算，以及 2009 年元宵节的烟火事故，都给这幢楼光鲜亮丽的立面背后带来阴影。其实我们对这幢建筑的种种质疑，归根结底在于身处的这个狂躁时代，我们对自我身份的不确定和不安。当然这些并不能掩盖建筑本身冲破建筑学正统话语边界的无畏气概和在新技术方面取得的一个又一个让人叹为观止的创新。

构成央视新楼表皮的幕墙系统与其自身受力的概念息息相关。中国人常说“画虎画皮难画骨”，央视新楼似乎表征着库尔哈斯（Rem Koolhaas）和奥雷 · 舍人（Ole Scheeren）不仅画皮，更要画骨的决心和勇气。建筑的外部结构被建筑师比喻为昆虫的外骨骼，它和内部结构一起捆扎、支撑着所有的楼板。根据结构概念，内部支撑楼板的结构柱和核心筒是规整阵列的，而外骨骼是跟随建筑表皮蜿蜒生长的。外立面上密布的连续菱形黑色网格是幕墙体系的钢结构支撑系统，也是建筑外骨骼的立面克隆。幕墙系统为钢支架系统支撑的单元式铝材、玻璃以及钢结构沟槽装配集成板块，是容隔热、防水和排水功能于一体的工厂预制单元玻璃幕墙体系。幕墙次级钢框架构件悬挂于斜交构架（即黑色网格）之上悬吊竖框顶部固定，底部放松。并受到楼板的横向约束，幕墙恒载不传向楼板的边缘[2]，以此在保证整体刚度前提下，保持部分受力体系的清晰。与今天大部分建筑师为追求建筑的非物质特征而肆意模糊甚至歪曲表皮和结构的关系的做法不同，央视新楼在建筑本身已经挑战了传统高层结构思维，取得征服地球引力的阶段胜利后，反过来追求结构骨架在立面造型上的图案表达。外骨骼体系的显性表现，增强了建筑作为人工结构体被整体捆绑固定的特征，建筑的物质化特点重新被加强。即使在建筑的使用空间内部，这一野性粗壮的双层结构体系也不断出现，而且被建筑师以特殊的色彩加以区别。由于受力需要，且外部结构难以设计得更小，传统写字楼钟情的转角落地窗部位也成了结构表演的舞台。央视新楼留给城市的不仅是其外部造型产生的话题，其结构蚕食空间，概念戕害使用的结果，也会在一定程度上影响我们对建筑学基本问题的有关理解。

· 宁波博物馆

王澍的宁波博物馆以另一种方式处理表皮，传统的多孔砖、青瓦、黏土砖被建筑师涂抹在混凝土外墙的外面，材料的砌筑遵循一定的网格框架。建筑师最终希望进行的是一种类似于装修的外墙处理，内部结构墙体像画布一样被深藏，而具有装饰意味的外部铺贴则像厚重的油彩，堆叠在画布之上。没有规律成了表皮设计最重要的规律。

而内部表皮则通过竹条模板的作用，营造出阡陌纵横、充满褶皱感的素混凝土表皮效果，暗示出古老江南的竹木作工艺，传递出浙东民居的历史信息和浓郁的江南乡土气象。这种做法更具隐喻性，是新乡土主义的曲折表达。表皮的肌理完全通过可塑性的混凝土来表达，既不像安藤（Tado Ando）追求具有精细包装感的混凝土效果，也不像勒·柯布西耶（Le Corbusier）追求粗野体积感的混凝土效果，而是兼具传统竹作的质朴和当代江南地域的轻柔。

宁波博物馆的表皮处理，带有强烈的介质效果，缺乏工业化的机器理性，但是具备人性尺度的细节感和多样性，虽然其物理结构更多是一种隐性表达（外墙面每隔 40cm 有金属感的结构骨架线条），但是工艺匠作的可体验性和架上绘画感，成就了建筑最重要的现代地方性。

· 含山凌家滩博物馆

这是笔者主持完成的安徽地区的一个县级博物馆设计。设计坚持的理念来自于地方发掘的一尊考古艺术品——凌家滩玉龙。它从形式到内涵都被看作是某种东方古老文明的图腾，并且被当地人以极大的热情描述和传诵。为了顺应和强化这种集体意识，在博物馆建筑表皮的选择上，选用了可塑性较强的钛锌板系统，并结合侧嵌板的材料交接方式，使表皮分缝的图案网络能更多体现球面体积下的尺度感和构造感，同时传达出“玉龙”形象本身的鳞片联想。由于建筑造型不规则，外表面成三维曲面，所以材料的尺寸设计既要考虑最终整体效果的规定性，又要考虑施工过程中现场微调的可变性，最后还要进行一定的视觉纠正。钛锌板材料自重不大，易于在弧形表面上悬挂；材料工艺成熟，也易于现场干作业；材料本身的光泽明显，包裹在建筑外表面形成的“龙鳞”意象能够和整体建筑概念协调；材料由于耐候性不强，随着时间推移，表面的金属光泽会慢慢减弱，今天看似造型独特、材料抢眼的博物馆会在将来的植物掩映中黯淡，从而和周边的环境融为一体，淡化在自然风景里。

为了保证博物馆表皮轮廓的柔和圆润，将曲面表皮和内部楼板结构分离。表皮的支撑结构采用曲形钢柱，下部支撑在建筑地下室顶板上，上部由地面以上各层楼板拉结，形成工厂预制的独立表皮结构。这层结构是为表皮和形式而存在的，它独立于使用结构体系以外，与主体结构之间的缝隙空间成为自然光的通道和空腔，金属幕墙荷载通过它传递到结构板和结构梁上。所以，建筑表皮的主要受力部件是地下室顶板，而非传统的各层楼板，各层楼板主要作用是联系和稳定。可惜的是，由于有保温和防水层，钛锌板内部的构造层次阻止了鳞片状的表层图案在建筑内部更具力度的空间表达。

5. 结语

后奥运和世博时代，中国作为不断崛起的大国，更加呼唤国家信心和民族表达，新设计手法和新型材料层出不穷，让人应接不暇。后经济危机时代，新产业和新工艺不断涌现，但是很难掩盖国人更深层次的文化焦虑。材料表皮和结构工艺以及文化表达之间的深层次联系，有越来越多的建筑师仔细探究，并加以总结归纳。民族传统形式现代化的问题，在当代建筑和设计界，被各国设计师以不同的方式进行探索演绎。优秀作品虽然表现形式各有不同，但是共同的重要内核是精确的结构计算、建造方式同造型的适宜，以及恰当的材料表达。从 2005 年爱知世博会和 2010 年上海世博会的日本馆可以看出我们的邻国日本在上述现代化路径上的孜孜追求。无论是用竖向绿化表皮，还是塑料薄膜，甚至是用纸、用废弃有机物，材料介质不断变化，结构的精密度和可持续理念的坚守，始终如一。在表皮形式的设计中，随着人的价值回归和与大地和谐共生的意识增强，更加强调表皮工艺的精确度和材料的生态感，强调构造图案的生命特征和文化个性。所以，画皮、画骨、画心是优秀的建筑表皮设计的三个层次，也是相互交融无法分割的三个层次，由于有了这三个层次，建筑得以轻触大地，人类得以诗意栖居。

本文图片由 NITA 和上海中森建筑与工程设计顾问有限公司提供

参考文献

[1] 肯尼斯 · 弗兰姆普顿 . 建构文化研究——论 19 世纪和 20 世纪建筑中的建造诗学 [M]. 王骏阳译 . 北京：中国建筑工业出版社，2007.

[2] 陈峻，凌吉 . 中国中央电视台（CCTV）新台址幕墙玻璃设计 [J]. 上海建筑科技，2006（06）：38-40.

	1	
2	3	4
5		6

1. 鸟瞰夜景
2. 模型鸟瞰
3. 模型夜景
4. 开放观演空间效果
5. 文化中心透视效果
6. 电影学院透视效果

5.3 我看特色小镇
——与田东县的领导同志交流

故人具鸡黍，邀我至田家。
绿树村边合，青山郭外斜。
开轩面场圃，把酒话桑麻。
待到重阳日，还来就菊花。
——孟浩然《过故人庄》

当下，特色小镇的规划、建设、审批都在如火如荼地进行，从中央到地方、从政府到资本都把特色小镇建设当作新一波发展创富的机会。我因为工作关系，有机会参与一些特色小镇的规划设计，近期几乎每个月都要参加相关的论坛和评审，在这方面有一定的思考，谈一下我对特色小镇的认识和理解。

特色小镇，单就字面意思进行理解，我把它拆分为特色、小、镇三个词来解读。

1. 特色

首先，特色小镇的灵魂是"特色"。特色主要是体现在产业、文化、环境三个方面。

特色小镇必须有特色产业，这是特色小镇的立身之本，是特色小镇加入全国性的产业网络、参与未来全球经济竞争的基础。荷兰的代尔夫特（Delft）有知名的高校、有世界一流的水处理专业，还有独具特色的瓷器产业。这个瓷器来自中国，但是在被代尔夫特进行题材和工艺的改造后，现在作为荷兰的国家礼品销往全世界，它就是大名鼎鼎的"代尔夫特蓝（Delft Blue）"。在我眼里，代尔夫特就是一个具有特色产业的特色小镇；现在中国浙江也在龙泉打造"青瓷小镇"，龙泉跟代尔夫特不一样，它本身就有青瓷产业的深厚积累，现在是需要在新的时代条件下把它发扬光大，推向世界。所以，产业特色最好是来源于既有的历史基础，也可以是和外来产业进行对接和交融。但是一定应该结合当地的地理、人文、气候、历史等特点来经营特色产业。田东是中国芒果之乡，芒果是很有特色的热带水果，营养价值高，受到很多年轻人和孩子的喜爱。我曾经在泰国清迈清幽的宁曼路上看到一家专门做芒果甜品的小店，叫“Mango Tango”，世界各地的美食爱好者都来这家店品尝各色芒果甜品，生意异常红火。所以我觉得围绕芒果是可以打造出很多衍生的价值链的，可以做成小镇的特色产业。

特色小镇还应有特色文化，这是特色小镇的内涵和气质，也是原住民产生认同感、旅游者产生新鲜感、务工者产生归属感的重要力量。文化不是浮光掠影的花架子，也不是简单地制造一些夸张的动作表情产生视觉冲击力，而是要直抵人心的。所以文化既要让人的感官体验到，也要让人的思想认知到，还要经得起理性的分析思辨。法国普罗旺斯小镇（Provence），以“薰衣草的故乡”著称，蔚蓝的海岸线、紫色的薰衣草、金色的阳光、红色的葡萄酒每年都吸引大批游客到访，来体验独特的薰衣草文化。文化产生了很多衍生品和工艺品，比如香包、精油、香皂、香水、香精、蜡烛、浮雕挂画等，甚至还有薰衣草博物馆。所有这些产品打造了一种以薰衣草文化为核心的生活方式，其内涵是人与自然融为一体，人享受着自然的馈赠，并用智慧反哺自然。中国绘画除了画花鸟、山水，还有一种类型是画草虫，画家通过对草虫姿态的描摹，表现宁静恬淡、返璞归真的心境。普罗旺斯除了薰衣草花田，另一个吉祥物就是蝉，它和薰衣草一动一静，一个打动听觉、一个关联视觉，成为普罗旺斯的文化 Logo。所以世界各国特色文化表现形式不同，但是内在的理路是相通的。田东是少数民族聚居地区，本身就有丰富多彩的文化。田东的红色基因也很强大，邓小平等老一辈革命家建立的苏维埃政权遗址、红色学校、那恒、百谷红军村等都是有形的红色文化传承，值得很好地去做创意和延伸，形成红色文化小镇。但是这种红色文化是少数民族地区特有的红色文化，是“百色红”，而不同于延安的“圣地红”、井冈山的“摇篮红”，或者浦东的“国际红”，它是“民族红”。它需要有更独特的内涵和表达。

特色小镇更需有特色环境，这是特色小镇的颜值和表情。德国有一个地方叫路德维希港（Ludwigshafen），以化工工业著称于世，是世界最大的化工集团巴斯夫（BASF）所在地。可是这里没有化工造成的环境污染，所有的化学物质通过封闭的工业基础设施来运送，与公共基础设施分离。其水、电、热、气等都通过集中性的公用工程“岛”集中供应。这里有静静流淌的莱茵河，有遍布全城的公园、绿地，有和艺术结合的商业走廊，是一座宜居宜游的现代化工小镇。这种优美环境和化工主题的反差，也成为路德维希港最值得夸耀的财富。今天田东也要建设重化工小镇，也应该建立一个严格的环境观。

对化工基础设施进行妥善的整体性管理，把右江和龙须河沿线打造成美丽的城镇风景线。

2. 小

说完了“特色”，再来看“小”。小是跟大相对的。我认为在小镇里，应该是小产品、小建筑、小街巷，与之对应的是大山、大水、大田。没有人造空间的小，看不出来自然的伟大、浩瀚，感觉不到时间的消逝、流淌。人们在城市里面对超大尺度的建筑、马路，这些都是机器的尺度，欲望的尺度，人失去了自身存在的尺度感。而且城市里布满冲击视觉的东西，各种各样的屏幕让人的眼睛和头脑很疲惫，而其他感官和心灵却很空虚。浙江松阳县有一位村书记跟我说：“你们城里人做事情用脑，我们农村人做事情用心。”所以，小镇应该让人重新找到自己，找到自己身体的边际，找到各种感官协同的价值。小产品看起来微小，却有可以拉伸的产业链、有很大产业空间的产品，能够承载人类共同的价值，在世界范围内找到消费者。比如前文说到的薰衣草和蓝瓷；小建筑是低层建筑，甚至是家具建筑，比如中国古代的一张床就有躺卧、盥洗、储藏等诸多功能，是一个放大的家具和缩小的建筑。在这样的空间里人有安全感，有存在感。现在城市里很多风景区和产业园区通过精心设计的街道家具来容纳人的身体，进而安放人的心灵，比如杭州环西湖沿线、上海“海上海”创意园、成都的远洋太古里的街道家具等，都有一些很好的范例；小街巷就是尺度宜人的街道，建筑界面高度和街道宽度的比例——也就是高宽比是 2：1 到 1：1，有很好的绿化和休闲设施，比如上海法租界的一些街道、黄山脚下宏村、西递村的街巷、日本京都清水寺旁边的二年坂三年坂都是这样有趣且人性化的街道，人在这样的街道里，能够体验发现世界、发现自己的乐趣。

3. 镇

最后是“镇”。所谓镇，就不是城市，是广袤田野里的市镇。诗人史鉴写道“月明乌镇桥边夜，梦里犹呼起看山”[①]诗句就描绘了山水明月的小镇景色。小镇必然是有山水、田园、集市，有农人、农庄、农田的。这些都是实实在在的农耕生活方式，而不是装模作样的摆拍。宋卫平和浙江省农科院合作，做农镇、农墅，虽然还是在做房地产，但是的的确确吸引了很多有钱有闲的老年人，拨动了人与土地之间割舍不断的情丝。小镇里绿色农产品可以销售，观光农业可以搞文化旅游，集市可以搞手工艺品买卖，可以搞节庆活动，别墅可以搞养老地产、健康地产，但是要控制比例。比例错了就成了真正的房地产，就不是生活方式的推送了。我去过无锡阳山田园综合体，田园搞得非常有味道，民宿和餐厅也符合城市白领的口味，可惜就是别墅区搞得太多，破坏了田园意境；莫干山是民宿之乡，基础条件非常好，现在也是太喧嚣了，只剩下昂贵的度假酒店和四不像的洋家乐；乌镇更不用提，景区里面竟然建起了体量庞大的大剧院，整个审美完全向城市看齐了，成了杭州、上海这些大都市的“属地”，完全没有乡镇的情韵了。所以，今天田东搞红色小镇，一定要有农业，要有农村的生活方式，有能够跟外来游客讲土地、农作物、民俗的农民，绝对不能按照工业的价值标准走，那就丧失了自己的精气血脉，丧失了自己的特色。

从现代城市规划学科创始人英国的霍华德（Ebenezer Howard）进行田园城市实践[1]，到德国的费德尔（Gottfried Feder）提出乡村城市，到美国的莱特（Frank Lloyd Wright）倡导广亩城市[2]，再到后来彼得 · 卡尔索普（Peter Calthorpe）等人建立新城市主义原则[3]，城市规划师们一直在探寻人与自然、人和自己的心灵和谐相处的有效方法。也许，大城市的确太令人失望，今天我们把目光聚焦在中国，聚焦在乡村和小城镇，希望能够找到新的道路。但是很显然，沿袭城市规划，尤其是搞新城和房地产的那一套方法来建设小城镇，注定是一条不归路。在我看来，特色小镇并非朝夕之间设计建设而成的，而是用心培育经营起来的。一切事半功倍、多快好省、早见成效、多求回报的机会主义思想和实用主义手段，只能把特色小镇这一幼嫩、脆弱的新生事物拉下泥沼，只会再一次伤害我们自己的信念和尊严。特色小镇之所以让人欣喜，给人希望，就是因为它的内涵有别于过去的主流价值判断，也不用体现国家意志，“小而特、小而美、小而纯”是它的终极追求。

最后，送给田东四句话，作为这篇文章的结束：“绿水滋养红镇，红镇流芳百色。百色独爱红色，红色永不褪色”。

本文图片由 NITA 提供

注释

① 出自：明代诗人史鉴——夜宿乌镇有怀同游诸君子（二首）。

参考文献

[1] 埃比尼泽 · 霍华德 . 明日的田园城市 [M]. 金经元译 . 北京：商务印书馆，2000.

[2] Frank Lloyd Wright.The Disappearing City[M].New York：Stanford University Press，1932.

[3] 新都市主义协会 . 新都市主义宪章 [M]. 杨北帆译 . 天津：天津科学技术出版社，2004.

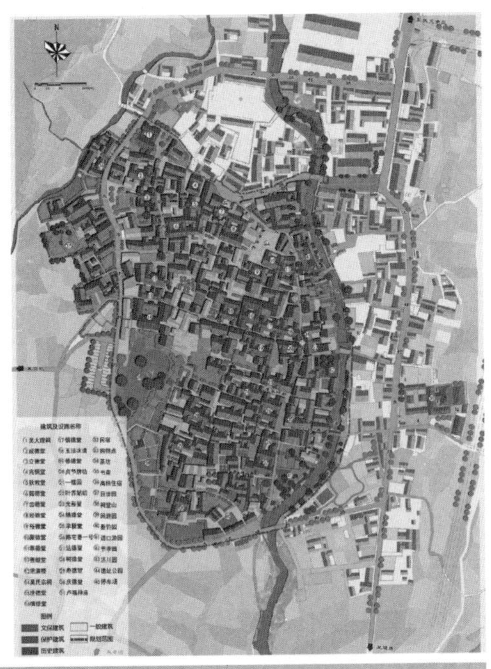

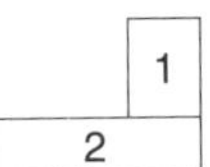

1. 规划总平面（胡铁、夏盈盈绘制）
2. 庆元大济村全景

1	2
3	4

1. 小镇印象（程雪松拍摄）
2. 大济村鸟瞰（夏盈盈、邱荔绘制）
3. 大济溪滨水效果
4. 草药园效果（夏盈盈绘制）

5.4 故园梦系陆和村

全球性现象是人类的一个进步，同时又是一种微妙的破坏，不仅是破坏了并非必然错误的传统文化，还破坏了我暂且称为伟大文化的创造性核心。我们以该核心为基础来阐释生命，我超前地称之为人类的伦理和神话核心。

——K. 弗兰姆普敦（Kenneth Frampton）《20 世纪建筑学的演变：一个概要陈述》

1. 初见

又到陆和村，一样的青山黛瓦，不变的雨打芭蕉。

我长在皖江小城芜湖的赭山脚下，安师大后山就连着佛教名胜小九华广济寺。小时候，我常和伙伴翻院墙到这里，在佛殿和佛塔下面玩耍。大雄宝殿飘逸檐口下的家燕和白石塔柔美轮廓上的衰草，都是我梦里徜徉的故园。

21 世纪初，小九华广场上新开了陆和村茶馆。2003 年我在校读研究生，有一次出差芜湖，一位开发商朋友约我过来吃茶。他给我讲述馆藏石像的故事，佛堂的文化，瓦当中的记忆，木雕里的牵挂。他口若悬河，意满志得。那是个商人们开辆好车就能拿到土地，拿到土地就能要到贷款，贷到款就能弄到批文，批文下来就可以卖房子的年代。建筑师的图纸可以帮助开发商拿地、销售，是为领导和百姓筑梦的图像依据。不难想象，他那时作为我的甲方，试图给我植入他的空间价值观，为他画好蓝图。受其影响，加上自己也的确喜爱这些走进现代生活的老家什，它们从历史上的日常进入文化中的非常，如今又以环境装饰的方式回到日常，构筑起当代人的生活空间和精神空间。于是，这处枕山面街的茶社就成了我屡次回乡淡酒清茶、呼朋引伴的客厅了。那时，老百姓经济生活刚刚有所改善，大多数人对餐饮环境也说不上特殊要求，陆和村把茶文化和收藏艺术巧妙融合，可谓开风气之先。而且餐饮价格实惠，面向普通市民，40 元包括一杯茶和自助品尝各色点心。也可以订包间点几个本地土菜。当时老城区没什么像样的茶馆，陆和村是难得的沉淀记忆、放飞思绪的场所，追逐时尚的家乡人也从心里认同这个地方。还记得有一年岁末回乡，一位儿时友伴告诉我，她从早到晚，除了上厕所就没挪过位子，连宵夜在内四顿饭都是陆和村里解决的。空间对人的黏滞效应强烈至此，让我不由感叹。那时候，无论是亲友小聚，还是工作交流，甚至是商务洽谈，都可在此订一个包厢，或者找三、两个散座，在屋檐下、石桥旁看云卷云舒，赏曲水流觞；嗅着老物件的包浆气，听着旧丝竹的弦外音；吃一杯黄山茶，嗑几粒葵花籽。消磨掉大半天光阴，然后通体舒泰地回家安眠。在我心中，杭州西湖边的青藤没有它醇厚，成都人民公园里的鹤鸣没有它清雅，坐落在市中心小九华寺前的陆和村，一边牵连着都市繁华，一边呼应着佛像庄严；一边存留着孩提记忆，一边寄托着前程理想，是我行色匆匆的旅程中歇脚的驿站。

2. 相约

随着城市建设的拓展，城市框架的拉开，小城旧貌渐渐改变。以赭山和小九华为核心的老城区，也在推土机轰鸣声中开始了改造和更新。陆和村沿着赭麓北向蔓延，衍生出庭院深深的和府酒店和徽风皖韵的徽商博物馆。小九华广场南侧服装市场被改成“上看黑压压、下看白花花”的徽式风格的小九华商业街。围绕“徽文化”核心和“商旅文”脉络，经过数十年经营，青松翠柏的赭山脚下，九华中路上渐渐有了连片的皖南徽文化空间风貌。虽然我对复古建筑并不认同，但是这一带却成为我差旅途中和过年回乡更加频繁光顾的地方。有时陪家人登山拜佛燃一炷朝天香，同挚友在莲花池旁酩酊流连，有时邀同学在广场边的 KTV 里谈笑放歌，带孩子看博物馆精美的古砖雕和马头墙。家人朋友、大学同窗、设计院的领导、单位里的同事在登临小九华、游览陆和村之后，都流连忘返、赞不绝口。还记得有一年家庭聚会，老小四代 20 多人在最大的“罗汉堂”欢聚，吃自助餐，赏徽州三雕，望小九华风景，谈笑品茶。在清晨的阳光里，年逾九旬的老外婆坐在红木圈椅里笑靥如花，刚刚学步的小朋友来回踱过老石桥喜不自胜；头发花白的母亲当起导游，兴高采烈地给大家讲她脑海里的徽文化，已为人母的表妹则东走西顾，四下寻找自拍的角度。作为背景的十八尊罗汉像，嬉笑怒骂，神情夸张，色彩斑斓，烘托出包厢里其乐融融的热闹气氛。

现在看来，陆和村早已具备了时下流行的风情游的诸多要素，既有文化特征和交通便利，又有宗教内涵和配套服务，最重要的是休闲娱乐活动、城市开放空间和自然山景风光融为一体，相得益彰。

这里有时会让我联想到意大利古城锡耶纳（Siena）——托斯卡纳地貌上的城市广场，也常常让人步履蹒跚；有时又会回忆起泰国清迈——山丘边月光迷离的小庭院，也往往叫人沉醉不知归路；有时我会把它和京都清水寺山门前琳琅满目的街市作比对，能感受步移景异；有时还会将它和旧金山德 · 杨（De Young）美术馆前梦幻般的坡地风景相关联，能体会登高望远。山景——正是这些城市聚落的灵魂。山注释了城市，城市润泽着山。然而，我还是最爱栖身于茶楼里，吃茶，会友，望山，陆和村是我温暖的沙龙和画廊。

3. 捍卫

2010 年，城市建设步伐加快，汽车工业如日中天，城市交通面临巨大考验。为了追赶大城市的脚步，芜湖开始筹划建设城市高架路，在城市主要南北向通道九华路上建高架被提上议事日程。已在学校教书的我得此消息，不胜惊诧，马上想到小九华和陆和村。作为研究城市的教师，我来不及多想，也没有犹豫，就给当时的市委去信，陈述了我对本市高架建设的几点意见。我认为，城市南北向交通的拥堵，主要与芜湖城市路网松散和狭长的带状城市形态有关，道路毛细血管不畅，行驶中的车辆缺乏可选择性；而且九华路 40m 的路幅过窄，难以拓宽，只能满足双向 4 车道的高架路，反而容易造成拥堵。最重要的是，九华路周边的山体水系等自然开放空间多，半城山半城水的城市特色会被高架切断和压迫。九华路沿线有难得的小九华、北门、古城等历史文化商业片区，寄托着市民的乡愁，经营不易；这里行道树是连绵、优雅的银杏树，生长多年，随季相变化绽放最美的风景，若建高架，草木难存。整体来看，交通拥堵并不仅仅是道路规划的问题，它还和驾驶习惯、行政效能以及心理容忍度等多种复杂因素有关，只盯着一两条拥堵道路开刀未免一叶障目。城市归根结底属于市民，应该大力发展公共交通和慢行体系，把大量小汽车通过高架引入市区是对城市的戕害。近年来，韩国首尔拆除高架恢复了风光旖旎的清溪川；美国波士顿大挖掘以地下隧道取代多年的高架，地面建起了肯尼迪绿廊；世博前夕的上海把延安路高架外滩部分、曾经的亚洲第一弯拆除，更多的开放空间留给公共交通和步行市民。如果当下在城市中心建设高架，无异于逆势而为，给城市留下败笔，无法向历史和人民交代。况且，这里还有陆和村，我不愿它的风火墙变成高架边的老柴房——这句话我欲说还休。

这封千言信函一周后得到了回复，很快我带着团队对芜湖交通进行了实地系统调研，并将研究成果给市领导集体做了专题汇报，完整阐述了我的观点。最终，九华路高架方案暂停，芜湖开始启动以空港、高铁、中心城区路网改造和轨道公共交通建设为核心的更大格局、更高层面的综合交通体系规划。回想当初，我的举动未免冲动、幼稚、狂妄；今天看来，在城市化浪潮奔涌的洪流里，如果割裂乡愁，泯灭情感，失去勇气，放弃良知，只追求短期收益和技术欢愉，城市终将无处安放迷失的灵魂。

风雨无言的九华路，这几年秋天的银杏叶更加灿烂金黄，如彩蝶翩跹，在风中起舞。连当年支持建高架的本地同行，现在见到我都说："幸亏高架没建，否则再没有这么动人的景色。"而风雨飘摇中的陆和村，由于经营定位走高端路线，逐渐变得门庭冷落，消弭了往日的亲切和时尚。我也因家中老人重病、子女年幼、琐事缠身，无法抽出时间返乡，渐渐疏离了熟悉的茗香，但陆和村仍是我记忆中的床前明月光。

4. 邂逅

去年朋友安排我再度来到陆和村，偶然间邂逅了"村长"老许。他是市里的文化名人，我因为茶馆知他已久，但是十多年来却未有机会结识。见到他没有太多意外，样貌气息跟我脑海里勾勒的基本吻合：执着的表情和爽朗的笑容，精明的眼神和谦逊的话语，正是一位典型徽商的形象。他听说了我和九华路高架的故事，也大有相见恨晚之感。闲聊中我知道了他的故事：他多年来筚路蓝缕、坚守文化品牌，当下正再度创业、积极转型。他谈吐中透露出对徽文化的眷恋，对收藏的喜爱，还有对亲手创立的陆和村茶艺馆敝帚自珍的情感。他说陆和村取意徽人"六和"的处世哲学：家和、人和、气和、情和、事和、理和。我却认为像"鹿鹤同春"的谐音，更有吉祥情韵和生态意境。分享经济时代，他希望让陆和村品牌插上"互联网+"的翅膀，振翅飞翔。在整体各行各业疲弱的大背景下，我深知创业的苦楚和守业的煎熬，更能理解在文创产业领域披荆斩棘、推陈出新需要的倔强和勇气。如今的文化商人早已不比往常，比拼的是资本和智慧，归根到底看的还是经济实力。价值导向过于单一的情况下，没有雄厚的财力支撑，再好的理念也很难留驻城市飞奔的脚步。作为一个年过半百的本地"寺码头"汉子，他有这样的胸襟和情怀值得敬佩。但是我也深感文化和理想在这个时代云遮雾障的困境。从建筑学背景里走出来的我，这些年近观房地产的潮起潮落，也亲身经历浮躁谵妄的城市建设，常常感到灰心失望，孤独无助。土地已不是哺育人的家园，而成了攫取价值和掠夺财富的媒介。欲望和利益砌筑的城市难以让人感受到温暖，只有情感和文化营造的城市才能撩拨心弦，滋养性灵。著名城市史学者刘易斯 · 芒福德（Lewis Mumferd）在《城市文化》中指出，城市应当“维持人类最丰富的文化类型，最充分地扩展人类生活，为各种类型的特征、分布和人类情感提供一个家园，创造并保护客观环境以呼应人类更深层次的主观需求。”赭山脚下的陆和村呼应着我深层次的情感需求，窗棂上的残雪和门缝里的馨香可以抚慰心房。我期盼老许和他的陆和村能够装着回忆出发，载着梦想远航。因为他的陆和村也是我的南书房。

2016 年国庆节，忙完乱糟糟的专业评估，告别火辣辣的上海夏日，背着未完的文章和书稿，我趁假期回乡看望老人，探访同学。老许得知我归来，盛情邀我和市委宣传部的周老师在陆和村天华厅小聚。我们畅谈弗兰克 · 盖里（Frank Gehry）的古根海姆振兴了西班牙的毕尔巴鄂，神聊保罗 · 盖蒂（Paul Getly）的盖蒂中心建构了洛杉矶的艺术卫城；分享鉴赏珍宝的小镇，讨论收藏记忆的博物馆、储存香味的阅览室。谈起未来的博物馆、艺术城，大家思维活跃，兴味盎然。我告诉老许卢浮宫正在把网络上感知数字博物馆和亲历参观博物馆的实际体验通过 APP 进行融合，北京、台北两个故宫也在想方设法把文创产品包装成网红，从而促进遗产的活化。狄更斯（Charles John Huffam Dickens）说：“这是个最好的时代，也是最坏的时代。”[1] 在这个老百姓已经告别贫穷、却面对更可怕的精神困窘的时代，人们在现实世界找不到出口，只有去虚拟世界膜拜偶像、追逐乐园。今天的企业家和创业者不能忽视全新的互联网世界。而过去现实生活里走平民路线、让文化走近生活、带给人欢喜和忧伤的陆和村，今天是不是也应该顺应潮流，在网络的空间里为自己造神呢？

5. 依恋

我闻着桌上韭菜鸡蛋的菜根香，嘬着红烧昂鲫的江水鲜，品着太平猴魁的露华浓，感知和体验在谈笑的慷慨和乡愁的氤氲中生发，凝华。窗外青山依旧，杯中茶香依旧。记忆中的雪泥鸿爪在青山的寥廓和清茶的温润中闪回拼接，渐渐连成有关我与这方茶楼之间的朦胧因缘。数十年来，陆和村连接着我依恋故乡的情愫，连接着我专业理想的抱负；连接着我亲近山水的志趣，连接着我挥别青春的记忆；连接着我杯酒盏茶的友谊，连接着我青瓦白墙的气息。这种连接不同于卡西莫多与圣母院的二而为一，也迥异于沟口与金阁寺的迥然对立。它有点像儿时弄堂里的红皮斩鸭，虽然现在不常吃到，滋味却无法忘怀。还有点像中学班主任的笑容，虽然现在不常看到，想想就觉得温暖。又有点像老朋友，虽然很少联系，但却时常挂念。陆和村当然不是老舍的茶馆，容不下那么宏大的兴衰变迁；也不是陶渊明的桃花源，它与时代生活紧密关联；更不是海明威的伊甸园，它并非纯粹的青春纪念。它只是一栋普通的三层徽式仿古建筑，被老旧的收藏所雕饰妆点。它撑不起城市的天际线，也装不下热闹的博览会。它不是典型的博物馆，却有诸多收藏；也不是时髦的文创园，却能体味文化。与之相比，私人会所显得阴暗，酒肆茶寮显得嘈杂。匠心照亮了这里，乡愁弥漫在这里。而今天，它需要的是创新和超越，超越自己的过去，超越过去的自己。

于我而言，陆和村是我的山外青山，让我神游万仞，追索真知；也是我的槛外长江，让我思接千载，追忆年华；是我的门前银杏，公孙叶黄，情归故乡；也是我的庭前芭蕉，秋雨霏霏，点滴回响。

本文照片由许苏平提供

参考文献

[1] 查尔斯 · 狄更斯 . 双城记 [M]. 张玲，张扬译 . 上海：上海译文出版社，2006.

1	2	3
4		5

1. 半开放饮茶区
2. 陆和村门厅
3. 徽商博物馆建筑外立面（程雪松拍摄）
4. 十八罗汉包厢
5. 徽商博物馆内庭院

5.5 寻找梦中的家园
——也谈用城市建筑铸就城市品格

梦不仅仅是一种信息交流（也许是一种密码信息交流），还是一种审美活动，一种想象游戏，这一游戏本身就是一种价值。梦是一种证明，想象或梦见不曾发生的东西，是人内心最深层次的需求之一。

——米兰 · 昆德拉（Milan Kundela）《不能承受的生命之轻》

建筑是社会生活的缩影，是人类文明的镜子。它外化为独特的形体和空间，折射着特定的社会制度、经济条件和观念形态下的生产和生活状况。建筑文化是由数代人创造的，一旦成为生产生活的空间和城市文化景观，就反过来影响人们的文化性格形成。由于城市建筑和城市文明存在这种水乳交融，密不可分的关系，在社会主义条件下进行城市的建设，在后工业时代进行人文精神的塑造，需要研究和把握这种关系，进而调整我们的实践。

建筑是城市的单元，城市的整体风格由城市单元在一定秩序下构成的群落来体现。由于建筑是一种经济的社会的技术的和审美的综合体，人们对于建筑的欣赏和批判就有明显的强制性 。普泛性的社会审美理想，历史长河中的人文积淀，总会在建筑中展露，并进而凸显为城市的整体风格。

以上海为例，海派建筑是海派文化在东方地平线上的光辉侧影。在文化上，本质地看，海派建筑有如下三个主要特征：

一，建筑类型以商贸类建筑为特色。自 1843 年开埠，大规模的商贸往来使上海最早从传统乡村自给自足的自然经济中突围。上海人勤劳苦干，精打细算，富于竞争意识和冒险精神的性格要素逐渐形成，并体现在建筑形象上。这样的建筑表现为广告性，招徕性，占地最广，用材最精，造价最低，见缝插针，讲求实效。大光明电影院是一典型例证。在百年上海建筑史中这幢由匈牙利建筑师邬达克（L.E.Hudec）设计的建筑具有重要地位。作为一个大型公共建筑，它需要充足的空间方便人流集散，作为一个商业建筑它要解决招徕性的问题，而地处南京路繁华地带，沿街开口相对狭小则构成无法克服的矛盾。在一定造价的限制下，建筑师仅仅把入口设在街面上，真正的门厅和观演空间都藏在后面，从而巧妙地解决了上述矛盾，并创造出变化丰富的建筑内部空间。

二，海派建筑具有强烈的文化开放性。商贸经济的繁荣开阔了上海人的眼界，也带来开放的文化结构。“向西看”的文化观念使海派建筑在形态上表现出西体中用的文化态势。在外滩的万国建筑当中，我们能够找出复古主义、折中主义、浪漫主义等当年流行于西方各国的建筑语汇，便是今天的浦东陆家嘴，中国乃至东方最具活力的地方，也成为世界各国顶级建筑师竞技表演的舞台。不难看出，在中西合璧的建筑文化背景下，海派建筑对传统建筑文化采取了较为谨慎严肃的选择态度。早在20世纪60年代，同济大学教师就曾以上书周总理反对给刚落成的教学楼装置大屋顶的行动，表达了上海建筑界对传统建筑文化明确的价值取向。这一观念绵延至今创造出别具一格的海派建筑韵味，与北方很多城市的官式大屋顶建筑形成鲜明对比。

三，由无数建筑重复、叠加、分解、重构而成的城市，除继承上述两大特点之外，更保持和发扬了细腻精致的城市风格，以及富有包容性和创新精神的品质。城市不是建筑单元的简单相加，作为一个由诸多要素构成的系统，城市要解决更为复杂的问题，满足更加多样化的人类欲求，因此，城市的内涵变得更加丰富和深刻。事实上，上海人精明细作的生活态度与上海城市功能的复杂化和专业化具有某种同构性。在城市肌理的深处，狭窄的天空下往往隐藏着最动人的内在品质。南京路、淮海路这些声名显赫而又韵味独具的商业街，吸引人的并不仅仅是闪烁的霓虹灯和铺张的店面；讨价还价的生活体验，质感动人的商品材料，惊爆价格带来的感官刺激和随时随地会有的欣喜发现才是它们的魅力所在。再比如，无论商业运作还是设计水准均堪称典范的“新天地”，以外表和内容的强烈对比，以近乎炫技的专业设计手段，以完整细腻的一体化包装，重新勾起温情脉脉而又不失高贵典雅风范的旧上海回忆。“新天地”讲述的是一个平静如水却激情四溢的新上海社区故事，它给周边地段带来的辐射和影响是显而易见的。就是这样，在文化滩涂的缓慢积淀中，城市画卷静静展开，城市性格得以呈现。

城市建筑作为具体的形式语言和景观要素，提供都市人群活动的空间舞台，在一定程度上影响着城市文明的发展。一个现代化而个性鲜明的都市，具有整秩的一体化风格，提供便利的生活条件，让人“诗意的栖居”，它必然会带来有序的社会氛围和安定的社会心理环境。老舍先生在《想北平》里谈到北平的城市性格。他说北平“既复杂而又有个边际，使我能触摸——那长着红酸枣的老城墙！面向着积水潭，背后是城墙，坐在石上看水中的小蝌蚪或苇叶上的嫩蜻蜓，我可以快乐地坐一天，心中完全安适，无所求也无可怕，像小儿安睡在摇篮里。”[1] 相比之下，老舍先生觉得“巴黎有许多地方使人疲乏，所以咖啡与酒是必要的，以便刺激。”[2] 是的，一个城市充斥着魑光魅影的建筑形体，建筑元素的语法结构混乱，语义含混不清，结果只能对人的心理产生负面影响，社会的动荡和混乱常常会伴随发生。我们当然不能片面地把失业、离婚、犯罪这些社会现象和城市空间画上直接的逻辑关系符号，更不能把社会状态、人类生活看作城市结构和城市建筑的直接产品，但毋庸置疑，城市建筑会在很大程度上对城市文明发生作用。比如北京的胡同文化和上海的里弄文化，就是直接用典型的城市空间形态命名的文化类型，从中我们可以看出建筑对文化的影响。以北京来说，胡同是由许多四合院边界限定的通过性空间，长度不大，私密性较强，大多为正东南西北方向，北京城市结构使然。胡同文化的典型特征是中规中矩，等级分明。这里传统的文化观念支配着城市空间的生成。

改革开放以来，我国经济经历了一段高速发展的时期，许多城市进行了大规模的改造和重建，从伟大首都到新兴城市，从往日的寂寞渔村到曾经的边陲重镇，从南到北从东到西，神州大地发生了天翻地覆的变化。然而喧嚣之后，我们扪心自问：“这还是依稀梦里的故园吗？”在城市化和全球化的呐喊中我们的城市已被五颜六色的庞然巨物蚕食了天际线，金銮殿坐落在水泥森林里显得寂寞而且无奈，水乡小镇在可口可乐和麦当劳的招贴广告里微微发抖，一条条温润的青石板路为了适应汽车的尺度被换成了柏油马路，一处处往日的特色街市成了今天大而无当的城市轴线。不要说城市的个性和城市的性格，便是重点、细部、尺度这些建筑学的基本要素也让我们难以企及。罗兰 · 巴特（Roland Barthes）说“我们从中认出一个没有来源的复制品，一个没有原因的事件，一个没有主体的回忆，一种没有凭借物的语言”[3] 也许正是今天中国千百都市的真实写照。在这样的城市背景下，文化品格可想而知了。

建筑影响着城市品格，建筑甚至影响着城市命运。西班牙的毕尔巴鄂（Bilbao）因古根海姆美术馆（Guggenheim Museum）从默默无闻到名动全球，中国的平遥、丽江，也是靠保存完好的建筑群，吸引着世界的目光。建筑可以荣耀一个城市，也可以为它带来屈辱。北京西站之于北京，上海国际会议中心之于上海，不能不说是莫大的遗憾了，这绝不是个别始作俑者受惩罚、说道歉就可以抹杀的。

写到这里，我们已经由建筑品格迈向了城市品格。在这个更为广泛更为深刻的范畴中，我们依旧无法回避城市和文明的关系问题。吴邦国同志曾强调大力推进城市化进程的同时，要严格进行科学的城市规划，这表明党中央已经关注到科学的规划对城市建设乃至城市文明所起的作用。然而，问题依旧存在。姑且不言中国的城市（尤其是中小城市），从远景规划到近期规划，从总体规划到详细规划，从群体规划到单体设计，其时间跨度之短，让世界瞠目，单是当年流行动辄将城市品格定位成东方威尼斯、东方好莱坞之类，国人又哪能接受？当年上海公布一城九镇规划的国际招投标，要从欧洲诸国原样各复制一座有代表性的城镇放在上海周边，以重现万国博览的风貌，振兴旅游，发展经济。城市建设的决策者的确动了脑筋，经济条件也并非不许可，游人穿梭其中甚至会有感于世界大同，天下一家。天下一家当然是一个美丽的理想，值得为之奋斗。然而今日的世界，哪里是天下一家的花园？巴尔干硝烟犹在，车臣战火频仍，美国“全面战争”和亚太地区的矛头也许不仅仅指向阿富汗“逆全球化”，日本人更是摩拳擦掌，叫嚣“你们的下一代不是我们的对手”。天下怎么会一家？事实证明，“民族的才是世界的”不仅仅是一句口号，更是一种以自我认同抵抗全球化霸凌的执着，也是以文化身份保护多样性世界的勇气。电影《赛德克巴莱》和《阿凡达》试图引导观众思索的正是这样一种洪荒原力。我们决不应让祖先留下的城市品格和人文精神成为追逐潮流的牺牲品，继承传统，洋为中用，让传统在我们手里实现质的超越，将是年轻一代中国人无法推卸的历史责任。

日本是我们的好榜样。中国的茶道，在日本被发扬；檐牙高啄、钩心斗角的中国古代建筑，在日本被创新；中国的书法绘画，也在日本涌现出第一批批评家。最典型的是日本的园林，中国园林追求“虽由人作，宛自天开”，枯山水的禅境诗意让这种片面模拟自然的观念相形见绌，而禅意美学的源头却在中国。这样一个极端崇洋的民族，在发扬民族精神方面却毫不含糊。仔细考察日本的城市，我们也会惊叹其嘈杂的表皮下深厚细密的内在。以东京为例，它的每一个特定街区都集中着特定的生活内容，为特定的功能服务；以新干线为代表的公共交通，有力地支持着人们的大规模迁移；东京的建筑，既有完好保存的老房子，又有材料精美、尺度得当、质感细腻的新建筑，建筑的每一个细部，都保留着整齐的和式风骨。

走进新千年的中国人，将以什么方式给华夏民族一个真实的注脚？走进新千年的中国城市，将以什么面貌呈现给瞬息万变的世界？我们张开双臂，拥抱全球化的到来，我们纵情歌唱，迎接四海的宾朋，我们为加入 WTO 而欢呼，我们为申奥成功而喝彩，我们为举办世博而骄傲，但是，我们不能放弃冷静地反思：如果说苏州的水乡和丽江的古乐代表昨天的中国，那么今天的中国将以怎样的姿态走向世界，面向未来？

从建筑学的视角来看，这是一个如何用城市建筑重新铸就城市品格的问题，值得所有热爱祖国的中国人思考。

本文图片由 CITYCHEER 提供

参考文献

[1] 老舍 . 想北平 [M]. 北京：京华出版社，2005.

[2] 老舍 . 想北平 [M]. 北京：京华出版社，2005.

[3] 罗兰 · 巴特 . 符号帝国 [M]. 孙乃修译 . 北京：商务印书馆，1994.

<table>
<tr><td colspan="2">1</td></tr>
<tr><td>2</td><td>3</td></tr>
</table>

南浔凤凰洲国家级生态建设示范区概念规划
1. 概念分析（张一戈绘制）
2. 总平面（程雪松、单烨绘制）
3. 轴线分析（单烨绘制）

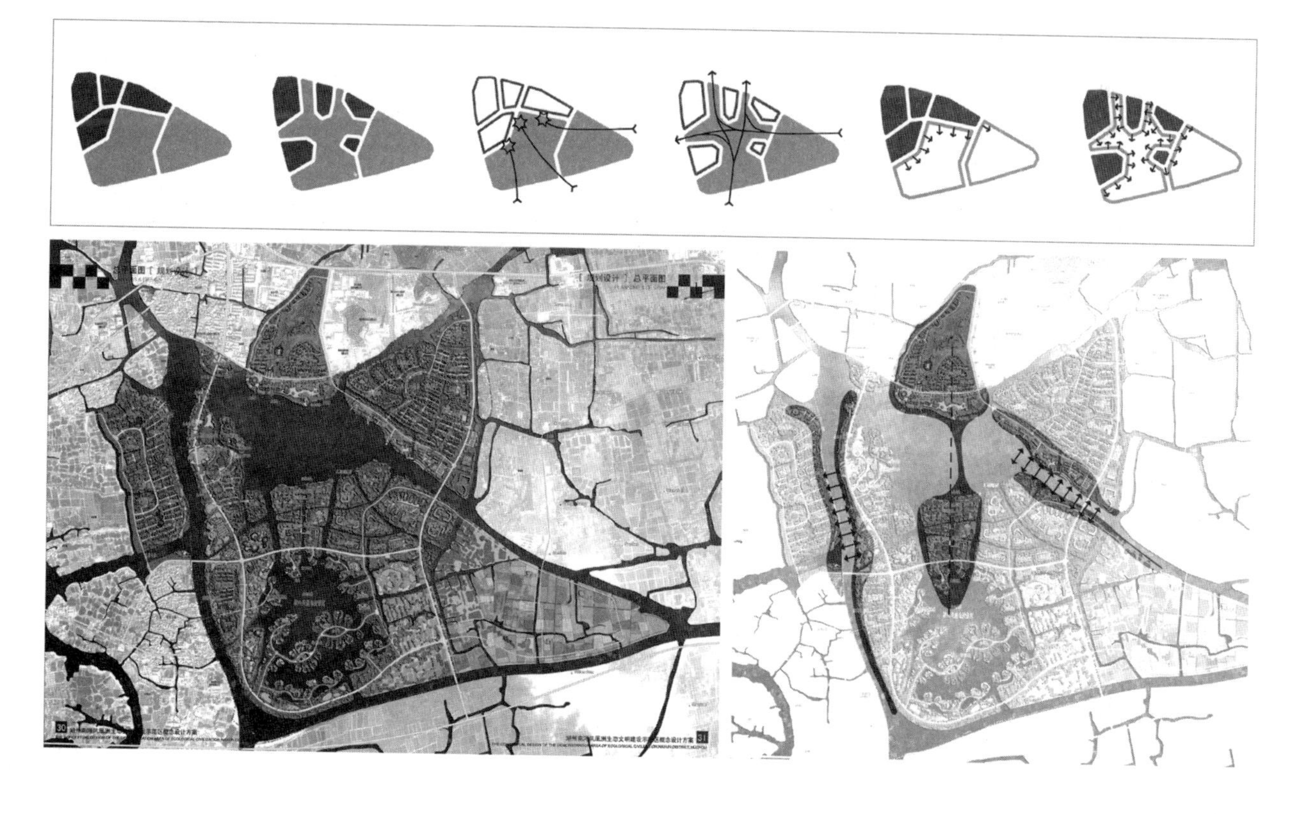

1	2
	3

1. 规划方案鸟瞰
2. 湿地酒店（张一戈绘制）
3. 湿地艺术馆

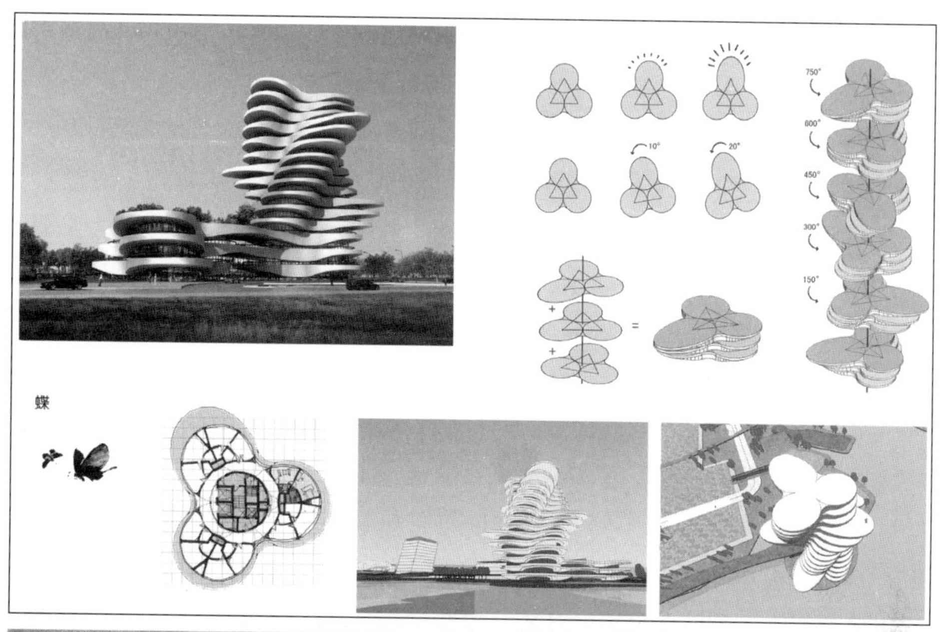
750°
600°
450°
300°
150°
10°
20°
蝶

后记

筚路蓝缕，匆匆走来，一转眼已经在设计的道路上行走了 20 多年。高中毕业的暑假在画家翟宗祝先生家里第一次拿起画笔的情景历历在目，作为理科生的我为了获得保送同济大学建筑系的资格临时抱佛脚地突击学素描和水粉，于是每天赶在烈日炎炎之前出去写生，从镜湖画到赭山，从石膏画到植物，从教学楼画到开水壶。从那时起，心里恍恍惚惚建立起来一个概念，设计房子先要学会画画，学习审美。

虽然没有美术的童子功，心里一直谨记着基础课郑孝正老师的话：多画速写，提高审美素养。于是从大学的十多本钢笔和铅笔速写开始，跌跌撞撞建立起来跟设计学科的亲密接触。本科毕业时虽然不知道审美素养是不是真的有所提高，但脑海里想象的图景已经可以自如地从笔底流出。在房地产狂飙的年代，可以拿着随手勾勒的透视图去打动开发商了。然而内心仍旧惶恐，并不清楚美学是怎样一种东西，也不了解我们生活的城市和环境到底需要什么样的美丽形式。

我的导师项秉仁先生画得一手潇洒挺拔的硬笔速写，笔下流淌出的是扎实的训练基础和开阔的国际视野，令人景仰。他对“美”有着独特的体悟，记得曾经在他指导下设计某现代艺术馆，于建筑形体和立面反复的推敲中，他举重若轻地告诉我，“大建筑要当小产品做，比如说，一个手机”。那是 2000 年前后，手机正在大举进入普通人的生活。当时我隐隐约约能够感受到这句话所蕴含的对空间美的理解，并且实实在在体会到，城市作为人赖以生存的环境产品，刻上了时代审美的烙印。

在美术学院任教，最爱和艺术家们出去写生、采风，在庐山的云雾缭绕里，在香格里拉普达措的溪水潺潺里，在敦煌鸣沙山的驼铃声声里，在玉环东沙的浪花帆影里，可以舒张每一根毛孔去领略大自然的和光同尘，可以放纵每一根线条去撩拨自己的心弦，这种空灵和放松与在大城市做产品、算面积、挣工分的感觉是迥异的。每每带着一身泥沙风霜回到上海，就想把图纸上业已成形的城市再抽取掉一些部分，代之以海滩上的鱼腥、荒漠中的风尘、草地上的露水，还想把学生们从狭窄乏味的教室里拉出来，往他们心里撒点稻谷、油茶和烧酒，让他们笔下的城市稍许有那么点不一样，不再看上去喧嚣，实际上荒凉。至于美学，我想走进每个人的内心很重要。

还记得前几年在浙江省松阳县吴弄村进行村落保护规划编制工作时，当地村民告诉我，高墙上摇曳的野草他们会好好保留下来，因为它记录着鸟儿衔着草籽停留的轨迹。当时我颇为震惊，农民的审美品位都已经达到这样的高度，何愁“美丽乡村”建设不好？作为从上海来的大学老师和规划建筑师，本以为我们可以教会当地人什么是“诗和远方”，教会他们怎样建设值得推广的“特色小城镇”。其实我们错了，他们才是老师，他们并不需要城里人告诉他们什么是美，他们有世代传承的价值观，有朴素真实的审美观。简朴的生活，辛勤的劳作，与自然相融合，教会他们用澄明的心灵感受世界。相反的，被各种范式、技巧、利益和欲望束缚了手脚的我们，才是应当来学习的人。

所以说，所谓的设计师乃至艺术家的审美标准，往往是经不起推敲的。尤其当设计师带着源于西式教育的审美霸权强势介入另一个生息绵延、自我循环的文化生态时，就更显出暴戾、张狂的气焰，投射着“恶”的魅影。美学家朱良志老师认为开在篱墙边的小花自有它的美，它不因我们的考量而矮小，不因我们的怜悯而卑微，它“淡而悠长，空而海涵，小而永恒。它就是一个自在圆满的宇宙。”（朱良志语）因为此，我们才要放下身段，敞开心扉，去坦诚平和地沟通与协商，去发现和创造一种在地在场、情景交融的设计语言。这也正是沟通式规划设计的思想渊源之一。在族群化、区隔化的社会分裂现实下，作为服务的设计过程更像是一次发现式的交流，一种倡导式目标的寻找，其中选择题优于判断题，任务菜单的构建优于理想模式的确立。拉面、时装和装修均已走向菜单化的定制，环境空间以协同定制取代学院化的单一审美，必将成为时代的走向。

作为发现美、熏陶美、研究美、创造美的艺术殿堂，美术学院也应在定制化创作和教育中走在时代之前。蔡元培当年兴办国立艺术院时以“远离政治中心、邻近经济中心、依山傍水”的选址标准，为中国美术教育量身定制涵养教化的场所。2017年5月，我去中国美院看王澍策划的“不断实验”展览。作为一个正统建筑学的离经叛道者，王澍选择了文人情怀和匠人精神扎根生长的杭州，在美院的藤蔓上，开出一朵“秉艺匠素朴之资、扬雄豪绝俗之志”（许江语）的特色之花。无论是宁波博物馆的瓦爿墙，还是象山校区的“水岸山居”，或者是2010世博会宁波滕头案例馆的剖面视野，他的作品中都萦绕着浙东南大地山海之间的情味和韵调，而课程设计和学生们的作品中也都凸显着王澍本人标签化的烙印。尤为难能可贵的是中国美院对他的信任托付、包容支持，没有沃野千里，哪来奇葩绽放？王澍的选择和探索更像是一次在地生长、在场叙事、在线弘扬的定制之旅，他的设计作品和教学成果都嵌入了浙江的乡土文脉和西湖的园林意境，并搭乘普利茨克奖（The Pritzker Prize）的传播能量和符号翅膀为中国建筑学演进背书。

因此，无论是育人，还是出作品，在网络社会崛起的当代背景下，建筑学、设计学的视野逐步从传统艺术教育的审美视角走向定制维度，也正是从美术学院轻松心态和多元价值的文化土壤中，在无拘无束的陶冶中，更有可能筛选沉淀出定制化的城市设计方法和人才培养标准。尤其是在激变喧嚣的时代，创作作品和培养人才都更须多媒介编码信息交互以及人与人之间的非编码信息沟通，这种定制化互动将是未来城市环境形成的基础，也是人的气质品格养成的积累，这正是我多年来试图在教学和研究中确立的方向。

本书从城市设计研究、上海城市空间、博物馆与展览、设计教学研究、城市与梦想五个部分来呈现我十多年来对城市课题和设计教育的理解和思考，这也是 21 世纪以来中国城市发展现象和思路发生巨变的一段时期。其间，绿色城市、海绵城市、立体城市、拼贴城市、智慧城市等多种思潮纷至沓来，作为汹涌浪潮中的一叶扁舟，我有时也难免随波逐流，探索的小船偶尔失去方向，但是唯恐辜负了作品和学生，只有通过不断地实践和自我沉淀，把建筑学、设计学、美学、社会学等多学科理论融会贯通，交互参照，从单一西方式的、学院化的美学固守到开放式的、民主化的定制实践，这一主线方向日渐清晰和明确。

文中部分设计实践发生在城市化浪潮最为汹涌激荡的年代，今天隔开时空重新体味，又多了几分清醒和反思；部分内容是对海外城市环境案例的考察，“美人之美，各美其美。”（费孝通语）在与世界文明的互动和参照中我们的目标是讲好中国故事；展览化是未来世界级城市的走向，在保存和呈现人类文明的路径上，博物馆和展览已经成为当代城市空间最为闪亮的篇章；教学实践既有对于学科和专业的宏观梳理，也有相关课程的具体思考，教学和研究相长，把实践引入课堂是我孜孜追求的方向；城市梦想散记来自我的专业历练和生活体验，注入情感，城我相融，情境协同，反思实践，导引着我的写作脉络。书中大部分文字曾在专业期刊发表，本次结合现实语境重新编排修改，并得以结集出版，是对我近年来教学研究实践的一次匆匆检阅。限于水平和囿于篇幅，本书所能延伸讨论的内容十分有限，希望能够给广大专业工作者和业余爱好者提供一个参考和批判的平台。

本书成稿，感谢父母、妻子和儿女的宽容与支持，批评与鞭策。作为家人，他们的体谅让我能够不困于柴米油盐的琐屑，也不惮于古卷青灯的艰辛，始终有前行的力量和勇气。

感谢我的导师项秉仁先生多年来言传身教，并为本书欣然作序，老师的淡泊、优雅、缜思与务实一直是我学习的典范。

感谢计璟小姐的装帧设计，研究生蔡亦超和李松对本书相关参考文献进行认真的核查和校对，感谢中国建筑工业出版社吴宇江编审的辛勤工作。感谢上海美术学院高水平建设专项经费的资助。没有他们，本书无法高质量地呈现给读者。

程雪松

2017 年 5 月 29 日 于家中

（完）